仓颉语言核心编程

入门、进阶与实战

徐礼文 ◎ 著

清华大学出版社

北京

内 容 简 介

本书系统阐述仓颉程序设计语言的语法和开发特性，仓颉程序设计语言是一门由华为公司研发的国产计算机高级编程语言。

仓颉语言作为新一代的面向应用的全场景编程语言，兼具开发效率和运行性能，并且有极强的领域扩展能力。仓颉语言在设计上广泛吸收和借鉴了现代编程语言的特性，是首个面向全场景应用开发的通用编程语言。

本书全面介绍了仓颉语言的语法设计和应用开发，分为 3 篇共 20 章。基础篇（第 1~9 章）介绍仓颉语言的安装与开发环境搭建、数据类型、控制流、集合、函数式编程；进阶篇（第 10~16 章）介绍仓颉语言的面向对象编程、扩展、模块管理和包、标准包和单元测试；高级篇（第 17~20 章）介绍仓颉语言的元编程、跨语言编程并开发编程和网络编程。

本书适用于对仓颉语言感兴趣的编程爱好者，也适用于在校计算机专业学生。本书可以作为仓颉语言学习者的入门参考书，也可以作为高等院校仓颉语言课程的学习教材。

图书在版编目（CIP）数据

仓颉语言核心编程：入门、进阶与实战/徐礼文著. —北京：清华大学出版社，2024.6
ISBN 978-7-302-62588-9

Ⅰ. ①仓… Ⅱ. ①徐… Ⅲ. ①程序语言—程序设计 Ⅳ. ①TP312

中国国家版本馆CIP数据核字（2023）第022860号

责任编辑：赵佳霓
封面设计：刘　键
责任校对：李建庄
责任印制：沈　露

出版发行：清华大学出版社
　　　网　　　址：https://www.tup.com.cn，https://www.wqxuetang.com
　　　地　　　址：北京清华大学学研大厦 A 座　　　　邮　　编：100084
　　　社　总　机：010-83470000　　　　　　　　　　邮　　购：010-62786544
　　　投稿与读者服务：010-62776969，c-service@tup.tsinghua.edu.cn
　　　质　量　反　馈：010-62772015，zhiliang@tup.tsinghua.edu.cn
　　　课　件　下　载：https://www.tup.com.cn，010-83470236
印　装　者：涿州汇美亿浓印刷有限公司
经　　　销：全国新华书店
开　　　本：186mm×240mm　　　印　　张：28.25　　　字　　数：654 千字
版　　　次：2024 年 7 月第 1 版　　　　　　　　　　印　　次：2024 年 7 月第 1 次印刷
印　　　数：1～2000
定　　　价：109.00 元

产品编号：098266-01

前言
PREFACE

2021 年中旬，华为杭州研究所内荷叶飘香，笔者受华为语言实验室项目经理王学智的邀请，全面深入地了解了仓颉语言的语言特性和设计细节。王学智作为华为仓颉语言的项目负责人，对语言底层认知的深度和广度使我印象深刻，他对自主研发编程语言的信心和热情，让我看到一个华为人的努力和担当。

2021 年年底，仓颉语言在南京大学冯新宇教授的带领下已经完成了仓颉语言编译器和语法特性的设计，初步具备了商业应用的能力。与此同时，仓颉语言在华为公司内部的很多项目中已经得到小范围的使用。

2022 年上半年，在华为仓颉语言团队的支持下，笔者的团队也开始参与到了仓颉语言微服务的项目开发。需要从零开始实现一个基于仓颉语言的微服务开发框架和构建一个新的基于仓颉语言的前端开发工具链。这是一次有趣的国产语言的开发探索之旅，虽然我们遇到了各种问题，但是最终在华为仓颉语言团队的支持下，完成了项目的开发和上线，成为首个在生产环境中使用仓颉语言的商用项目。

2024 年 6 月，仓颉语言历经了 5 年来不断地优化和打磨，终于在华为开发者大会（HDC）上公开发布。仓颉语言是华为公司自主设计和研发的通用型编程语言，兼具了开发效率和运行性能，具有极强的领域扩展能力。仓颉语言在设计上广泛吸收和借鉴了现代编程语言的特性，是首个面向全场景应用开发的通用型编程语言。

仓颉语言的公开发布，对我国信息产业自主创新具有极其重要的推动作用。编程语言国产化对我国技术独立性、国家信息安全、技术创新、经济竞争力、人才培养和国际影响力等方面具有重要的价值。

HarmonyOS 操作系统为开发者提供了耕种的土地环境，而仓颉语言为开发者提供了耕种的工具。正如华为消费者业务 CEO 余承东先生所说："没有人能够熄灭满天星光，每位开发者都是华为要汇聚的星星之火，星星之火可以燎原。"仓颉语言需要聚集我们每位开发者的努力和贡献，以打造全新的、全场景的软硬件应用生态。

最后，由于仓颉语言的特性和标准库在不断迭代和改进中，本书中所采用的版本与实际公开的版本可能存有差异，读者可以本书作为参考，实际学习和开发中还需要参考最新的版本。扫描目录上方二维码，可下载本书源码。

致谢

感谢华为语言实验室仓颉语言项目经理王学智，仓颉基础库首席架构师杨海龙及其团队，在写作本书过程中，给予的极大帮助和支持，为写作本书提出了许多宝贵改进意见，同时感谢清华大学出版社赵佳霓编辑，为本书的出版提供的帮助和支持。

徐礼文

2024 年 6 月

目 录
CONTENTS

本书源代码

基 础 篇

高 级 篇

基 础 篇

第 1 章

仓颉语言介绍

　　仓颉（Cangjie）语言是华为公司首款面向应用层的自研编程语言，兼具开发效率和运行性能，并且有极强的领域扩展能力。仓颉语言是结合了现代编程语言技术的面向全场景应用开发的通用编程语言。

　　仓颉语言和其他的编程语言相比，更加关注高性能和高效率。仓颉语言作为一款全新的现代编程语言，在语法特性上拥有动态语言的灵活，同时又拥有静态语言的性能，如图 1-1 所示。

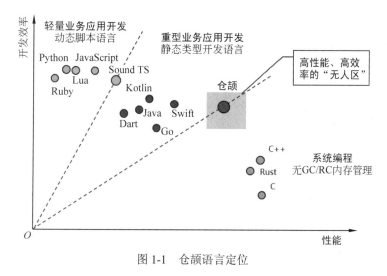

图 1-1　仓颉语言定位

1.1　仓颉语言的主要特征

　　和其他的语言相比，仓颉语言具有自动内存管理、类型安全、支持并发编程、跨语言调用和优秀的领域扩展能力，同时原生支持人工智能开发等特性，如图 1-2 所示。

　　仓颉语言的主要特性如下。

　　（1）多范式编程，高效开发：仓颉语言支持函数式、面向对象和命令式的多范式编程，融合了高阶函数、代数数据类型、模式匹配、泛型等函数式语言的先进特性，以及封装、子

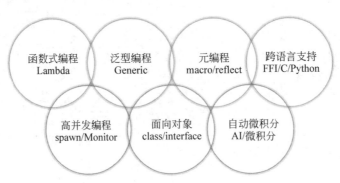

图 1-2　仓颉语言的主要特征

类型多态、接口、继承等支持模块化开发的面向对象的语言特性，还有值类型、全局函数等简洁、高效的命令式语言特性。

（2）类型安全，类型推断：仓颉语言是静态强类型语言，通过编译时检查尽早发现程序错误，排除运行时错误。仓颉编译器提供强大的类型推断能力，减少开发时类型标注工作量，提高编码灵活性。

（3）自动内存管理，内存安全：仓颉语言采用垃圾收集机制，支持自动内存管理，并在运行时进行数组下标越界检查、溢出检查等，确保程序内存安全。

（4）领域易扩展，高效构建领域抽象：仓颉语言的高阶函数、尾随闭包、属性机制、操作符重载、部分关键字可省略等特性，有利于内嵌式领域专用语言（eDSL）的构建。此外，仓颉还提供基于宏的元编程支持，在编译时生成或改变代码，让开发者可以深度定制程序的语法和语义，构建更加符合领域抽象的语言特性。

（5）高效跨语言，兼容语言生态：仓颉语言可以实现与多语言的互通（目前已实现与C 语言的互操作），可以高效调用其他主流编程语言，进而实现对其他语言库的复用和生态兼容。

（6）易用的并发/分布式编程：仓颉语言提供原生的用户态轻量化线程，支持高并发编程。

1.2　仓颉语言的特点

作为全新的编程语言，仓颉语言拥有简单、易学的语法特性，仓颉语言的特点如下。

（1）学习曲线低，易上手，并且语言表达力丰富，代码更具可读性。

（2）强大的类型系统和安全机制，保证程序的安全可靠。

（3）语法简洁，具有丰富的语言库，结合领域 eDSL，提升开发效率，提高产能。

（4）多设备、多应用，统一语言开发，降低多语言学习成本，获得一致的开发体验。

（5）高效调用其他主流编程语言，方便构建多语言互操作程序，便于复用已有语言生态。

1.3 仓颉语言对中国软件产业的价值

过去的 30 多年中，我国的软件行业发展迅猛，已经发展成为全球重要的软件外包基地和重要的商业应用创新基地，但是在软件产业发展过程中，我国的软件产业主要在商业应用软件领域发展较快，在基础软件和工业软件方面发展较慢。

由于自研编程语言面临开发成本高、生态系统建设困难的居多问题，我国的软件产业在编程语言和开发工具链上面，几乎完全依赖国外，这无疑为我国软件产业健康发展带来"卡脖子"风险。

1.3.1 自研编程语言的价值

美国是世界上非常具影响力和创新力的国家之一，目前大多主流编程语言是由美国的计算机科学家或公司开发的。以下是一些由美国开发的知名编程语言。

（1）C 语言：由美国计算机科学家丹尼斯·里奇（Dennis Ritchie）和肯·汤普逊（Ken Thompson）在贝尔实验室开发，是一种被广泛地应用于系统编程和操作系统开发的高级编程语言。

（2）Java：由美国的 Sun Microsystems 公司（后被 Oracle 收购）的詹姆斯·高斯林（James Gosling）等人开发，是一种跨平台的高级编程语言，被广泛地应用于企业级应用和互联网开发。

（3）Python：由美国计算机科学家吉多·范罗苏姆（Guido van Rossum）在 90 年代初开发，是一种简单易学、功能强大的动态编程语言，被广泛地应用于 Web 开发、数据分析和人工智能领域。

（4）JavaScript：由美国的布兰登·艾奇（Brendan Eich）在 Netscape 公司开发，是一种用于网页前端开发的脚本语言，是目前最流行的编程语言之一。

（5）Go：由美国谷歌公司的罗布·派克（Rob Pike）、肯·汤普逊（Ken Thompson）和罗伯特·格瑞史莫（Robert Griesemer）等人开发，是一种用于构建高性能并发性应用的系统编程语言。

这些编程语言都在不同领域发挥着重要作用，为软件开发和技术创新做出了重要贡献。

除了美国之外，也有一些国家拥有自己的编程语言，如瑞典、丹麦和日本等。

（1）瑞典：Erlang 是由瑞典爱立信实验室开发的一种函数式编程语言，用于构建高可靠性和可伸缩性的分布式系统。

（2）丹麦：Rust 是由丹麦计算机科学家 Graydon Hoare 开发的系统编程语言，旨在提供安全性、并发性和高性能。

（3）日本：Ruby 是由日本计算机科学家松本行弘（Matz）开发的一种动态脚本语言，被广泛用于 Web 开发和应用程序编程。

（4）新西兰：Haskell 是一种由新西兰计算机科学家开发的函数式编程语言，被广泛用于学术研究和高性能计算。

这些国家的编程语言在各自的领域内都有一定的影响力，为软件开发领域带来了新的思路和技术。

目前，我国在编程语言领域还没有一款具有影响力的编程语言，尽管我国的公司参与了很多开源编程语言，并为这些开源编程语言做出了许多重要贡献，如在 Go 语言和 Rust 语言中，中国的很多公司都是重要的参与者。但是对于一个科技强国来讲，跟随和参与其他国家主导的开源编程语言项目是不够的，我们还需要发展自己的编程语言和构建自己的编程语言生态。研发自主可控的编程语言对一个国家来讲，具有哪些重要意义呢？

（1）技术独立性：自研的编程语言可以使一个国家摆脱对其他国家开发的编程语言的依赖，提高国家在技术和创新方面的独立性，并减少对外国技术的依赖。

（2）技术创新：自研的编程语言可以为国家的技术创新提供更多的机会。通过自主设计和发展编程语言，国家可以更好地满足本地技术需求，并在新兴技术领域取得领先地位。

（3）经济竞争力：自研的编程语言可以促进本国软件开发和 IT 行业的发展，这将为国家创造更多的就业机会和经济增长，提高国家的经济竞争力。

（4）人才培养：自研的编程语言可以成为国家教育体系中的重要一环。通过将自研编程语言纳入教育课程，国家可以培养本土的编程人才，推动技术教育的发展。

（5）国际影响力：自研的编程语言可以提升一个国家在国际技术社区中的声誉和影响力。如果自研的编程语言具有独特的特性和创新的设计，则可能会吸引其他国家的开发者和技术专家，促进国际合作和知识交流。

另外，自研的编程语言对一个国家安全的价值也是显著的，主要体现在以下的几方面：

（1）防止后门和漏洞：自研的编程语言可以减少对第三方软件和库的依赖，从而降低恶意后门和漏洞的风险。通过自主开发和维护编程语言，国家可以更好地控制和审查软件代码，确保其安全性和可靠性。

（2）提高应对网络攻击的能力：自研的编程语言可以为国家提供更多的自主权和灵活性，以应对不断变化的网络攻击。自研编程语言可以集成更强大的安全特性和机制，帮助国家构建更安全的软件和系统。

（3）保护国家敏感信息：自研的编程语言可以加强对国家敏感信息的保护。通过自主设计和实施加密算法和安全协议，国家可以更好地保护其关键数据和通信，降低被攻击和窃取的风险。

（4）提高国家的数字主权：自研的编程语言可以增强国家在数字领域的主权。通过自主掌握编程语言的核心技术和标准，国家可以减少对外国技术的依赖，从而降低被他国利用或控制的风险。

（5）国家安全监控和防御：自研的编程语言对于国家安全监控和防御也至关重要。通过自主开发和维护编程语言，国家可以更好地监控和分析网络活动，以及时发现和应对潜在的网络威胁。

1.3.2 仓颉语言的价值

仓颉语言的推出填补了我国缺少编程语言的短板，它与 HarmonyOS 操作系统一起，为我国构建自主可控的产业生态提供了安全保障。目前仓颉语言已经在 HarmonyOS 应用开发、人工智能和嵌入式领域中广泛使用，其稳定性和安全可靠性都得到充分验证。

在移动应用领域，仓颉语言提供了 App 应用开发框架，该框架是 ArkUI 的仓颉版，具备一套代码多端运行的能力。同时 ArkUI 为 HarmonyOS 和 OpenHarmony 提供一致的开发工具和一致的开发体验，如图 1-3 所示。

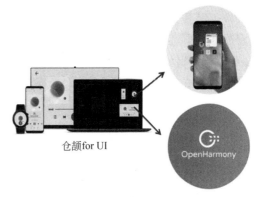

图 1-3　仓颉 for UI

在人工智能领域，仓颉语言原生支持自动微分的能力，基于自动微分可轻松训练神经网络。仓颉语言对人工智能框架提供强大的支持，目前已经支持了华为公司自研的人工智能开源框架 MindSpore 的开发，该框架支持端-边-云全场景的深度学习训练推理，主要应用于计算机视觉、自然语言处理等 AI 领域。目前仓颉语言在人工智能领域已经具备了工业级的应用开发能力，MindSpore 的架构如图 1-4 所示。

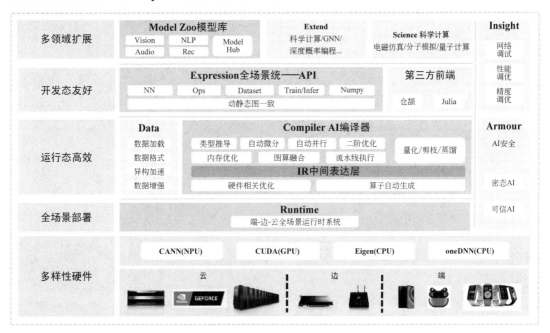

图 1-4　仓颉 for MindSpore

1.4　本章小结

　　仓颉语言是华为公司自主研发的第一款面向应用的全场景编程语言，拥有广泛的应用领域和应用场景。学习和掌握仓颉语言不仅可以提升自身的编程水平，同时也有利于个人的职业发展。仓颉语言在设计上广泛吸收了其他现代语言的最新特性，因此掌握仓颉语言，同样有利于学习其他编程语言。如果已经拥有其他编程语言的编程经验，则仓颉语言可以给你带来极大的编程效率和创作收益；如果你是一个编程爱好者或者在校学生，那么学习和掌握仓颉编程会给你带来很多编程乐趣，以及编程经验。

第 2 章

安装与配置

仓颉语言为开发者提供了基于 Visual Code 插件的开发模式和仓颉语言 IDE。本章介绍仓颉语言开发环境的搭建与配置。

2.1 Linux 环境搭建（Ubuntu）

本节介绍在 Ubuntu 系统中安装和配置仓颉的编译和运行环境。

2.1.1 操作系统要求

仓颉目前依赖于 Ubuntu 18.04 中提供的系统文件。首先借助以下命令（或其他类似功能命令）检查系统环境，确认得到类似输出，命令如下：

```
$ lsb_release -a
Distributor ID: Ubuntu
Description: Ubuntu 18.04.5 LTS
Release:
18.04
Codename:
bionic
```

安装必备工具，命令如下：

```
$ sudo apt-get install binutils libc-dev libc++-dev libgcc-7-dev
```

仓颉安装依赖的第三方工具及说明如表 2-1 所示。

表 2-1　仓颉安装依赖的第三方工具及说明

第三方工具	说　　明
binutils	binutils 是一组开发工具，包括连接器、汇编器和其他用于目标文件和档案的工具
libgcc-7-dev	libgcc-7-dev 是一个软件包，提供 GNU 编译器集合（GCC）版本 7 的开发文件。这些文件是使用 GCC 7 进行编译程序和库所必需的。它包括头文件、静态库和其他用于使用 GCC 7 构建软件的开发工具

续表

第三方工具	说　明
libc++dev	libc++dev 是一个软件包，提供了使用 LLVM 的 C++标准库的开发文件。LLVM 是一个开源的编译器基础设施项目，libc++是 LLVM 项目提供的 C++标准库的实现

仓颉调试器依赖 Python 3.9，这个只是生成带调试信息的二进制，过程本身不依赖 Python。

2.1.2　仓颉工具链的安装

系统环境确认后，可以进一步安装仓颉工具链。首先，在仓颉官网根据平台架构下载相应的安装包，如 Cangjie_0.50.3.tar.gz，下载成功后，解压安装包，通过配置环境变量即可完成安装，具体步骤如下。

1. 下载解压安装包

使用 tar 命令解压安装文件，命令如下：

```
tar -xvf CangJie-x86_64-Ubuntu18.04.tar.gz
```

解压后的目录如图 2-1 所示。

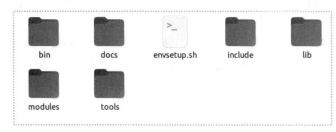

图 2-1　解压后的目录

2. 配置环境变量

在.bashrc 中添加仓颉安装包路径及仓颉依赖包位置到环境变量中，代码如下：

```
cd ~
sudo vim .bashrc
#CANGJIE
export CANGJIE_HOME=仓颉安装包路径（如/home/xx/cangjie）
export PATH=${CANGJIE_HOME}/bin:${CANGJIE_HOME}/tools/bin:$PATH
export LIBRARY_PATH=${CANGJIE_HOME}/runtime/lib/linux_x86_64_llvm:$
{CANGJIE_PATH}:${LIBRARY_PATH}
export LD_LIBRARY_PATH=${CANGJIE_HOME}/runtime/lib/linux_x86_64_llvm:
${LD_LIBRARY_PATH}
source .bashrc #执行生效
```

3. 验证安装

完成上面的步骤后，就可以测试仓颉是否安装成功，命令如下：

```
$ cjc -v
```

查看仓颉语言的版本，如图 2-2 所示。

图 2-2 查看仓颉语言的版本

2.1.3 混合开发环境配置

通常情况下，开发环境配置在 Windows 环境下。本节介绍如何在 Windows 10 中配置仓颉的开发环境。仓颉语言开发环境配置如表 2-2 所示。

表 2-2 仓颉语言开发环境配置

配 置 分 类	配 置 说 明
本地操作系统	Windows 10
服务器操作系统	Ubuntu 20.04 LTS
开发工具	Visual Code
开发工具插件	Visual Code Remote SSH

1. 在 Ubuntu 上安装 SSH 服务

Ubuntu 默认并没有安装 SSH 服务，如果通过 SSH 链接 Ubuntu，则需要自己手动安装 openssh-server，命令如下：

```
sudo apt-get install openssh-server
```

安装完成后，输入 ps -e|grep ssh 命令，查看 openssh-server 是否安装成功。如果输入命令后出现如图 2-3 所示的提示，则说明安装完毕，sshd 就是所安装的 SSH。

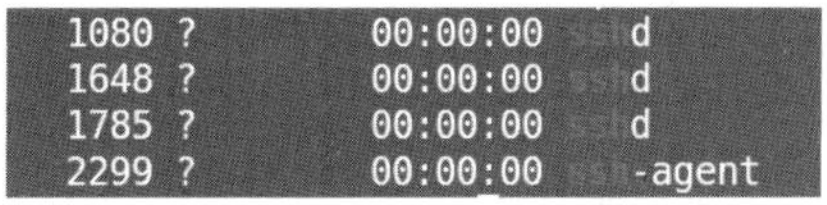

图 2-3 查看 openssh-server 是否安装成功

2. 安装 Visual Code Remote SSH 插件

该插件是微软发布的一个远程编程与调试的插件，如图 2-4 所示。

3. 配置 Remote SSH 免密连接

打开 Windows 10 PowerShell，输入 ssh-keygen 后，一直按 Enter 键，即可生成密钥。生成的密钥默认保存在 C:\Users\Administrator\.ssh 目录中，如图 2-5 所示。

图 2-4　安装 Visual Code Remote SSH 插件

电脑 > Win10 (C:) > 用户 > Administrator > .ssh			
名称 ^	修改日期	类型	大小
config	2020/1/6 13:46	文件	1 KB
id_rsa	2020/1/6 13:08	文件	2 KB
id_rsa.pub	2020/1/6 13:08	PUB 文件	1 KB
known_hosts	2020/1/6 13:40	文件	1 KB

图 2-5　ssh-keygen 生成密钥

使用记事本打开图 2-5 所示的 config 文件，在最下面插入下面内容：

```
Host 192.168.140.130
    HostName 192.168.140.130
    User xlw
    ForwardAgent yes
    Port 22
```

将公钥 id_rsa.pub 的内容复制到服务器.ssh/authorized_keys 文件中，步骤如下。

第 1 步：使用记事本打开 Windows 10 中的公钥 id_rsa.pub，复制公钥字符串。

第 2 步：在服务器中，使用 vim 打开 ~/.ssh/authorized_keys 文件，将上面复制的内容粘贴到 ~/.ssh/authorized_keys 文件中，并重启 SSH，命令如下：

```
vim ~/.ssh/authorized_keys
service ssh restart
```

第 3 步：在 Windows 10 命令行中执行 ssh 162.168.140.130，检测是否可以免密登录服务器，如图 2-6 所示。

图 2-6　SSH 免密登录

4. 在 Visual Code 中配置 Linux 服务器连接

打开 Visual Code 左侧的远程连接图标，此时可以看到在 config 中配置的连接服务器，如图 2-7 所示。

图 2-7　配置 Linux 服务器连接

单击![按钮]按钮连接服务器，打开新的窗口，如图 2-8 所示。

图 2-8　连接服务器

2.2 Windows 环境搭建

本节介绍如何在 Windows 平台上安装仓颉开发环境和仓颉开发 IDE。

2.2.1 仓颉工具链的安装

Windows 平台上提供了.exe 和.zip 两种格式的安装包，如图 2-9 所示。

Cangjie-0.50.3-windows_x64.exe
Cangjie-0.50.3-windows_x64.zip

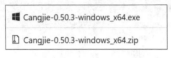

图 2-9 仓颉 Windows 安装包

1. 安装.exe 格式的安装包

如果选择 .exe 格式的安装包（例如 Cangjie-x.y.z-windows_x64.exe），则可以直接执行安装文件，跟随安装向导操作，即可完成安装。

安装完成后，打开命令行工具，输入 cjc -v 命令查看仓颉编译器版本，如图 2-10 所示。

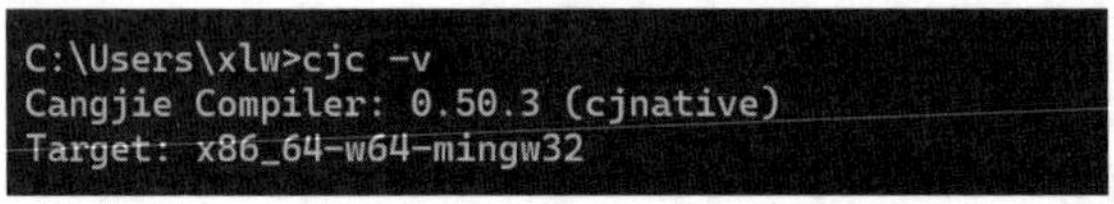

C:\Users\xlw>cjc -v
Cangjie Compiler: 0.50.3 (cjnative)
Target: x86_64-w64-mingw32

图 2-10 在 Windows 命令行下查看仓颉编译器版本

2. 安装.zip 格式的安装包

如果选择.zip 格式的安装包（例如 Cangjie-x.y.z-windows_x64.zip），则需解压安装包到指定目录，安装包中为开发者提供了 3 种不同格式的安装脚本，分别是 envsetup.bat、envsetup.ps1 和 envsetup.sh，可以根据使用习惯及环境配置，选择一种执行。

如果使用 Windows 命令提示符（CMD）环境，则执行的命令如下：

```
path\to\cangjie\envsetup.bat
```

如果使用 PowerShell 环境，则执行的命令如下：

```
. path\to\cangjie\envsetup.ps1
```

如果使用 bash 等环境，则执行的命令如下：

```
source path/to/cangjie/envsetup.sh
```

在以上命令环境中继续执行 cjc -v 命令，如果输出了仓颉编译器版本信息，则表示已经成功安装了仓颉工具链，如图 2-10 所示。

2.2.2 安装 CangjieStudio 开发工具

CangjieStudio 是华为公司专门为仓颉开发者开发的 IDE 工具，类似 Java 的 IntelliJ IDEA。

CangjieStudio 为开发者提供以下特色能力。

（1）开箱即用：IDE 原生支持仓颉语言，自带 SDK 一键化配置，仓颉工程模板等能力，安装即用。

（2）内置全方位远程开发能力：基于仓颉语言开发各个场景内置全面的远程开发能力，例如代码编辑、代码补全、调试、构建等。

1. 安装 CangjieStudio

步骤 1：从官网上下载好安装包后双击进入安装向导界面，如图 2-11 所示。

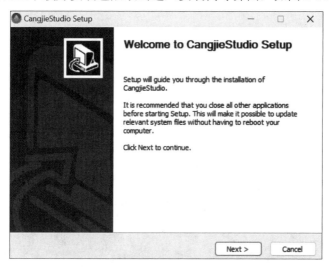

图 2-11 CangjieStuido 的安装向导界面

步骤 2：单击 Next 按钮选择安装位置，如图 2-12 所示。

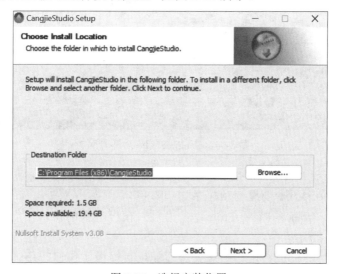

图 2-12 选择安装位置

步骤 3：单击 Install 按钮进行安装，如图 2-13 所示。

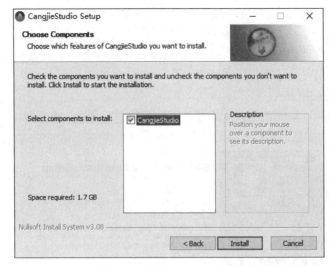

图 2-13　安装 CangjieStudio

安装完成后，首次启用 CangjieStudio 时会显示欢迎界面，如图 2-14 所示。

图 2-14　CangjieStudio 欢迎界面

安装完成 CangjieStudio 后，接下来通过 IDE 创建一个简单的仓颉项目。

2. 通过 CangjieStuido 创建仓颉程序

步骤 1：单击 Project→New Project 打开项目模板选择的窗口，创建仓颉新项目，如图 2-15 所示。

步骤 2：在项目模板选择窗口中选择合适的项目模板，快速起步项目开发，如图 2-16 所示。

图 2-15 创建仓颉新项目

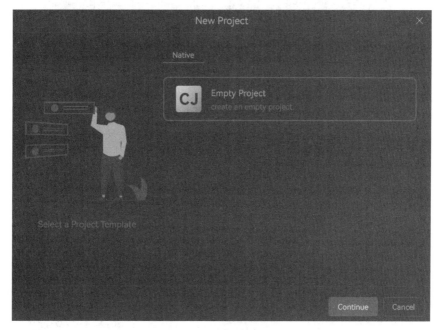

图 2-16 选择项目模板

步骤 3：单击 Continue 按钮，打开项目配置窗口，输入仓颉项目信息，SDK 版本要和当前系统安装的仓颉编译器版本对应，然后单击 Create 按钮创建项目，如图 2-17 所示。

图 2-17　填写仓颉项目的信息并创建

步骤 4：单击"编译构建" ▷ 按钮，对仓颉工程进行编译并生成可执行的文件，如图 2-18 所示。

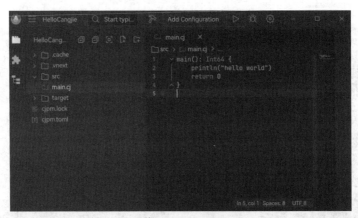

图 2-18　编译构建仓颉项目

完成编译构建后，运行结果会在命令行窗口中输出，如图 2-19 所示。

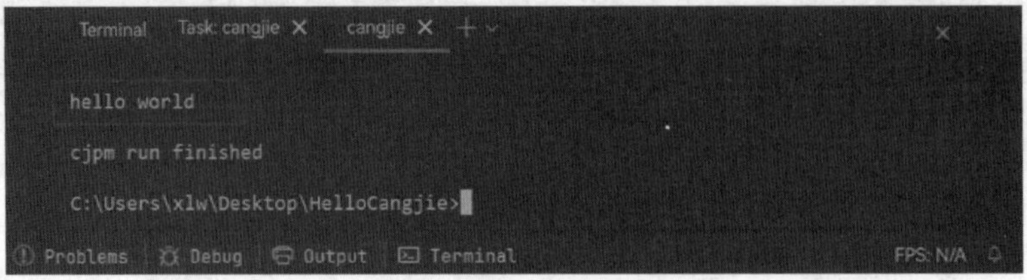

图 2-19　在命令行窗口中输出运行结果

3. 通过 CangjieStuido 连接远程项目

CangjieStuido 提供了通过 SSH 连接 Linux 上创建的仓颉项目，如图 2-20 所示。

图 2-20 通过 SSH 连接 Linux 上的仓颉项目

配置好 SSH 的连接信息后，单击 Connect 按钮验证连接，连接成功后，选择 Linux 系统中的仓颉项目目录，如图 2-21 所示。

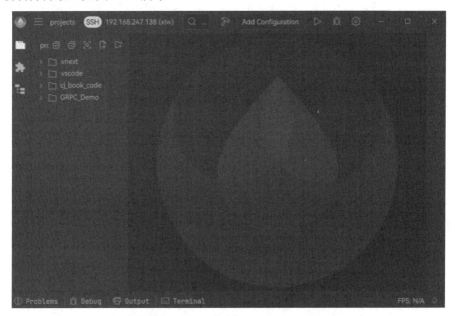

图 2-21 SSH 连接 Linux 上的仓颉项目

2.3　第 1 个仓颉程序

仓颉开发环境安装完成后，我们来看一看如何编写一个仓颉程序。本节从输出"Hello, World!"的程序开始。

2.3.1　创建项目目录

首先，创建一个放置程序的目录。在用户根目录下创建一个名为 cangjie_projects 的目录，并在其下创建 hello_world 子目录。

如果使用 Linux 命令行，则可以输入下述命令：

```
$ mkdir -p ~/projects/hello_world
```

接下来，就可以开始编写程序了！

2.3.2　第 1 个"Hello, World!"程序

使用任意编辑器创建并打开名为 hello_world.cj 的源程序文件，仓颉源代码文件以.cj 为后缀。输入如下代码并保存文件：

```
/*
入口函数
*/
main() {
    print("Hello, World!\n") //打印 Hello, World
}
```

在以上代码中，main 是仓颉的程序入口，在函数体中使用了内置函数 print 打印"Hello, World!"。

"/*…*/"和"//"是仓颉的注释语法，分别用于多行注释和单行注释，"/*…*/"中包含的内容和"//"后面换行前的内容都会被编译器忽略，只用来给阅读代码的人提供更多信息。

仓颉语言的和 Go 语言或者 C 语言一样都有程序的入口主函数，仓颉语言更加简洁，如在 Go 语言或者 C 语言中编写一个"Hello, World!"的代码如下：

```
//Go 语言
package main
import "fmt"
func main() {
    msg := "Hello,World!"
    fmt.Print(msg)  //打印 Hello,World
}

//C 语言
```

```
#include <stdio.h>
int main()
{
    printf("Hello,World! \n");    //打印 "Hello,World!"

    return 0;
}
```

2.3.3　编译执行仓颉程序

接下来需要使用编译命令把 hello_world.cj 程序文件编译成 Linux 平台可执行的文件，编译流程如图 2-21 所示。

图 2-21　仓颉编译执行

编译命令如下：

```
$ cjc hello_world.cj -o hello_world

$ ls
hello_world.cj hello_world
```

编译成功后，得到一个 Linux 可执行文件 hello_world，运行 hello_world，输出如下：

```
$ ./hello_world
Hello, World!
```

如果在终端中成功输出了"Hello, World!"，则表示成功运行了 hello_world.cj 程序。

接下来将逐步讲解仓颉的基本程序结构、类型、函数、模式匹配、泛型并发等内容，接触更丰富精彩的语言特性。

2.4　本章小结

本章详细地介绍了仓颉语言的安装和仓颉语言开发环境的搭建，以及仓颉语言开发工具的使用。仓颉语言推荐使用 Visual Code 作为主要开发工具，并提供了 Visual Code 语法智能提示插件和调试分析工具，接下来，让我们一起体验仓颉语言开发吧！

第 3 章

编 程 基 础

第 2 章成功搭建好了仓颉语言的开发环境。本章介绍在仓颉语言中的基础程序结构、仓颉语言的内置保留关键字、标识符、变量和常量的定义和使用,以及仓颉语言代码编写规范。

3.1　程序结构

仓颉语言代码保存在一个以.cj 为后缀的源程序文件中。

程序的基础结构如下:

```
//全局变量
let x: Int64 = 1
let y: Int64 = 2

//全局函数
func f1() {}
func f2() {}

//自定义类型,class 类型 A
class A {}

//自定义类型,结构体类型 B
structB {}

//程序执行入口
main() {
  ...
    //code blocks
  ...
}
```

在使用仓颉语言编写的代码中,必须包含一个入口程序,即 main( )函数,main 函数前面并没有使用 func 函数定义关键字,所以该函数的作用只是作为程序的主入口。

一个标准的仓颉语言项目的目录结构如下:

```
├── src                        \
│   ├── aaaa                   │
│   │   └── xxxxxxx.cj         │
│   ├── bbbb                   │
│   │   └── xxxxxxx.cj          >源码文件: *.cj
│   ├── cccc                   │
│   │   └── xxxxxxx.cj         │
│   ├── xxxx.cj                /
├── test
│   ├── HLT                    │
│   │   └── testcase0001.cj \
│   ├── LLT                    │
│   │   └── testcase0001.cj  >LLT: 自测用例; UT: 单元测试用例; HLT: 测试级别用例
│   └── UT                     │
│       └── testcase0001.cj /
├── module.json     ------------>用于CPM构建
├── doc
└── README.md
```

在仓颉语言中，代码是以包为单位进行组织的，一个目录即是一个包，目录可以相互嵌套，多个包组成一个模块，一个仓颉项目可以包含多个模块，但是必须有一个主模块。

3.2 关键字

首先来了解一下在仓颉语言中的一些被语言内部使用的关键字。需要注意的是，关键字是不能作为标识符使用的特殊字符串，仓颉语言的关键字见表3-1。

表3-1 在仓颉语言中有71个系统保留字

abstract	as	break	match	mut	override
Bool	case	continue	open	operator	prop
catch	class	else	package	private	quote
Char	do	false	protected	public	return
enum	extend	foreign	struct	redef	super
finally	for	Float16	spawn	static	throw
from	func	if	synchronized	this	type
Float32	Float64	init	true	try	UInt8
import	in	Int8	This	unsafe	UInt64
interface	is	Int64	UInt16	UInt32	var
Int16	Int32	macro	UIntNative	Unit	main
IntNative	let	Nothing	where	while	

3.3　标识符

在介绍如何定义和使用变量之前，有必要先介绍仓颉语言中的标识符，因为变量名必须是一个合法的标识符。

标识符分为普通标识符和原始标识符（Raw Identifier）。

3.3.1　普通标识符

普通标识符是除了关键字（参见表 3-1 关键字）以外，由字母开头，后接任意长度的字母、数字或下画线组合而成的连续字符。

合法的普通标识符如下：

```
xyz
x1y2z3
x_y_z
x1_y2_z3
```

非法的普通标识符如下：

```
_xyz            //不能以'_'开头
1xyz            //不能以数字开头
if              //错误：if 是保留关键字
while           //错误：while 是保留关键字
```

3.3.2　原始标识符

原始标识符是在普通标识符的外面加上一对反引号（`），或者反引号内使用关键字。原始标识符主要用在需要将仓颉关键字作为标识符使用的场景。

合法的原始标识符如下：

```
`xyz`
`x1y2z3`
`x_y_z`
`x1_y2_z3`
`if`
`while`
```

非法的原始标识符如下：

```
`_xyz`          //不能以 '_'开头
`1xyz`          //不能以数字开头
```

3.4 注释

程序的注释是解释性语句,可以在仓颉语言代码中添加注释,这将提高源代码的可读性。所有的编程语言都允许某种形式的注释。

仓颉语言支持单行注释和多行注释。注释中的所有字符会被仓颉语言编译器忽略。

3.4.1 单行注释

单行注释以"//"开始,直到行末为止,示例代码如下:

```
var foo = 100              //右边的单行注释
var bar = 200

main() {
    //上方的单行注释
    println("hello cangjie")
    var num : Int64 = 10     //右边的单行注释
    //上方的单行注释
    return 0
}
```

对于单行注释的要求如下:

(1)代码上方的注释与被注释的代码行间无空行,保持与代码一样的缩进。

(2)代码右边的注释与代码之间至少留有 1 个空格。代码右边的注释无须插入空格使其强行对齐。

3.4.2 多行注释

多行注释以"/*"开始,以"*/"终止。例如,给一个仓颉代码文件添加注释,就可以使用多行注释:

```
/*
 * Copyright (c) Cangjie Library Team 2022-2022. All rights reserved.
 * Description:
 */
```

给一个类添加注释,一般也使用多行注释:

```
**
 * The class is ByteBuffer inherited from Collection<UInt8>
 * @author Leo
 * @since 0.29.3
 */
public class ByteBuffer <: Collection<UInt8>{
```

```
    ...
    //code blocks
    ...
}
```

在"/*"和"*/"注释内部,"//"字符没有特殊的含义。在"//"注释内,"/*"和"*/"字符也没有特殊的含义,因此,可以在一种注释内嵌套另一种注释,示例如下:

```
/* 用于输出 Hello World 的注释
 println("Hello World")              //输出 Hello World
*/
```

3.5 变量和常量

仓颉语言是强类型语言,变量必须有类型,同时变量仅可以存储特定类型的数据。每个变量都代表一块内存,变量名是给某块内存起的一个别名,内存中存的值就是给变量赋的值。变量名在程序编译期间会直接转换为内存地址。

在仓颉语言中的变量被分为两类:不可变变量和可变变量,其中不可变变量是指初始化后值不可变的变量,可变变量是指可以重复赋值的变量;不可变变量和可变变量分别使用 let 和 var 定义。

3.5.1 定义变量

仓颉语言虽然是静态语言,但是在代码语法风格上并不强制要求在定义一个变量时指定变量的数据类型,编译器可以根据变量的值来推断它的数据类型。变量声明有显式声明、隐式声明。

显式定义变量的格式如图 3-1 所示。

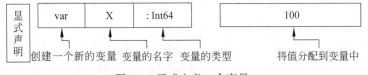

图 3-1 显式定义一个变量

隐式声明在定义变量时如果指定了初始值,则可以省略类型的定义,仓颉语言可以自己由数据推导出类型,如图 3-2 所示。

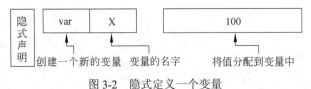

图 3-2 隐式定义一个变量

3.5.2 定义常量

常量是固定值，在程序执行期间不会改变，常量可以是任何的基本数据类型，例如整数常量、浮点常量、字符常量，或字符串字面值，也有枚举常量。

在仓颉语言中，定义常量的格式和定义变量的格式一样，只不过声明常量时使用 let 关键字，如图 3-3 所示。

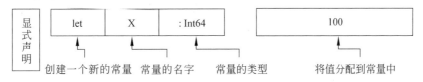

图 3-3 定义一个变量

说明：对于 let 的全局变量和 static let 变量的名称，建议采用全大写。用于不可变场景的 let 变量，其命名可以用下画线分隔的全大写单词来命名以强调是常量，如 let MAXUSERNUM = 200。

3.5.3 作用域

在下面的例子中，定义了两种不同作用域的变量和常量，g1 和 g2 是全局变量，PI 为全局常量，x 和 y 定义在 main 函数内部，是局部变量，代码如下：

```
//全局变量
var g1:Int64 = 2;
var g2:Int64 = 3;

//全局常量
let PI:Float64 = 3.14

func main() {
    //定义两个局部变量 x 和 y
    var x : Int64 = 100;
    var y : Int64 = 200;
    println(g2)              //2
    println(x)               //100
    println(PI)
```

```
}
```

如果尝试修改不可变变量 *x* 的值，将编译报错，如图 3-4 所示，代码如下：

```
func main() {
    let PI:Float64 = 3.14;
    PI = 3.145; //不可以重新向一个常量赋值
    println(PI)
}
```

```
02.cj:7:5: error: cannot assign to value
 which is an initialized 'let' constant
     7 |      PI = 3.145;
       |         ^
1 error generated, 1 error printed.
```

图 3-4　重新向一个常量赋值，编译期间报错

当初始值的类型明确时，编译器可以根据初始值推断变量的类型，这时可以省略变量的类型标注。

对上面的例子进行修改，使其可以正常编译和运行，输出结果相同，代码如下：

```
//全局变量
var g1 = 2;
var g2 = 3;
//全局常量
let PI = 3.14
func main() {
    //定义两个局部变量 x 和 y
    var x = 100;
    var y = 200;
    println(x)              //输出 3.14
}
```

3.5.4　初始化

定义全局变量和静态成员变量（定义在类和结构体中）时必须初始化，例如，在下面的例子中，定义全局变量 *b* 和静态变量 *d* 时会因未初始化而报错，代码如下：

```
let a: Int64 = 10
let b: Int64
//Error: 全局常量 b 必须初始化
record R {
static let c: Int64 = 100
static let d: Int64
//Error: 静态变量 d 必须初始化
```

```
}
```

对于局部变量，允许定义时不初始化（此时必须标注类型），但必须确保初始化一定要在该变量第 1 次被读取之前完成，代码如下：

```
func main() {
 let x: Int64
 x = 1
 print("x = ${x}\n")
 var y: Float64
 y = 1.1
 print("y = ${y}\n")
 y = 2.2
 print("y = ${y}")
}
```

在仓颉语言中要求每个变量在使用前必须进行初始化，否则编译时会报错。例如，下例中在 y 的初始化表达式中访问 x 时，x 并未初始化，代码如下：

```
func main() {
  let x: Int64
  var y = x + 1          //Error: 变量 x 尚未初始化
  print("y = ${y}")
}
```

3.6 代码编写规范

代码编写规范一般包含标识符的命名、注释及排版。一致的编码习惯与风格会使代码更容易阅读、理解，更容易维护。在仓颉语言中的各种类型的名字均使用统一的命名风格，具体见表 3-2。

表 3-2　在仓颉语言中的各种类型的名字均使用统一的命名风格

类　　别	命　名　风　格	形　　式
包名和文件名	unix_like：单词全小写，用下画线分隔	如 aaa_bbb

接口，类，结构体，枚举和类型别名	大驼峰：首字母大写，单词连在一起，不同单词间通过单词首字母大写分开，可包含数字	如 AaaBbb
		//my_class.cj
		public class MyClass {
		//CODE
		}

变量，函数，函数参数	小驼峰：首字母小写，单词连在一起，不同单词间通过单词首字母大写分开。例外：测试函数可有下画线，循环变量 try-catch 中的异常变量允许单个小写字母	如 aaaBbb

续表

类　别	命名风格	形　式
全局变量，static 成员变量	建议全大写，用下画线分隔	如 let MAX_USER_NUM = 200
泛型类型变量	单个大写字母，或单个大写字母加数字，或单个大写字母接下画线、大写字母和数字的组合，例如 E, T, T2, E_IN, E_OUT,T_CONS	如 A

3.7　本章小结

本章详细介绍了仓颉语言的基础程序结构、内置保留关键字、标识符、变量和常量的定义和使用，以及仓颉语言代码编写规范。

第 4 章

数 据 类 型

本章介绍在仓颉语言中的基本数据类型及它们支持的基本操作,包括整数类型、浮点类型、布尔类型、字符类型、字符串类型、Unit 类型、元组类型、区间类型、Nothing 类型。

4.1 整数类型

整数类型分为有符号(signed)整数类型和无符号(unsigned)整数类型,如图 4-1 所示。

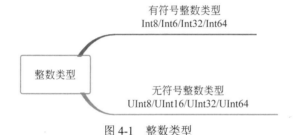

图 4-1 整数类型

有符号整数类型包括 Int8、Int16、Int32、Int64 和 IntNative,分别用于表示编码长度为 8bit、16bit、32bit、64bit 和平台相关大小的有符号整数值的类型。

无符号整数类型包括 UInt8、UInt16、UInt32、UInt64 和 UIntNative,分别用于表示编码长度为 8bit、16bit、32bit、64bit 和平台相关大小的无符号整数值的类型。

对于编码长度为 n 的有符号整数类型,其表示范围为 $-2^{n-1} \sim 2^{n-1}-1$;对于编码长度为 n 的无符号整数类型,其表示范围为 $0 \sim 2^n - 1$。

4.1.1 整数类型的表示范围

所有整数类型的表示范围见表 4-1。

表 4-1 整数类型的表示范围

类　　型	表　示　范　围
Int8	$-2^7 \sim 2^7 - 1(-128 \sim 127)$
Int16	$-2^{15} \sim 2^{15} - 1(-32\,768 \sim 32\,767)$

类　型	表　示　范　围
Int32	$-2^{31} \sim 2^{31} - 1(-2\ 147\ 483\ 648 \sim 2\ 147\ 483\ 647)$
Int64	$-2^{63} \sim 2^{63} - 1(-9\ 223\ 372\ 036\ 854\ 775\ 808 \sim 9\ 223\ 372\ 036\ 854\ 775\ 807)$
UInt8	$0 \sim 2^{8} - 1(0 \sim 255)$
UInt16	$0 \sim 2^{16} - 1(0 \sim 65\ 535)$
UInt32	$0 \sim 2^{32} - 1(0 \sim 4\ 294\ 967\ 295)$
UInt64	$0 \sim 2^{64} - 1(0 \sim 18\ 446\ 744\ 073\ 709\ 551\ 615)$

程序具体使用哪种整数类型，取决于该程序中需要处理的整数的性质和范围。在 Int64 类型适合的情况下，首选 Int64 类型，因为 Int64 的表示范围足够大，并且整数字面量在没有类型上下文的情况下默认推断为 Int64 类型，可以避免不必要的类型转换。

整数类型字面量有 4 种进制表示形式，见表 4-2。

表 4-2　4 种进制的表示形式

进制类型	表　示　形　式
二进制	使用 0b 或 0B 前缀，如 0b00011000 （或 0B00011000）
八进制	使用 0o 或 0O 前缀，如 0o30（或 0O30）
十进制	没有前缀，如 24
十六进制	使用 0x 或 0X 前缀，如 0x18（或 0X18）

在各进制表示中，可以使用下画线 "_" 充当分隔符的作用，方便识别数值的位数，如 0b0001_1000。

对于整数类型字面量，如果它的值超出了上下文要求的整数类型的表示范围，则编译器将会报错：

```
let x: Int8 = 128           //错误：128 超出 Int8 的范围
let y: UInt8 = 256          //错误：256 超出 UInt8 的范围
let z: Int32 = 0x8000_0000  //错误：0x8000_0000 超出 Int32 的范围
```

4.1.2　整数类型的运算

整数类型默认支持的操作符包括算术操作符、位操作符、关系操作符、自增和自减操作符、赋值操作符、复合赋值操作符。各操作符的优先级和用法参见附录 A 中的操作符。

1. 算术操作符

算术操作符包括一元负号（−）、加法（+）、减法（−）、乘法（*）、除法（/）、取模（%）、幂运算（**）。

示例代码如下：

```
main() {
```

```
    var x: Int32 = 2
    var y: Int32 = 8

    //加法
    var p1 = x + y
    println("x+y= ${p1}")

    //减法
    var p2 = x - y
    println("x-y= ${p2}")

    //乘法
    var p3 = x * y
    println("x-y= ${p3}")

    //除法
    var p4 = x / y
    println("x/y= ${p4}")

    //取模
    var p5 = x % y
    println("x%y= ${p4}")

        //幂运算
    var p6 = x ** y
    println("x**y= ${p6}")
}
```

输出的结果如下：

```
x+y= 10
x-y= -6
x-y= 16
x/y= 0
x%y= 0
x**y= 256
```

2. 位操作符

位操作符包括按位求反（!）、左移（<<）、右移（>>）、按位与（&）、按位异或（^）、按位或（|）。注意，按位与、按位异或、按位或操作符要求左右操作数是相同的整数类型。

按位与（&）是指参加运算的两个数据，按二进制进行“与”运算。如果两个相应的二进制位都为 1，则该位的结果为 1；否则为 0。这里的 1 可以理解为逻辑中的 true，0 可以理解为逻辑中的 false。按位与其实与逻辑上"与"的运算规则一致，示例代码如下：

```
main() {
    var a: Int64 = 2
    var b: Int64 = 1

    //按位与（&）
    var c = a & b
    println(c)                      //输出 0

    //用&求奇偶数判断
    if (c == 1) {
        println("奇数")
    } else {
        println("偶数")
    }

    //按位求反（!）
    println(!a)                     //输出 -3

    //左移运算符
    var n1 = 0xc0000001
    println(n1<<2)

    //右移运算符
    var n2 = -10
    println(n2>>2)                  //输出-3
}
```

3. 关系操作符

关系操作符包括小于（<）、大于（>）、小于或等于（<=）、大于或等于（>=）、相等（==）、不等（!=）。要求关系操作符的左右操作数是相同的整数类型，示例代码如下：

```
main() {
    var x: Int32 = 2
    var y: Int32 = 8

    println(x > y)            //false
    println(x < y)            //true
    println(x >= y)           //false
    println(x <= y)           //true
    println(x == y)           //false
    println(x != y)           //true
```

```
    }
```

4. 自增自减操作符

自增和自减操作符包括自增（++）和自减（−−）。注意，在仓颉语言中的自增和自减操作符只能作为一元后缀操作符使用，示例代码如下：

```
main(){
    var a= 2
    a++                      //a 自增1,相当于 a = a+1
    println(a)
    a--                      //a 自减1,相当于 a = a-1
    println(a)

    //不支持下面的写法
    //++a
    //--a
    //println(a)
}
```

5. 赋值操作符

赋值操作符即 =，复合赋值操作符包括+=、−=、*=、/=、%=、**=、<<=、>>=、&=、^=、|=，代码如下：

```
main() {
    //赋值操作符即 =
    //复合赋值操作符包括
    //+=、-=、*=、/=、%=、**=、<<=、>>=、&=、^=、|=
    var a: Int64 = 6
    a += 2
    println(a)               //8
    a -= 2
    println(a)               //6
    a *= 2
    println(a)               //12
    a /= 2
    println(a)               //6
    a %= 2
    println(a)               //0
    a **= 2
    println(a)               //0

    a <<= 2
    println(a)               //0
    a >>= 2
```

```
    println(a)                    //0

    a &= 2
    println(a)                    //0
    a ^= 2
    println(a)                    //2
    a |= 2
    println(a)                    //2
}
```

4.2 浮点类型

浮点类型包括 Float32 和 Float64，分别用于表示编码长度为 32bit 和 64bit 的浮点数（带小数部分的数字，如 3.14159、8.24 和 0.1 等）的类型。Float32 和 Float64 分别对应 IEEE 754 中的单精度格式（binary32）和双精度格式（binary64）。

Float64 的精度约为小数点后 15 位，Float32 的精度约为小数点后 6 位，如图 4-2 所示。

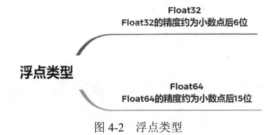

图 4-2　浮点类型

使用哪种浮点类型，取决于代码中需要处理的浮点数的性质和范围。在多种浮点类型都适合的情况下，首选精度高的浮点类型，因为精度低的浮点类型的累计计算误差很容易扩散，并且它能精确表示的整数范围也很有限。

注意：print 函数默认只打印 6 位小数位，所以大的精度小数，需要导入 format 库，以便使用 format 方法指定精度的位数。

在下面例子中定义两个浮点类型的数字，代码如下：

```
from std import format.*

main() {
    var x: Float32 = 0.13333332
    println(x)                          //println 函数默认打印 6 位小数位
    var y: Float64 = 0.211111111111113
    println(y)

    /* 左边 0 位,右边 15 位 */
```

```
    var res = y.format("0.15")
    println("${res}\n")
}
```

计算结果如下：

```
0.133333
0.211111
0.211111111111113
```

浮点类型字面量有两种进制表示形式：十进制、十六进制。在十进制表示中，一个浮点字面量至少要包含一个整数部分或一个小数部分，当没有小数部分时必须包含指数部分（以 e 或 E 为前缀，底数为 10）。在十六进制表示中，一个浮点字面量除了至少要包含一个整数部分或小数部分（以 0x 或 0X 作前缀），同时必须包含指数部分（以 p 或 P 作前缀，底数为 2）。

下面的例子展示了浮点字面量的使用，代码如下：

```
main() {
    let a: Float32 = 3.14
    let b: Float32 = 2e3
    let c: Float32 = 2.4e-1
    let d: Float64 = .123e2
    let e: Float64 = 0x1.1p0
    let f: Float64 = 0x1p2
    let g: Float64 = 0x.2p4
    println("a= ${a}")
    println("b= ${b}")
    println("c= ${c}")
    println("d= ${d}")
    println("e= ${e}")
    println("f= ${f}")
    println("g= ${g}")
}
```

输出的结果如下：

```
a= 3.140000
b= 2000.000000
c= 0.240000
d= 12.300000
e= 1.062500
f= 4.000000
g= 2.000000
```

浮点类型默认支持的操作符包括算术操作符、关系操作符、自增和自减操作符、赋值操作符、复合赋值操作符。

4.3 布尔类型

布尔类型使用 Bool 表示，用来表示逻辑中的真和假。布尔类型只有两个字面量：true 和 false，不能使用 0 和 1 表示 false 和 true，如图 4-3 所示。

图 4-3　布尔类型

注意：在仓颉语言中，整数类型不能与布尔类型直接转换。

下面的例子展示了布尔字面量的使用，代码如下：

```
let a: Bool = true
let b: Bool = false
```

布尔类型支持的操作符包括逻辑操作符（逻辑非 !，逻辑与&&，逻辑或 ||）、部分关系操作符（== 和!=）、赋值操作符、部分复合赋值操作符（&&= 和 ||=）。

布尔类型的运算如下：

```
main(){
    var isTrue : Bool = true;
    var isCompleted : Bool = true;
    println(isTrue && isCompleted)   //true
    println(!isTrue)                 //false
    println(isTrue || isCompleted)   //true
}
```

输出的结果如下：

```
true
false
true
```

4.4 字符类型

字符类型使用 Char 表示，可以表示 Unicode 字符集中的所有字符。字符类型字面量有 3 种形式：单个字符、转义字符和通用字符，它们均使用一对单引号定义。

单个字符的字符字面量如下：

```
let a: Char = 'a'
let b: Char = 'b'
```

转义字符是指在一个字符序列中对后面的字符进行另一种解释的字符。转义字符使用转义符号 "\" 开头，后面加需要转义的字符，代码如下：

```
let slash: Char = '\''
let newLine: Char = '\n'
let doubleSlash: Char = '\t'
```

通用字符以 \u 开头，后面加上定义在一对花括号中的 1~8 个十六进制数，即可表示对应的 Unicode 值代表的字符，代码如下：

```
func main() {
    let a: Char = '你'
    let b: Char = '好'
    print("${a}")
    print("${b}")
}
```

编译并执行上述代码，输出的结果如下：

```
你好
```

字符类型仅支持关系操作符：小于（<）、大于（>）、小于或等于（<=）、大于或等于（>=）、相等（==）、不等（!=）。比较的是字符的 Unicode 值。

4.5 字符串类型

字符串类型使用 String 表示，用于表达文本数据，由一串 Unicode 字符组合而成。字符串字面量分为 3 类：单行字符串字面量、多行字符串字面量和多行原始字符串字面量。

4.5.1 单行字符串

单行字符串字面量的内容定义在一对双引号之内，双引号中的内容可以是任意数量的（除了非转义的双引号和单独出现的 "\" 之外的）任意字符。单行字符串字面量只能写在同一行，不能跨越多行，示例代码如下：

```
let s1: String = ""
let s2 = "Hello Cangjie Lang"
let s3 = "\"Hello Cangjie Lang\""
let s4 = "Hello Cangjie Lang\n"
```

4.5.2　多行字符串

多行字符串字面量以 3 个双引号开头，并以 3 个双引号结尾，并且开头的 3 个双引号之后需要换行（否则编译时会报错）。字面量的内容从开头的 3 个双引号换行后的第 1 行开始，到结尾的 3 个双引号之前为止，之间的内容可以是任意数量的（除单独出现的"\"之外的）任意字符。不同于单行字符串字面量，多行字符串字面量可以跨越多行，示例代码如下：

```
func main() {
    //前面的 """ 必须换行
    //后面的 """ 跟在字符串后面
    let s1: String = """
"""
    //输出多行
    let s2 = """
        Hello,
        Cangjie 语言"""
    println(s2)
}
```

输出的结果如下：

```
Hello,
Cangjie 语言
```

多行原始字符串字面量以一个或多个井号（#）加上一个双引号开始，并以一个双引号加上和开始相同个数的＃号结束。开始的双引号和结束的双引号之间的内容可以是任意数量的任意合法字符。不同于（普通）多行字符串字面量，多行原始字符串字面量中的内容会维持原样（转义字符不会被转义，如下例 s2 中的 \n 不是换行符，而是由 \ 和 n 组成的字符串 \n），示例代码如下：

```
//输出原始字符串
let s3: String = #"输出原始字符串"#
//输出转换字符 \n
let s4 = ##"\n"##
println(s3)
println(s4)
```

输出的结果如下：

```
输出原始字符串
\n
```

4.5.3　插值字符串

插值字符串是一种包含一个或多个插值表达式的字符串字面量（不适用于多行原始字符串字面量），通过将表达式插入字符串中，可以有效地避免字符串拼接的问题。虽然直到现在才介绍它，但其实它早已经出现在之前的示例代码中，因为我们经常在 print 函数中输出非字符串类型的变量值，例如 print("${x}")。

插值表达式必须用花括号（{}）包起来，并在{}之前加上$前缀。{}中可以包含一个或者多个声明或表达式。

当插值字符串求值时，每个插值表达式所在位置会被{}中的最后一项的值替换，整个插值字符串最终仍是一个字符串。

插值字符串的简单示例代码如下：

```
func main() {
    let fruit = "apples"
    let count = 10
    let s = "There are ${count * count} ${fruit}\n"
    print(s)
    let r = 2.4
    let area = "半径 ${r}的圆的面积是 ${let PIE = 3.141592; PIE * r * r}"
    print(area)
}
```

编译并执行上述代码，输出的结果如下：

```
There are 100 apples
半径 2.400000 的圆的面积是 18.095570
```

4.5.4　字符串操作

字符串类型支持使用关系操作符进行比较，支持使用"+"进行拼接。字符串类型的判等和拼接，代码如下：

```
func main() {
    let s1 = "abc"
    var s2 = "ABC"
    let r1 = s1 == s2
    println("'abc' == 'ABC' : ${r1}\n")
    let r2 = s1 + s2
    println("'abc' + 'ABC' is: ${r2}")
}
```

编译并执行上述代码，输出的结果如下：

```
'abc' == 'ABC' : false
```

```
'abc' + 'ABC' : abcABC
```

4.6 Unit 类型

对于那些只关心副作用而不关心值的表达式，它们的类型是 Unit。例如，print 函数、赋值表达式、复合赋值表达式、自增和自减表达式、循环表达式，它们的类型都是 Unit。Unit 类型只有一个值，也是它的字面量( )。除了赋值、判等和判不等外，Unit 类型不支持其他操作。

4.7 元组类型

元组（Tuple）可以将多个不同的类型组合在一起，成为一个新的类型。

4.7.1 元组定义

元组类型使用 (T1，T2，⋯，Tn)表示，其中 T1~Tn 可以是任意类型，不同类型间使用 "，" 连接，元组至少是二元以上。例如, (Int64, Float64)表示一个二元组类型，(Int64, Float64, String)表示一个三元组类型，如图 4-4 所示。

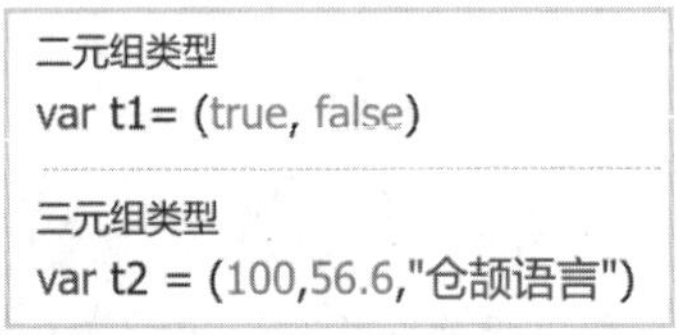

元组的长度是固定的，即一旦定义了一个元组类型的实例，它的长度不能再被更改，代码如下：

> **二元组类型**
> var t1= (true, false)
>
> **三元组类型**
> var t2 = (100,56.6,"仓颉语言")

图 4-4　元组类型

```
var tuple = (true, false)
tuple[0] = false            //error: 无法赋值给元组元素
```

4.7.2 元组类型的字面量

元组类型的字面量使用 (e1，e2，⋯，en) 表示，其中 e1~en 是表达式，多个表达式之间使用逗号分隔。

在下面的例子中，分别定义了一个(Int64，Float64)类型的变量 x，以及一个(Int64，Float64，String)类型的变量 y，并且使用元组类型的字面量为它们定义了初值，代码如下：

```
let x: (Int64, Float64) = (3, 3.141592)
let y: (Int64, Float64, String) = (3, 3.141592, "PI")
```

元组支持通过 t[index]的方式访问某个具体位置的元素，其中 t 是一个元组，index 是下标，并且 index 只能是从 0 开始且小于元组元素个数的整数类型字面量，否则编译时会报错。使用 pi[0]和 pi[1]可以分别访问二元组 pi 的第 1 个元素和第 2 个元素，代码如下：

```
main() {
    var pi = (3.14, "PI")
```

```
    println(pi[0])
    println(pi[1])
}
```

编译并执行上述代码，输出的结果如下：

```
3.140000
PI
```

4.8 区间类型

区间类型用于表示拥有固定步长的序列，区间类型是一个泛型，使用 Range<T>表示。当 T 被实例化不同的类型时（要求此类型必须支持关系操作符，并且可以和 Int64 类型的值做加法运算），会得到不同的区间类型，如最常用的 Range<Int64>用于表示整数区间。

每个区间类型的实例都会包含 start、end 和 step 共 3 个值，其中，start 和 end 分别表示序列的起始值和终止值，step 表示序列中前后两个元素之间的差值（步长）；start 和 end 的类型相同（T 被实例化的类型），step 类型是 Int64。

区间字面量有两种形式：左闭右开区间和左闭右闭区间。

4.8.1 左闭右开区间

左闭右开区间的格式是 start..end:step，如图 4-5 所示。

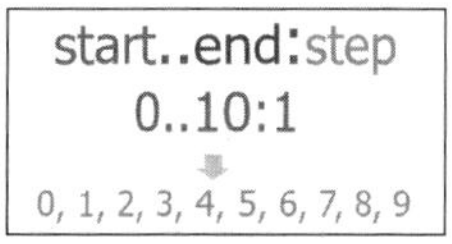

它表示一个从 start 开始，以 step 为步长，到 end（不包含 end）为止的区间，代码如下：

```
start..end:step
      0..10:1
      ↓
0, 1, 2, 3, 4, 5, 6, 7, 8, 9
```

图 4-5 左闭右开区间

```
let n = 10
let r1 = 0..10:1        //r1 包含 0, 1, 2, 3, 4, 5, 6, 7, 8, 9
let r3 = n..0:-2        //r3 包含 10, 8, 6, 4, 2
```

4.8.2 左闭右闭区间

左闭右闭区间的格式是 start..=end:step，如图 4-6 所示。

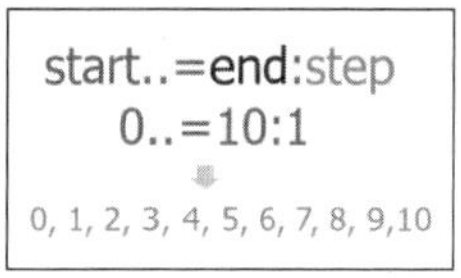

它表示一个从 start 开始，以 step 为步长，到 end（包含 end）为止的区间，代码如下：

```
start..=end:step
     0..=10:1
     ↓
0, 1, 2, 3, 4, 5, 6, 7, 8, 9,10
```

图 4-6 左闭右闭区间

```
let n = 10
let r2 = 0..=n:1        //r2 包含 0, 1, 2, 3, 4, 5, 6, 7, 8, 9, 10
let r4 = 10..=0:-2      //r4 包含 10, 8, 6, 4, 2, 0
```

在区间字面量中，可以不写 step，此时 step 默认等于 1，但是注意，step 的值不能等于 0。另外，区间也有可能是空的（不包含任何元素的空序列），代码如下：

```
let r5 = 0..10        //r5 的步长是 1,它包含 0、1、2、3、4、5、6、7、8、9
```

```
let r6 = 0..10:0      //错误：步长不能为 0
let r7 = 10..0:1      //r7~r10 为空范围
let r8 = 0..10:-1
let r9 = 10..=0:1
let r10 = 0..=10:-1
```

表达式 start..end:step 中，当 step > 0 且 start ≥ end，或者 step < 0 且 start ≤ end 时，start..end:step 是一个空区间；表达式 start..=end:step 中，当 step > 0 且 start > end，或者 step < 0 且 start < end 时，start..=end:step 是一个空区间。

4.9　Nothing 类型

Nothing 是一种特殊的类型，它不包含任何值，并且 Nothing 类型是所有类型的子类型。break、continue、return 和 throw 表达式的类型是 Nothing，程序执行到这些表达式时，它们之后的代码将不会被执行。

注意：目前编译器还不允许在使用类型的地方显式地使用 Nothing 类型。

4.10　枚举类型

在很多语言中都有 enum 类型（或者称作枚举类型），但是不同语言中的 enum 类型的使用方式和表达能力均有所差异，在仓颉语言中的 enum 类型可以理解为函数式编程语言中的代数数据类型（Algebraic Data Type）。

接下来，首先介绍如何定义和使用 enum，然后介绍如何使用模式匹配使 enum 取不同值时执行不同的操作，最后介绍一个名为 Option 的常用 enum 类型，用于表示某种类型的实例要么有值要么没值。

enum 只能定义在源文件顶层，所以不能在结构体、函数、class 等可以引入新作用域的位置定义 enum。

4.10.1　enum 的定义和使用

定义 enum 时需要把它所有可能的取值一一列出，这些值称为 enum 的构造器（constructor），格式如下：

```
enum RGBColor {
    | Red | Green | Blue
}
```

enum 类型的定义以关键字 enum 开头，接着是 enum 的名字，之后是定义在一对花括号中的 enum 体，enum 体中定义了若干构造器，多个构造器之间使用 "|" 进行分隔（第 1 个构造器之前的 "|" 是可选的）。

在上面的例子中定义了一个名为 RGBColor 的 enum 类型，它有 3 个构造器：Red、Green 和 Blue，分别表示 RGB 色彩模式中的红色、绿色和蓝色。 RGBColor 的构造器还可以携带若干（至少一个）参数，成为有参构造器。例如，可以为 Red、Green 和 Blue 设置一个 UInt8 类型的参数，用来表示每种颜色的亮度级别，代码如下：

```
enum RGBColor {
    | Red(UInt8) | Green(UInt8) | Blue(UInt8)
}
```

仓颉语言支持在同一个 enum 中定义多个同名构造器，但是要求这些构造器的参数个数不同 （认为没有参数的构造器的参数个数等于 0），示例代码如下：

```
enum RGBColor {
    | Red | Green | Blue
    | Red(UInt8) | Green(UInt8) | Blue(UInt8)
}
```

enum 支持递归定义，例如，在下面的例子中使用 enum 定义了一种表达式(Expr)，此表达式只能有 3 种形式：单独的一个数字 Num（携带一个 Int64 类型的参数）、加法表达式 Add（携带两个 Expr 类型的参数）、减法表达式 Sub（携带两个 Expr 类型的参数）。对于 Add 和 Sub 这两个构造器，其参数中递归地使用了 Expr 自身，示例代码如下：

```
enum Expr {
| Num(Int64)
| Add(Expr, Expr)
| Sub(Expr, Expr)
}
```

另外，在 enum 体中还可以定义一系列成员函数、静态函数、操作符函数和成员属性，但是要求构造器、成员函数、静态函数、成员属性之间不能重名。例如，下面的例子在 RGBColor 定义了一个名为 printType 的函数，它会输出字符串 RGBColor，代码如下：

```
enum RGBColor {
| Red | Green | Blue
static func printType() {
    print("RGBColor")
}
}
```

4.10.2 enum 值

定义了 enum 类型之后，就可以创建此类型的实例（enum 值），enum 值只能取 enum 类型定义中的一个构造器。enum 没有构造函数，可以通过"类型名.构造器"的方式，或者直接使用构造器的方式来构造一个 enum 值（对于有参构造器，需要传实参）。例如，在下面的例子中，在 RGBColor 中定义了 3 个构造器，其中有两个无参构造器（Red 和 Green）和一个有参构造器（Blue(UInt8)），main 函数中定义了 3 个 RGBColor 类型的变量 r、g 和 b，其中，r 的值使用 RGBColor.Red 进行初始化，g 的值直接使用 Green 进行初始化，b 的值使用 Blue(100) 进行初始化，示例代码如下：

```
enum RGBColor {
    Red | Green | Blue(UInt8)
}

func main() {
    /**
     g 的值直接使用 Green 进行初始化,
     b 的值使用 Blue(100) 进行初始化
     */
    let g = Green
    let b = Blue(100)
}
```

4.10.3 enum 的模式匹配

对于一个 enum 值，通常希望它是不同的构造器时执行不同的操作，在仓颉语言中，可以通过模式匹配实现。对于如下使用 enum 定义的 RGBColor，如果希望 enum 值是不同构造器时分别输出其字符串表示，则可以使用 match 表达式和常量模式实现，示例代码如下：

```
enum RGBColor {
    Red | Green | Blue(UInt8)

    static func printType() {
        println("static RGBColor")
    }

    func show() {
        println("show")
    }
}

func main() {
    RGBColor.printType()
    let g = Green
    g.show()

    let c = match (g) {
        case Red => "RED"
```

```
        case Blue(x) => "BLUE"
        case Green => "GREEN"
    }
    println(c)
}
```

对于 enum 中的有参构造器，同样可以使用 match 表达式来匹配，并且可以解构出有参构造器中参数的值，示例代码如下：

```
enum RGBColor {
| Red(UInt8) | Green(UInt8) | Blue(UInt8)
}

func main() {
let c = Green(100)
let cs = match (c) {
case Red(r) => "Red = ${r}"
case Green(g) => "Green = ${g}" //Matched
case Blue(b) => "Blue = ${b}"
}
print(cs)
}
```

在上面的例子中，RGBColor 的 3 个构造器均有一个 UInt8 类型的参数，在匹配变量 *c* 的值时，case 之后使用 enum 模式来匹配不同的构造器，并将参数值分别与变量 *r*、*g* 和 *b* 进行绑定，一旦某条 case 匹配成功，就返回对应的字符串。

上述代码的执行结果如下：

```
Green = 100
```

4.11 本章小结

本章详细介绍了在仓颉语言中的基本数据类型及它们支持的基本操作。仓颉语言的基础类型包括整数类型、浮点类型、布尔类型、字符类型、字符串类型、Unit 类型、元组类型、区间类型、Nothing 类型。为了方便对后续章节的介绍，本章最后一节介绍了枚举类型，枚举类型是自定义数据类型，并非基础数据类型。通过对本章的学习，开发者可以全面了解仓颉语言的数据类型的特点和基本用法，为后续章节的学习打好基础。

第 5 章

类 型 转 换

仓颉不支持不同类型之间的隐式转换，类型转换必须显式地进行。下面将依次介绍数值类型之间的转换，Char 和 UInt32 之间的转换，以及 is 和 as 操作符。

5.1　数值类型之间的转换

对于数值类型（包括 Int8、Int16、Int32、Int64、IntNative、UInt8、UInt16、UInt32、UInt64、UIntNative、Float16、Float32 和 Float64），仓颉支持使用 T(e) 的方式得到一个值等于 e，类型为 T 的值，其中，表达式 e 的类型和 T 可以是上述任意数值类型。

数值类型之间的类型转换，示例代码如下：

```
main() {
    let a: Int8 = 10
    let b: Int16 = 20

    //Int8 转 Int16
    let r1 = Int16(a)
    println("r1 的类型为 Int16, r1= ${r1}")

    //Int16 转 Int8
    let r2 = Int8(b)
    println("r2 的类型为 Int8, r2=${r2}")

    let c: Float32 = 1.0
    let d: Float64 = 1.123456789

    //Float32 转 Float64
    let r3 = Float64(c)
    println("r3 的类型为 Float64, r3=${r3}")

    //Float64 转 Float32
    let r4 = Float32(d)
```

```
        println("r4 的类型为 Float32, r4=${r4}")

        let e: Int64 = 1024
        let f: Float64 = 1024.1024
        //Int64 转 Float64
        let r5 = Float64(e)
        println("r5 的类型为 Float64, r5=${r5}")
        //Float64 转 Int64
        let r6 = Int64(f)
        println("r6 的类型为 Int64, r6=${r6}")
}
```

上述代码的执行结果如下：

```
r1 的类型为 Int16, r1= 10
r2 的类型为 Int8, r2=20
r3 的类型为 Float64, r3=1.000000
r4 的类型为 Float32, r4=1.123457
r5 的类型为 Float64, r5=1024.000000
r6 的类型为 Int64, r6=1024
```

5.2 Char 和 UInt32 之间的转换

从 Char 到 UInt32 的转换使用 UInt32(e)的方式，其中 e 是一个 Char 类型的表达式，UInt32(e)的结果是 e 的 Unicode 标量值对应的 UInt32 类型的整数值。

从整数类型到 Char 的转换使用 Char(num)的方式，其中 num 的类型可以是任意的整数类型，并且仅当 num 的值落在[0x0000, 0xD7FF]或[0xE000, 0x10FFFF]（Unicode 标量值）中时，返回对应的 Unicode 标量值表示的字符，否则编译时会报错（编译时可确定 num 的值）或运行时抛异常。

下面的例子展示了 Char 和 UInt32 之间的类型转换，代码如下：

```
//Char 和 UInt32 转换
main() {
    let x: Char = 'a'
    let y: UInt32 = 65
    let r1 = UInt32(x)
    let r2 = Char(y)
    println("r1 的类型为 UInt32, r1=${r1}")
    println("r2 的类型是 Char, r2=${r2}")
}
```

上述代码的执行结果如下：

```
r1 的类型为 UInt32, r1=97
r2 的类型为 Char, r2=A
```

5.3 is 和 as 操作符

仓颉语言支持使用 is 操作符来判断某个表达式的类型是否是指定的类型（或其子类型）。具体而言，对于表达式 e is T（e 可以是任意表达式，T 可以是任何类型），当 e 的运行时类型是 T 的子类型时，e is T 的值为 true，否则 e is T 的值为 false。

5.3.1 is 操作符

is 操作符的使用，代码如下：

```
open class Base {
    var name: String = "David"
}
class Derived <: Base {
    var age: UInt8 = 18
}
main() {
    let a = 1 is Int64
    println("1 的类型是'Int64'? ${a}")
    let b = 1 is String
    println("1 的类型是'String'? ${b}")
    let b1: Base = Base()
    let b2: Base = Derived()
    var x = b1 is Base
    println("b1 是 Base 的类型? ${x}")
    x = b1 is Derived
    println("b1 是 Derived 的类型? ${x}")
    x = b2 is Base
    println("b2 是 Base 的类型? ${x}")
    x = b2 is Derived
    println("b2 是 Derived 的类型? ${x}")
}
```

输出的结果如下：

```
1 的类型是 Int64? true
1 的类型是 String? false
b1 是 Base 的类型? true
b1 是 Derived 的类型? false
b2 是 Base 的类型? true
```

b2 是 `Derived` 的类型？ `true`

5.3.2　as 操作符

as 操作符可以用于将某个表达式的类型转换为指定的类型。因为类型转换有可能会失败，所以 as 操作返回的是一个 Option 类型。具体而言，对于表达式 e as T（e 可以是任意表达式，T 可以是任何类型），当 e 的运行时类型是 T 的子类型时，e as T 的值为 Option<T>.Some(e)，否则 e as T 的值为 Option<T>.None。

下面的例子展示了 as 操作符的使用，注释中标明了 as 操作的结果，代码如下：

```
open class Base {
    var name: String = "Leo"
}
class Derived <: Base {
    var age: UInt8 = 18
}
main() {
    let a = 1 as Int64           //a = Option<Int64>.Some(1)
    let b = 1 as String          //b = Option<String>.None
    let b1: Base = Base()
    let b2: Base = Derived()
    let d: Derived = Derived()
    let r1 = b1 as Base          //r1 = Option<Base>.Some(b1)
    let r2 = b1 as Derived       //r2 = Option<Derived>.None
    let r3 = b2 as Base          //r3 = Option<Base>.Some(b2)
    let r4 = b2 as Derived       //r4 = Option<Derived>.Some(b2)
    let r5 = d as Base           //r5 = Option<Base>.Some(d)
    let r6 = d as Derived        //r6 = Option<Derived>.Some(d)
}
```

5.4　使用 Convert 库进行类型转换

仓颉语言提供了用于类型转换的库 Convert，主要提供从字符类型的字面量转到特定类型的 Convert 系列函数，以及 UInt8 数组和 Base64、Hex 互转。

使用 Convert 库，首先需要导入，命令如下：

```
from std import convert.*
```

5.4.1　字符串转布尔类型

parseBool 函数可将字符类型字面量的字符串转换为布尔值，代码如下：

```
from std import convert.*
```

```
func main() {
    var o1: Option<Bool> = parseBool("true")
    var isTrue: Bool = match (o1) {
        case Some(s) => s
        case None => false
    }
    print("${isTrue}\n")
}
```

输出的结果如下：

```
 true
```

5.4.2　字符串转整数类型

parseInt64( ) 函数可将整数文字字符串转换为 Int64，代码如下：

```
from std import convert.*

func main() {
    var o1: Option<Int64> = parseInt64("5225")
    var x: Int64 = match (o1) {
        case Some(s) => s
        case None => 0
    }
    print("${x}\n")
}
```

5.4.3　字符串转浮点类型

parseFloat64( )函数可将浮点数文字字符串转换为 Float64，代码如下：

```
from std import convert.*
func main() {
    var o1: Option<Float64> = parseFloat64("52.25")
    var x: Float64= match (o1) {
        case Some(s) => s
        case None => 0
    }
    print("${x}\n")
}
```

5.5　类型别名

当某种类型的名字比较复杂或者在特定场景中不够直观时，可以选择使用类型别名的方式为此类型设置一个别名，代码如下：

```
type I64 = Int64
```

类型别名的定义以关键字 type 开头，接着是类型的别名（如上例中的 I64），然后是等号，最后是原类型（被取别名的类型，如上例中的 Int64）。只能在源文件顶层定义类型别名，并且原类型必须在别名定义处可见。例如，在下面的例子中，Int64 的别名定义在 main 中将报错，LongNameClassB 类型在为其定义别名时不可见，同样会报错。示例代码如下：

```
class LongNameClassA { }
type B = LongNameClassB        //错误：未定义类型 LongNameClassB
main() {
    type I64 = Int64           //错误：只能在源文件的顶层定义类型别名
}
```

在一个（或多个）类型别名定义中禁止出现（直接或间接的）循环引用，示例代码如下：

```
type A = (Int64, A)            //错误：A 引用了自身
type B = (Int64, C)            //错误：B 和 C 循环引用
type C = (B, Int64)
```

类型别名并不会定义一个新的类型，它仅仅是为原类型定义了另外一个名字而已，别名和原类型被视作同一种类型，可以像原类型一样使用。例如，下例中 I64 是 Int64 的别名，那么就可以将 I64 类型的变量和 Int64 类型的变量直接相加，示例代码如下：

```
type I64 = Int64
main() {
    let a: I64 = 8
    let b: Int64 = 24
    let c = a + b
    println("a + b = ${c}")
}
```

编译并执行上述代码，输出的结果如下：

```
a + b = 32
```

5.6 本章小结

本章介绍了在仓颉语言中的类型转换机制，仓颉语言不支持不同类型之间的隐式转换，类型转换必须显式地进行。如数值类型之间显式类型的转换，Char 和 UInt32 之间的转换，以及通过 is 和 as 操作符判断引用类型的对象和实现一种引用类型转换成另外一种引用类型。

第 6 章

控　制　流

在程序中，程序运行的流程控制决定了程序是如何执行的，主流的程序设计语言一般有三大流程控制语句，分别是顺序控制、分支控制和循环控制。

6.1　仓颉控制流介绍

仓颉语言的常用流程控制有 if、for、while，如图 6-1 所示。

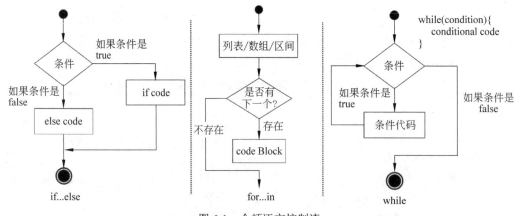

图 6-1　仓颉语言控制流

控制流用于控制程序的执行逻辑，仓颉语言使用 if 表达式实现根据某个条件是否成立来决定是否执行某段代码的功能，使用循环表达式实现在某个条件为真时重复执行某段代码的功能，其中，循环表达式可细分为 for...in 表达式、while 表达式和 do...while 表达式。

下面依次对 if 表达式和 3 类循环表达式进行进一步介绍。

6.2　if 表达式

if 表达式可以实现"如果这个条件成立，则执行这段代码；如果这个条件不成立，则不执行这段代码"的功能。

仓颉编程语言中 if...else 语句的语法格式如下：

```
if(boolean_expression) {
    /* 如果布尔表达式为 true, 则将执行此语句 */
} else {
    /* 如果布尔表达式为 false, 则将执行此语句*/
}
```

如果布尔表达式的计算结果为 true，则执行 if 内代码块，否则执行代码 else 内代码块。if 表达式的执行流程如图 6-2 所示。

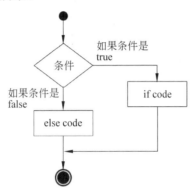

图 6-2　if … else 表达式

6.2.1　使用 if 和 else

下面的代码实现了根据 num 的值是否大于 0 而输出不同内容的功能：

```
func main() {
    let num = 8
    if (num > 0) {
        print("num 的值大于 0")
    } else {
        print("num 的值不大于 0")
    }
}
```

所有的 if 表达式均以 if 关键字开头，后跟一个定义在一对圆括号内的条件，上例中的条件是"判断 num 的值是否大于 0"，即 num > 0。接着是定义在一对花括号内的 if 分支，分支中可包含一系列的变量定义、函数定义和表达式，当 if 之后的条件成立时，将执行 if 分支中的代码，上例中当 num > 0 成立时，输出"num 的值大于 0"。

如果希望在 if 的条件不成立时执行另一段代码，则可以在 if 分支之后使用关键字 else 及紧随其后的另一段定义在花括号内的 else 分支，在 if 之后的条件不成立时，将执行 else 分支中的代码，上例中当 num 的值小于或等于 0 时，输出"num 的值不大于 0"。当没有定义 else 分支且 if 之后的条件不成立时，将跳过 if 表达式并继续执行它之后的代码。

6.2.2　使用 else if

如果希望匹配更多的条件，则可以在 else 之后增加新的 if 表达式，示例代码如下：

```
main() {
    let num = 0
    if (num > 0) {
        print("num 的值大于 0")
    } else if (num < 0) {
        print("num 的值小于 0")
    } else {
        print("num 的值等于 0")
    }
}
```

在上面的例子中，首先判断 num 的值是否大于 0，如果成立，则输出"num 的值大于 0"，并跳过之后的两个条件分支；否则继续判断 else if 之后的条件是否成立，即 num 的值是否小于 0，如果成立，则输出"num 的值小于 0"，并跳过最后一个 else 分支；否则执行最后一个 else 分支，输出"num 的值等于 0"。

6.2.3　if 表达式的类型

因为 if 是一个表达式，所以它可以出现在任何允许使用表达式的地方。if 表达式中各分支类型的确定方式和函数体类型的确定方式相同。

（1）若分支的最后一项为表达式，则分支的类型是此表达式的类型。例如，对于下例中函数 f1 内的 if 表达式，if 分支和 else 分支的最后一项都是 Int64 类型的表达式，所以两个分支的类型都是 Int64。

```
main() {
    var num = 8
    if (num % 2 == 0) {
        num += 1
        num
    } else {
        num
    }
}
```

（2）若分支的最后一项为变量定义或函数声明，或分支为空，则分支的类型为 Unit。例如，对于下例中的 if 表达式，if 分支和 else 分支的最后一项都是变量定义，所以两个分支的类型都是 Unit，示例代码如下：

```
main() {
    let num = 8
    if (num % 2 == 0) {
        let t1 = num + 1
    } else {
        let t2 = num
    }
}
```

注意：类似于函数体，在 if 表达式的分支内定义的变量也是局部变量，它的作用域从其定义之后开始到分支结束，并且在分支内会"遮盖"外部定义的同名变量。

根据是否有 else 分支，if 表达式的类型也是不同的，下面分别进行说明。

1. 拥有 else 分支的 if 表达式的类型

对于拥有 else 分支的 if 表达式，考虑到编译时可能无法确定哪条分支会被执行，判定条件成立与否需要到运行时才能确定，所以，在上下文有明确的类型要求时，要求两个分支的类型均是上下文所要求的类型的子类型；在上下文没有明确的类型要求时，if 表达式的类型是 if 分支的类型和 else 分支的类型的最小公共父类型。

注意：如果最小公共父类型是 Any、Object、Nothing 三者之一，并且与 if 分支和 else 分支的类型均不同，则依然在编译时会报错。

下面分别举例说明：

```
let num = 8
let r: Int64 = if (num > 0) { 1 } else { 0 }
```

在上面的例子中，定义变量 r 时，显式地标注了其类型为 Int64，属于上下文类型信息明确的情况，因此要求 if 分支和 else 分支的类型均是 Int64 的子类型，显然 1 和 0 满足要求，因为它们的类型均是 Int64。

再看一个没有上下文类型信息的例子：

```
let num = 8
let r = if (num > 0) { 1 } else { 0 }
```

上例中，定义变量 r 时，未显式地标注其类型，因为 if 分支的类型和 else 分支的类型均是 Int64，所以 if 表达式的类型是 Int64，进而可确定 r 的类型也是 Int64。

2. 没有 else 分支的 if 表达式的类型

对于没有 else 分支的 if 表达式，因为 if 分支有可能根本就执行不到（当 if 之后的条件不成立时），所以它的类型是 Unit，示例代码如下：

```
let num = 8
let r = if (num < 0) { 1 }
```

在上面的例子中，r 的类型是 Unit，值是( )。

6.3　循环表达式

循环表达式用于实现在某个条件成立时重复执行某段代码的功能。仓颉语言提供了 3 种循环表达式：for...in 表达式、while 表达式和 do...while 表达式。

在介绍这 3 种循环表达式之前，需要说明的是它们的类型都是 Unit，值都是( )。

6.3.1　for...in 基本用法

for 循环是重复控制结构。它允许编写需要执行特定次数的循环。仓颉编程语言中 for 循环的语法如图 6-3 所示。

for...in 表达式流程图如图 6-4 所示。

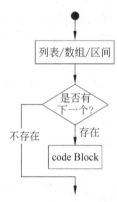

图 6-3　for...in 循环语法格式　　　图 6-4　for...in 流程图

for... in 表达式主要用来遍历一个序列（例如，区间、数组、列表等），代码如下：

```
func main() {
    for (i in 0..3) {
        print("${i}\n")
    }
}
```

上述代码的执行结果如下：

```
0
1
2
```

可以在循环条件和循环体之间加上一个附加条件，实现对序列中元素的过滤，示例代码如下：

```
func main() {
  for (i in 0..3) if (i < 2) {
    print("${i}\n")
```

```
    }
  }
```

上例中，只有当 i 的值小于 2 时才会被输出，执行结果如下：

```
0
1
```

遍历由元组组成的序列在 for...in 表达式的循环条件中还可以一次性完成对一个元组的解构，示例代码如下：

```
func main() {
  let a = [(1, 2), (3, 4), (5, 6)]
  for ((x, y) in a) {
    print("${x + y}\n")
  }
}
```

【示例 6-1】 水仙花数。

所谓水仙花数就是各个位的立方和为它本身（例如 153：$1^3+5^3+3^3=153$，所以 153 就是一个水仙花数），三位的水仙花数共有 4 个：153、370、371 和 407。

示例代码如下：

```
main() {
    var i = 0
    var j = 0
    var k = 0
    for (a in 99..1000) {     //指定数字的范围
        i = a / 100           //分割百位
        j = a / 10 % 10       //分割十位
        k = a % 10            //分割个位
        if (i * 100 + j * 10 + k == i * i * i + j * j * j + k * k * k) {
            println(a)        //输出符合条件的数字，即水仙花数
        }
    }
}
```

打印结果如下：

```
153, 370, 371, 407
```

【示例 6-2】 打印九九乘法口诀表。

下面使用 for 循环实现打印九九乘法口诀表，示例代码如下：

```
func main() {
    for (y in 1..9) {
```

```
    //遍历,决定这一行有多少列
    for (x in 1..y) {
        print("${x}*${y}=${x * y} ")
    }
    //手动生成回车
    print("\n")
    }
}
```

上面代码的说明如下:

第 2 行,生成 1~9 的数字,对应乘法表的每行,也就是被乘数。

第 3 行,乘法表每行中的列数随着行数的增加而增加,这一行的 x 表示该行有多少列。

最后一行,打印一个空行,实际作用就是换行。

这段程序按行优先打印,打印完一行,换行(第 6 行),接着执行下一行乘法表直到整个数值循环完毕,效果如图 6-5 所示。

```
1*1=1
1*2=2 2*2=4
1*3=3 2*3=6 3*3=9
1*4=4 2*4=8 3*4=12 4*4=16
1*5=5 2*5=10 3*5=15 4*5=20 5*5=25
1*6=6 2*6=12 3*6=18 4*6=24 5*6=30 6*6=36
1*7=7 2*7=14 3*7=21 4*7=28 5*7=35 6*7=42 7*7=49
1*8=8 2*8=16 3*8=24 4*8=32 5*8=40 6*8=48 7*8=56 8*8=64
1*9=9 2*9=18 3*9=27 4*9=36 5*9=45 6*9=54 7*9=63 8*9=72 9*9=81
```

图 6-5　打印九九乘法口诀表

6.3.2　while 表达式

在仓颉语言中,while 循环从计算单一条件开始。如果条件为 true,则会重复运行一系列语句,直到条件变为 false。

在仓颉语言中,while 循环的语法如下:

```
while(condition)
{
    statement(s)
}
```

在这里,condition 可以是任意的表达式,当为任意非零值时都为真。当条件为真时执行循环。当条件为假时,程序流将继续执行紧接着循环的下一条语句。while 循环结构的执行流程如图 6-6 所示。

while 表达式在循环条件成立时会反复执行循环体中的代码,代码如下:

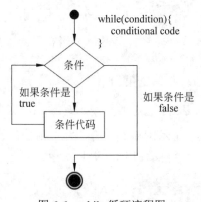

图 6-6　while 循环流程图

```
main() {
    var a = 3
    while (a > 0) {
        println(a)
        a -= 1
    }
}
```

while 表达式以关键字 while 开头，接着是定义在一对圆括号内的循环条件（循环条件是一个 Bool 类型的表达式，例如上例中的 a > 0），最后是定义在一对花括号内的循环体（上例中循环体内首先将当前 a 的值输出，接着对 a 执行减 1 操作）。

每次进入循环体执行之前，首先判断循环条件是否成立，如果循环条件不成立，则跳过循环体，执行 while 表达式之后的代码；如果循环条件成立，则执行一遍循环体中的代码，接着依次判断循环条件是否成立，以此类推。

上例中，因为 a 的初值是 3，循环体中每次将 a 的值减 1，所以前 3 次判断循环条件均成立，第 4 次判断时因为 a 的值等于 0，循环条件不成立，所以循环终止。

上述代码的执行结果如下：

```
3
2
1
```

注意：在 while 表达式的循环体内定义的变量也是局部变量，它的作用域从其定义之后开始到循环体结束，并且在循环体内会"遮盖"外部定义的同名变量。

在下面的例子中，使用 while 循环模拟简易 ATM 机案例，输入不同的数字，当输入 4 时退出 while 循环，示例代码如下：

```
from std import io.*

main() {
    var input = ""

    //当输入 4 时，退出
    while (input != "4") {
        println("请输入你要办的业务的编号 \n 1 存款\n 2 取款 \n 3 查看余额 \n 4 退出")

        //接收用户输入
        input = Console.readln().getOrThrow().trimAscii()

        //开始对用户的输入做判断
        if (input == "1") {
            println("执行 1 的业务")
        } else if (input == "2") {
```

```
        println("执行 2 的业务")
    } else if (input == "3") {
        println("执行 3 的业务")
    } else if (input == "4") {
        println("正在退出...")
    }
}
println("欢迎下次使用！")
}
```

运行结果如下：

```
请输入你要办的业务的编号
 1 存款
 2 取款
 3 查看余额
 4 退出
1
执行 1 的业务
```

6.3.3 do...while 表达式

不同于 for 和 while 是在循环头部测试循环条件。do...while 循环是在循环的尾部检查它的条件。do...while 循环与 while 循环类似，但是 do...while 循环会确保至少执行一次循环。

在仓颉语言中，do...while 循环的语法如下：

```
do{

    statement(s)

}while( condition )
```

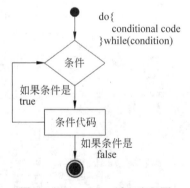

图 6-7 do...while 循环流程图

注意：条件表达式出现在循环的尾部，所以循环中的代码会在条件被测试之前至少执行一次。

如果条件为真，控制流会跳转回上面的 do，然后重新执行循环中的 statement(s)。这个过程会不断重复，直到给定条件变为假为止。

do... while 循环的流程图如图 6-7 所示。

do...while 表达式总会先执行一遍循环体，然后根据循环条件成立与否来确定是否再次执行循环体，代码如下：

```
main() {
    var a = 3
    do {
```

```
        println(a)
        a -= 1
    } while (a > 0)
}
```

do...while 表达式以关键字 do 开头,接着是定义在一对花括号内的循环体,最后是 while 关键字和定义在一对圆括号内的循环条件。

do...while 表达式会首先执行一遍循环体,然后判断 while 之后的循环条件是否成立,如果不成立,则执行 do...while 表达式之后的代码;如果循环条件成立,则继续执行一遍循环体中的代码,接着依次判断循环条件是否成立,以此类推。上例中,循环体执行 3 次后,循环终止。

上述代码的执行结果如下:

```
3
2
1
```

注意: do...while 表达式的循环体内定义的变量也是局部变量,它的作用域从其定义之后开始到循环体结束,并且在循环体内会"遮盖"外部定义的同名变量。

6.3.4 break 和 continue 表达式

在仓颉语言中提供了两个控制语句:break 和 continue。循环控制语句可更改执行的正常序列。当执行离开一个范围时,所有在该范围中创建的自动对象都会被销毁。

1. break 表达式

break 表达式只能出现在循环表达式的循环体内,用于终止当前循环表达式的执行,从而将程序的执行权交给被终止循环表达式之后的代码,如图 6-8 所示。

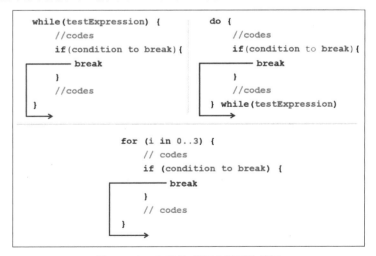

图 6-8 break 表达式跳出循环的情况

在 for...in 表达式中使用 break 的例子，代码如下：

```
main() {
 for (i in 0..3) {
     if (i == 1) {
         println(i)
         break
     }
         println(i)
    }
}
```

在上面的例子中，一旦 *i* 的值等于 1，则在输出 *i* 的值之后立即终止 for... in 表达式的执行，程序的输出结果如下：

```
12
```

在下面的例子中，使用 while 循环，模拟 ATM 机输入密码操作，当输入银行密码为 888 时，跳出循环，代码如下：

```
from std import io.*

main() {
    while (true) {
        Console.write("请输入密码: ")
        //接收命令行的输入
        var input = Console.readln()
        //获取输入的值
        var pass = input.getOrThrow().trimAscii()
        //判断输入的值是否是 888
        if (pass == "888") {
            break  //跳出 while 循环
        }else {
          println("密码错误, 请重新输入")
        }
    }
    println("密码输入正确! ")
}
```

运行效果如下：

```
请输入密码: hello
密码错误, 请重新输入
请输入密码: 888
密码输入正确!
```

2. continue 表达式

在仓颉语言中的 continue 语句类似于 break 语句，但它不是强制终止，continue 会跳过当前循环中的代码，开始下一次循环。

对于 for 循环，continue 语句会导致执行条件测试和循环增量；对于 while 和 do...while 循环，continue 语句会导致程序控制回到条件测试上。

continue 表达式在不同的循环中的执行情况，如图 6-9 所示。

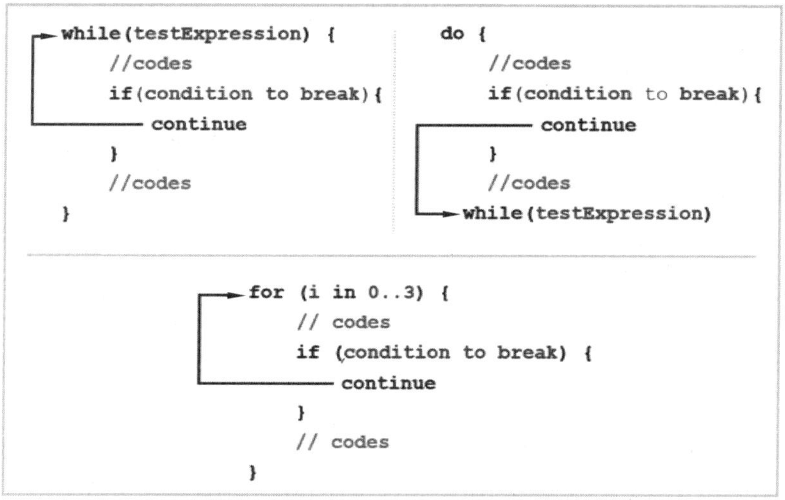

```
    ┌─▶ while(testExpression) {          do {
    │       //codes                          //codes
    │       if(condition to break){          if(condition to break){
    │   ┌──── continue                   ┌──── continue
    │   │   }                            │   }
    │   │   //codes                      │   //codes
    │   │ }                          ┌─▶ while(testExpression)
    └───┘                           └───┘

                    ┌─▶ for (i in 0..3) {
                    │       // codes
                    │       if (condition to break) {
                    │   ┌──── continue
                    │   │   }
                    │   │   // codes
                    │   │ }
                    └───┘
```

图 6-9　continue 表达式跳出循环的情况

在 for... in 表达式中使用 continue 的例子，代码如下：

```
main() {
    for (i in 0..3) {
        if (i == 1) {
            continue
        }
        println(i)            //0 2
    }
}
```

在上面的例子中，一旦 i 的值等于 1，则立即开始新一轮的循环（不会有任何输出），程序的输出结果如下：

```
0
2
```

在 while 表达式中使用 continue 的例子，示例代码如下：

```
main() {
    var a = 0
```

```
    while (a < 10) {
        a = a + 1
        if (a % 2 == 0) {
            continue
        }
        println(a)
    }
}
```

在上面的例子中，当 *a* 是偶数时立即开始新一轮的循环（不会有任何输出），只有当 *a* 是奇数时才会被输出，程序的输出结果如下：

```
1
3
5
7
9
```

6.4　本章小结

本章详细介绍了在仓颉语言中的控制流语句，仓颉语言主要支持的流程控制有 if、for、while，通过本章的学习，开发者可以使用仓颉语言完成一些复杂的逻辑了。

第 7 章

匹 配 模 式

类似于其他语言中的 switch 语句,一个 switch 语句允许测试一个变量等于多个值时的情况。每个值称为一个 case,并且被测试的变量会对每个 switch…case 进行检查。仓颉语言也提供了类似 switch 的匹配模式,相比于 switch 语句,在仓颉语言中的匹配模式更加强大。

本章主要介绍在仓颉语言中的模式匹配,首先介绍 match 表达式和模式,然后介绍模式的可反驳性,最后介绍模式匹配在 match 表达式之外的使用。

7.1　switch 与 match 对比

与其他语言中的 switch 语法类似,仓颉语言的 match 语法对比如图 7-1 所示。

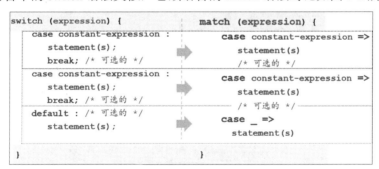

图 7-1　switch 与 match 语法对比

7.2　match 表达式

仓颉支持两种 match 表达式,第 1 种是包含待匹配值的 match 表达式;第 2 种是不含待匹配值的 match 表达式。

7.2.1　含待匹配值的 match 表达式

含待匹配值的 match 表达式举例,示例代码如下:

```
main() {
    let x = 0
    match (x) {
        case 1 =>
            let r1 = "x = 1"
            print(r1)
        case 0 =>
            let r2 = "x = 0"                    //匹配成功
            print(r2)
        case _ =>
            let r3 = "x != 1 and x != 0"
            print(r3)
    }
}
```

match 表达式以关键字 match 开头，后跟要匹配的值（如上例中的 x，x 可以是任意表达式），接着是定义在一对花括号内的若干 case 分支。

含待匹配值的 match 表达式和 switch 表达式的流程图类似，如图 7-2 所示。

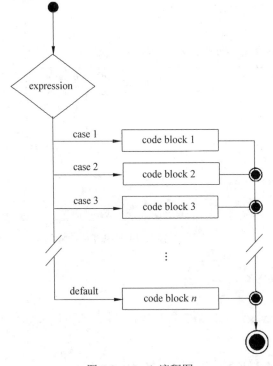

图 7-2   match 流程图

每个 case 分支以关键字 case 开头，case 之后是一个模式或多个由 "|" 连接的相同种类的模式；模式之后可以接一个可选的模式卫士（Pattern Guard），表示本条 case 匹配成功后

额外需要满足的条件；接着是一个=>，=>之后即本条 case 分支匹配成功后需要执行的操作，可以是一系列表达式、变量和函数定义，如上例中的变量定义和 print 函数调用。

在最后一个 case 分支中使用通配符模式 "_"，因此 "_" 可以匹配任何值。

match 表达式执行时依次将 match 之后的表达式与每个 case 中的模式进行匹配，一旦匹配成功，则执行=>之后的代码，然后退出 match 表达式的执行，如果匹配不成功，则继续与它之后的 case 中的模式进行匹配，直到匹配成功。

上例中，因为 x 的值等于 0，所以会和第 2 条 case 分支匹配（上面的例子使用的是常量模式，匹配的是值是否相等），最后输出 x = 0。

编译并执行上述代码，输出的结果如下：

```
x = 0
```

match 表达式要求所有匹配必须是穷尽的，意味着待匹配表达式的所有可能取值都应该被考虑到。当 match 表达式非穷尽或编译器判断不出是否穷尽时，均会编译报错，换言之，所有 case 分支（包含 Pattern Guard）所覆盖的取值范围的并集，应该包含待匹配表达式的所有可能取值。常用的确保 match 表达式穷尽的方式是在最后一个 case 分支中使用通配符模式 "_"，因此 "_" 可以匹配任何值。

match 表达式的穷尽性保证了一定存在和待匹配值相匹配的 case 分支。下面的例子将编译报错，因为所有的 case 并没有覆盖 x 的所有可能取值，代码如下：

```
func nonExhaustive(x: Int64) {
    match (x) {
        case 1 => print("x = 1")
        case 0 => print("x = 0")
        case 2 => print("x = 2")
    }
}
```

在 case 分支的模式之后，可以使用 Pattern Guard 进一步对匹配出来的结果进行判断。Pattern Guard 使用 where cond 表示，要求表达式 cond 的类型为 Bool。

在下面的例子中，使用了 enum 模式，当 RGBColor 的构造器的参数值大于或等于 0 时，输出它们的值，当参数值小于 0 时，认为它们的值等于 0，代码如下：

```
enum RGBColor {
    Red(Int16) | Green(Int16) | Blue(Int16)
}
main() {
    let c = RGBColor.Green(-100)
    let cs = match (c) {
        case Red(r) where r < 0 => "Red = 0"
        case Red(r) => "Red = ${r}"
        case Green(g) where g < 0 => "Green = 0"      //匹配成功
```

```
        case Green(g) => "Green = ${g}"
        case Blue(b) where b < 0 => "Blue = 0"
        case Blue(b) => "Blue = ${b}"
    }
    println(cs)
}
```

编译成功后执行上述代码，输出的结果如下：

```
Green = 0
```

7.2.2 不含待匹配值的 match 表达式

与包含待匹配值的 match 表达式相比，关键字 match 之后并没有待匹配的表达式，并且 case 之后不再是 pattern，而是类型为 Bool 的表达式或者 "_"（表示 true），当然，case 中也不再有 Pattern Guard。

没有待匹配值的 match 表达式示例，代码如下：

```
main() {
    let x = -1
    match {
        case x > 0 => print("x > 0")
        case x < 0 => print("x < 0")  //匹配成功
        case _ => print("x = 0")
    }
}
```

无待匹配值的 match 表达式执行时依次判断 case 之后的表达式的值，直到遇到值为 true 的 case 分支；一旦某个 case 之后的表达式值等于 true，则执行此 case 中=>之后的代码，然后退出 match 表达式的执行（意味着不会再去判断该 case 之后的其他 case）。

在上面的例子中，因为 x 的值等于-1，所以第 2 条 case 分支中的表达式（$x < 0$）的值等于 true，执行 print("x < 0")语句。

编译并执行上述代码，输出的结果如下：

```
x < 0
```

7.2.3 match 表达式的类型

对于 match 表达式，无论是否有匹配值，在上下文有明确的类型要求时，要求每个 case 分支中=>之后的代码块的类型是上下文所要求的类型的子类型。

在上下文没有明确的类型要求时，match 表达式的类型是每个 case 分支中=>之后的代码块的类型的最小公共父类型。

注意：如果最小公共父类型是 Any、Object、Nothing 三者之一，并且与每个 case 分支的类型均不同，则在编译时会报错。

下面分别举例说明，示例代码如下：

```
let x = 2
let s: String = match (x) {
    case 0 => "x = 0"
    case 1 => "x = 1"
    case _ => "x != 0 and x != 1"        //匹配成功
}
```

在上面的例子中，定义变量 *s* 时，显式地标注了其类型为 String，属于上下文类型信息明确的情况，因此要求每个 case 的=>之后的代码块的类型均是 String 的子类型，显然上例中=>之后的字符串类型的字面量均满足要求。

再来看一个没有上下文类型信息的例子，示例代码如下：

```
let x = 2
let s = match (x) {
    case 0 => "x = 0"
    case 1 => "x = 1"
    case _ => "x != 0 and x != 1"        //匹配成功
}
```

在上面的例子中，定义变量 *s* 时，未显式地标注其类型，因为每个 case 的=>之后的代码块的类型均是 String，所以 match 表达式的类型是 String，进而可确定 *s* 的类型也是 String。

7.3　匹配模型

对于包含匹配值的 match 表达式，case 之后支持哪些模式决定了 match 表达式的表达能力，本节依次介绍仓颉支持的模式，包括常量模式、通配符模式、变量模式、tuple 模式、类型模式和 enum 模式。

7.3.1　常量模式

常量模式可以是整数字面量、浮点数字面量、字符字面量、布尔字面量、字符串字面量（不支持字符串插值）、Unit 字面量。

在包含匹配值的 match 表达式中使用常量模式时，要求常量模式表示的值的类型与待匹配值的类型相同，匹配成功的条件是待匹配的值与常量模式表示的值相等。

在下面的例子中，根据 score 的值（假设 score 只能取 0～100 且可被 10 整除的值），输出考试成绩的等级，代码如下：

```
main() {
    let score = 90
```

```
    let level = match (score) {
        case 0 | 10 | 20 | 30 | 40 | 50 => "D"
        case 60 => "C"
        case 70 | 80 => "B"
        case 90 | 100 => "A"              //匹配模式
        case _ => "不是有效分数"
    }
    println(level)                    //A
}
```

7.3.2 通配符模式

通配符模式使用下画线 "_" 表示，可以匹配任意值。通配符模式通常作为最后一个 case 中的模式，用来匹配其他 case 未覆盖到的情况，如 7.3.1 节中匹配 score 值的示例中，最后一个 case 中使用 "_" 来匹配无效的 score 值。

7.3.3 变量模式

变量模式使用 id 表示，id 是一个合法的标识符。变量模式同样可以匹配任意值，但与通配符模式不同的是，变量模式会将匹配到的值与 id 进行绑定，在=>之后可以通过 id 访问其绑定的值。

在下面的例子中，最后一个 case 中使用了变量模式，用于绑定非 0 值，代码如下：

```
main() {
    let x = -10
    let y = match (x) {
        case 0 => "zero"
        case n => "x 不等于 0, x = ${n}"  //匹配模式
    }
    println(y)                        //x 不等于 0, x=-10
}
```

编译成功后执行上述代码，输出的结果如下：

```
x 不等于 0, x=-10
```

当使用 "|" 连接多个模式时不能使用绑定模式，也不可嵌套出现在其他模式中，否则会报错。

变量模式 id 相当于新定义了一个名为 id 的不可变变量（其作用域从引入处开始到该 case 结尾处），因此在=>之后无法对 id 进行修改。例如，在下面例子的最后一个 case 中对 n 的修改是不允许的，代码如下：

```
main() {
```

```
    let x = -10
    let y = match (x) {
        case 0 => "zero"
        case n =>
            n = n + 0                    //错误：n 无法修改
            "x 不等于 0"
    }
    println(y)
}
```

7.3.4　元组模式

元组模式用于元组值的匹配，它的定义和元组字面量类似：$(p\_1，p\_2，\cdots，p\_n)$，区别在于这里的 p_1 到 p_n（n 大于或等于 2）是模式而不是表达式。例如，(1, 2, 3)是一个包含 3 个常量模式的元组模式，(x, y, _)是一个包含两个变量模式和一个通配符模式的元组模式。

给定一个元组值 tv 和一个元组模式 tp，当且仅当 tv 每个位置处的值均能与 tp 中对应位置处的模式相匹配时，才称 tp 能匹配 tv。例如，(1, 2, 3)仅可以匹配元组值(1, 2, 3)，(x, y, _)可以匹配任何三元元组值。

在下面的例子中，展示了元组模式的使用：

```
main() {
    let tv = ("张三", 24)
    let s = match (tv) {
        case ("李四", age) => "李四：${age}岁"
        case ("张三", age) => "张三：${age}岁"       //匹配成功
        case (name, 100) => "${name} : 100 岁"
        case (_, _) => "对不起，没有找到这个人"
    }
    println(s)                                    //输出张三：24 岁
}
```

7.3.5　类模式

类模式用于判断一个值的运行时类型是否是某种类型的子类型。类型模式有两种形式：_: Type（嵌套一个通配符模式 "_"）和 id: Type（嵌套一个绑定模式 id），它们的差别是后者会发生变量绑定，而前者并不会。

对于待匹配值 v 和类型模式 id: Type（或_: Type），首先判断 v 的运行时类型是否是 Type 的子类型，若成立，则视为匹配成功，否则视为匹配失败；如果匹配成功，则将 v 的类型转换为 Type 并与 id 进行绑定（对于_: Type，不存在绑定这一操作）。

假设有以下两个类：Base 和 Derived，并且 Derived 是 Base 的子类，在 Base 的无参构

造函数中将 *a* 的值设置为 10，在 Derived 的无参构造函数中将 *a* 的值设置为 20，代码如下：

```
open class Base {
    var a: Int64
    public init() {
        a = 10
    }
}
class Derived <: Base {
    public init() {
        a = 20
    }
}
```

下面的代码展示了使用类型模式并匹配成功的例子：

```
main() {
    var d = Derived()
    var r = match (d) {
        case b: Base => b.a        //匹配成功
        case _ => 0
    }
    println("r = ${r}")
}
```

编译成功后执行上述代码，输出的结果如下：

```
r = 20
```

7.3.6 枚举模式

枚举模式用于匹配枚举类型的实例，它的定义和枚举的构造器类似：无参构造器 *C* 或有参构造器 *C*(p_1，p_2，…，p_*n*)，构造器的类型前缀可以省略，区别在于这里的 p_1 到 p_*n*（*n* 大于或等于 1）是模式。例如，Some(1)是一个包含一个常量模式的枚举模式，Some(*x*)是一个包含一个变量模式的枚举模式。

给定一个枚举实例 ev 和一个枚举模式 ep，当且仅当 ev 的构造器名字和 ep 的构造器名字相同，并且 ev 参数列表中每个位置处的值均能与 ep 中对应位置处的模式相匹配时，才称 ep 能匹配 ev。例如，Some("one")仅可以匹配 Option<String>类型的 Some 构造器 Option<String>.Some("one")，Some(*x*)可以匹配任何 Option 类型的 Some 构造器。

在下面的例子中，展示了枚举模式的使用，因为 *x* 的构造器是 Year，所以会和第 1 个 case 匹配。

```
enum TimeUnit {
    Year(UInt64) | Month(UInt64)
```

```
}
main() {
    let x = TimeUnit.Year(2)
    let s = match (x) {
        case TimeUnit.Year(n) => "x有${n * 12}个月"  //匹配成功
        case TimeUnit.Month(n) => "x有${n}个月"
    }
    println(s)                                    //x有24个月
}
```

编译成功后执行上述代码，输出的结果如下：

```
x有24个月
```

当使用 match 表达式匹配枚举值时，要求 case 之后的模式要覆盖待匹配枚举类型中的所有构造器，如果未做到完全覆盖，则编译器将会报错。

在下面的例子中，因为没有覆盖 RGBColor 中的 Blue，所以编译器会报错，如图 7-3 所示。

```
enum RGBColor {
    Red | Green | Blue
}
main() {
    let c = Blue
    let cs = match (c) {
        case Red => "Red"
        case Green => "Green"
    }
    println(cs)
}
```

```
main1.cj:6:21: error: all enum constructors must be covered in match
(explicitly, or via a wildcard pattern or a variable pattern)
 6 |     let cs = match (c) {
   |                    ^
note: Blue is not covered
```

图 7-3 未做到完全覆盖，编译器将会报错

可以通过加上 case Blue 实现完全覆盖，也可以在 match 表达式的最后通过 case _ 来覆盖其他 case 未覆盖到的情况，代码如下：

```
enum RGBColor {
    Red | Green | Blue
}
main() {
    let c = Blue
    let cs = match (c) {
```

```
            case Red => "Red"
            case Green => "Green"
            case _ => "Other"      //匹配默认
        }
        println(cs)
}
```

上述代码的执行结果如下：

```
Other
```

7.3.7 嵌套组合模式

元组模式和枚举模式可以嵌套任意模式。下面的代码展示了不同模式的嵌套组合使用：

```
enum TimeUnit {
    Year(UInt64) | Month(UInt64)
}
enum Command {
    SetTimeUnit(TimeUnit) |
    GetTimeUnit |
    Quit
}
main() {
    let command = SetTimeUnit(Year(2022))
    match (command) {
        case SetTimeUnit(Year(year)) => println("设置年:${year}")
        case SetTimeUnit(Month(month)) => println("设置月:${month}")
        case _ => ()
    }
}
```

编译成功后执行上述代码，输出的结果如下：

```
设置年:2022
```

7.4 模式的可反驳性

和 Rust 语言类似，在仓颉语言中的模式可以分为两类：refutable（可反驳）模式和 irrefutable（不可反驳）模式。

在类型匹配的前提下，当一个模式有可能和待匹配值不匹配时，称此模式为可反驳模式；反之，当一个模式总是可以和待匹配值匹配时，称此模式为不可反驳模式。

7.4.1　可反驳模式

7.3 节中介绍的几种模式（如常量模式和类型模式）是可反驳模式。

1. 常量模式

常量模式是可反驳模式。例如，下例中第 1 个 case 中的 1 和第 2 个 case 中的 2 都有可能与 x 的值不相等：

```
func constPat(x: Int64) {
    match (x) {
        case 1 => "one"
        case 2 => "two"
        case _ => "_"
    }
}
```

2. 类模式

类型模式是可反驳模式。例如，下例中（假设 Base 是 Derived 的父类，并且 Base 实现了接口 I），x 的运行时类型有可能既不是 Base 也不是 Derived，所以 a: Derived 和 b: Base 均是可反驳模式，例如下面的定义：

```
interface I {}
open class Base <: I {}
class Derived <: Base {}
func typePat(x: I) {
    match (x) {
        case a: Derived => "Derived"
        case b: Base => "Base"
        case _ => "Other"
    }
}
```

7.4.2　不可反驳模式

7.3 节中介绍的几种模式（如通配符模式、变量模式、元组模式、枚举模式）都是不可反驳模式。

1. 通配符模式

通配符模式是不可反驳模式。例如，下例中无论 x 的值是多少，"_"总能和其匹配：

```
func wildcardPat(x: Int64) {
    match (x) {
        case _ => "_"
    }
}
```

2. 变量模式

变量模式是不可反驳模式。例如，下例中无论 x 的值是多少，变量模式 a 总能和其匹配。

```
func varPat(x: Int64) {
    match (x) {
        case a => "x = ${a}"
    }
}
```

3. 元组模式

元组模式是不可反驳模式，当且仅当其包含的每个模式都是不可反驳模式。例如，下例中(1, 2)和(a, 2)都有可能和 x 的值不匹配，所以它们是不可反驳模式，而(a, b)可以匹配任何 x 的值，所以它是不可反驳模式。

```
func tuplePat(x: (Int64,Int64)) {
    match (x) {
        case (1, 2) => "(1, 2)"
        case (a, 2) => "(${a}, 2)"
        case (a, b) => "(${a}, ${b})"
    }
}
```

4. 枚举模式

枚举模式是不可反驳模式，当且仅当它对应的枚举类型中只有一个有参构造器，并且枚举模式中包含的其他模式也是不可反驳模式。例如，对于下例中的 E1 和 E2 定义，函数 enumPat1 中的 $A(1)$ 是可反驳模式，$A(a)$ 是不可反驳模式，而函数 enumPat2 中的 $B(b)$ 和 $C(c)$ 均是可反驳模式。

```
enum E1 {
    A(Int64)
}
enum E2 {
    B(Int64) | C(Int64)
}
func enumPat1(x: E1) {
    match (x) {
        case A(1) => "A(1)"
        case A(a) => "A(${a})"
    }
}
func enumPat2(x: E2) {
    match (x) {
        case B(b) => "B(${b})"
```

```
        case C(c) => "C(${c})"
    }
}
```

7.5　本章小结

　　本章介绍了在仓颉语言中的模式匹配，仓颉语言提供了类似于其他语言的分支判断语句 switch，即 match 匹配模式。match 匹配模式除了能实现 switch 的功能外，还支持更多的匹配模型，因此掌握 match 有利于编写更加简洁的代码。

第 8 章

集 合 类 型

集合（Collection）是数据结构中最普遍的数据存放形式，仓颉语言标准库中提供了丰富的集合类型，以便帮助开发者处理数据结构的操作。

本章介绍在仓颉语言中常用的几种基础集合类型：Array、ArrayList、HashSet、HashMap。开发者可以在不同的场景中选择适合业务的类型。

8.1 集合类型介绍

仓颉语言集合类型分别适用的场景如表 8-1 所示。

表 8-1 仓颉语言的几种集合类型

类 型	类 型 说 明
Array	适用于不需要增加和删除元素，仅需要修改元素的场景
ArrayList	适用于频繁对元素进行增、删、查、改操作的场景
HashSet	适用于希望每个元素都是唯一的场景
HashMap	适用于希望存储一系列的映射关系的场景

在仓颉语言中的集合类型的基础特性见表 8-2。

表 8-2 集合类型的基础特性

类 型 名 称	元 素 可 变	增 删 元 素	元 素 唯 一 性	有 序 序 列
Array<T>	Y	N	N	Y
ArrayList<T>	Y	Y	N	Y
HashSet<T>	N	Y	Y	N
HashMap<K, V>	K: N, V: Y	Y	K: Y, V: N	N

8.2 Array

使用 Array 类型可构造单一元素类型，以及有序序列的数据，如图 8-1 所示。仓颉语言使用 Array<T>来表示 Array 类型。T 表示 Array 的元素类型，T 可以是任意类型。

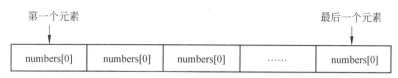

图 8-1 仓颉数组类型

Array 是引用类型，因此 Array 在作为表达式使用时不会复制副本，同一个 Array 实例的所有引用都会共享同样的数据。

8.2.1　数组定义

创建数组的方式有两种：一种是直接创建，另外一种是使用构造函数的方式构造一个指定元素类型的 Array。

数组定义的示例代码如下：

```
//显式声明一个 Int64 类型的数组
var a1: Array<Int64> = [12]

//Array 不可以增加和删除元素
//a1 = [1, 2, 3]                //错误

//隐式声明一个数组
let b1 = [1, 2, 3]
```

通过构造函数的方式构造指定类型的数组，代码如下：

```
let a = Array([1, 2])
let b = Array<String>()
let c = Array<Int64>([1, 2, 3])
```

元素类型不相同的 Array 是不相同的类型，所以它们之间不可以互相赋值，因此以下例子是不合法的：

```
let a = Array([1, 2])
let b = Array<String>()

b = a //错误，不可以相互赋值
```

8.2.2　访问数组成员

当需要对 Array 的所有元素进行访问时，可以使用 for…in 循环遍历 Array 的所有元素。

1. 遍历 Array 的所有元素

Array 是按元素插入顺序排列的，因此对 Array 遍历的顺序总是恒定的，代码如下：

```
func main() {
```

```
    let arr = Array<Int64>([0, 1, 2])
    for (i in arr) {
        print("The element is ${i}\n")
    }
}
```

编译并执行上面的代码，输出的结果如下：

```
The element is 0
The element is 1
The element is 2
```

当需要知道某个 Array 包含的元素个数时，可以使用 size 函数获得对应信息，代码如下：

```
func main() {
    let arr = Array<Int64>([0, 1, 2])
    if (arr.size() == 0) {
        print("This is an empty array")
    } else {
        print("The size of array is ${arr.size()}")
    }
}
```

编译并执行上面的代码，输出的结果如下：

```
The size of array is 3
```

2. 通过下标访问元素

当想访问单个指定位置的元素时，可以使用下标语法访问（下标的类型必须是 Int64）。非空 Array 的第 1 个元素总是从位置 0 开始的。可以从 0 开始访问 Array 的任意一个元素，直到最后一个位置（Array 的 size − 1）。使用负数或者大于或等于 size 的索引会触发运行时异常，代码如下：

```
let a = arr[0]          //a == 0
let b = arr[1]          //b == 1
let c = arr[-1]         //运行时异常
```

3. 获取某一段 Array 的元素

如果要获取某一段 Array 的元素，则可以在下标中传入 Range 类型的值，这样就可以一次性地取得 Range 对应范围的一段 Array，代码如下：

```
let arr1 = Array<Int64>([0, 1, 2, 3, 4, 5, 6])
let arr2 = arr1[0..5]
//arr2 contains the elements 0, 1, 2, 3,
```

当 Range 字面量在下标语法中使用时，可以省略 start 或 end。

当省略 start 时，Range 会从 0 开始；当省略 end 时，Range 的 end 会延续到最后一位，代码如下：

```
let arr1 = Array<Int64>([0, 1, 2, 3, 4, 5, 6])
let arr2 = arr1[..3]
//arr2 contains elements 0, 1, 2
let arr3 = arr1[2..]
//arr3 contains elements 2, 3, 4, 5, 6
```

8.2.3 数组元素操作

Array 是一种长度不变的集合类型，因此 Array 没有提供添加和删除元素的成员函数。但是 Array 允许通过下标对数组中的元素进行修改，代码如下：

```
func main() {
    let arr = Array<Int64>([0, 1, 2, 3, 4, 5])
    arr[0] = 3
    print("The first element is ${arr[0]}")
}
```

编译并执行上面的代码，输出的结果如下：

```
The first element is 3
```

Array 是引用类型，因此 Array 在作为表达式使用时不会复制副本，同一个 Array 实例的所有引用都会共享同样的数据，因此对 Array 元素的修改会影响该实例的所有引用，代码如下：

```
let arr1 = Array<Int64>([0, 1, 2])
let arr2 = arr1
arr2[0] = 3
//arr1 包含 3, 1, 2
//arr2 包含 3, 1, 2
```

8.2.4 多维数组

多维数组可以看成数组的数组，例如二维数组就是一个特殊的一维数组，其每个元素都是一个一维数组，代码如下：

```
func main() {
    //二维数组
    let a = Array<Array<Int64>>([[1,2],[3,4]])
    println(a)
    //三维数组
    let b = Array<Array<Array<String>>>([[["a","b"],["c","d"]]])
```

```
    println(b)
    //隐式声明
    let c= [[["a","b"],["c","d"]]]
    println(c)
}
```

8.3　ArrayList

ArrayList 是一个可以动态修改的数组，与普通数组的区别是它没有固定大小的限制，可以使用索引在指定的位置添加和移除项目，动态数组会自动重新调整它的大小。它也允许在列表中进行动态内存分配、增加、搜索、排序。

使用 ArrayList 类型需要导入 collection 包，命令如下：

```
from std import collection.*
```

仓颉语言使用 ArrayList<T>表示 ArrayList 类型，T 表示 ArrayList 的元素类型，T 可以是任意类型。ArrayList 具备非常好的扩容能力，适合于需要频繁增加和删除元素的场景。相比 Array，ArrayList 既可以原地修改元素，也可以原地增加和删除元素。ArrayList 的可变性是一个非常有用的特征，可以让同一个 ArrayList 实例的所有引用都共享同样的元素，并且对它们统一进行修改。

8.3.1　构造 ArrayList

在仓颉语言中可以使用构造函数的方式构造一个指定的 ArrayList，代码如下：

```
from std import collection.*

main() {
    //不可以直接初始化 ArrayList, [1,2,3]默认为 Array 类型
    //var a:ArrayList<Int64> = [1,2,3,4]

    //创建了元素类型为 String 的空 ArrayList
    var a: ArrayList<String> = ArrayList<String>()

    //创建了一个 ArrayList, 其元素类型为 Int64, 包含元素 0、1、2
    var b: ArrayList<Int64> = ArrayList<Int64>([1, 2, 3])
}
```

注意：元素类型不相同的 ArrayList 是不相同的类型，所以它们之间不可以互相赋值，如 a＝b 是不合法的。

8.3.2　访问 ArrayList 成员

可以通过下标、get 函数和 for 循环的方式访问 ArrayList。

1. for...in 循环遍历

当需要对 ArrayList 的所有元素进行访问时，可以使用 for...in 循环遍历 ArrayList 的所有元素，代码如下：

```
from std import collection.*

main() {
    let langs = ArrayList<String>(["Rust","cangjie","Go"])
    for (lang in langs) {
        println("${lang}")
    }
}
```

编译并执行上面的代码，输出的结果如下：

```
Rust
cangjie
Go
```

2. size 函数

当需要知道某个 ArrayList 包含的元素个数时，可以使用 size 函数获得对应信息，代码如下：

```
from std import collection.*

main() {
    let list = ArrayList<Int64>([0, 1, 2])
    if (list.size() == 0) {
        println("这是一个空的 arraylist")
    } else {
        println("arraylist 的大小为${list.size()}")
    }
}
```

编译并执行上面的代码，输出的结果如下：

```
arraylist 的大小为 3
```

3. 下标语法访问

当想访问单个指定位置的元素时，可以使用下标语法访问（下标的类型必须是 Int64）。非空 ArrayList 的第 1 个元素总是从位置 0 开始的。可以从 0 开始访问 ArrayList 的任意一个元素，直到最后一个位置（ArrayList 的 size − 1）。使用负数或者大于或等于 size 的索引会触发运行时异常，代码如下：

```
let a = list[0]                //a == 0
```

```
let b = list[1]            //b == 1
let c = list[-1]           //运行时异常
```

ArrayList 也支持在下标中使用 Range 的语法。

4. get 函数

通过 get 函数及下标获取 ArrayList 中的值，代码如下：

```
from std import collection.*

main() {
    var a: ArrayList<Int64> = ArrayList<Int64>([1,2,3,4])
    var b = a.get(1)
    print("b=${b.getOrThrow()}")
    return 0
}
```

执行后输出的结果如下：

```
b=2
```

8.3.3 修改 ArrayList

可以使用下标语法对某个位置的元素进行修改，代码如下：

```
let list = ArrayList<Int64>([0, 1, 2])
list[0] = 3
```

ArrayList 是引用类型，ArrayList 在作为表达式使用时不会复制副本，同一个 ArrayList 实例的所有引用都会共享同样的数据。

1. set 函数

通过 set 函数，根据 ArrayList 下标设置值，代码如下：

```
from std import collection.*

main() {
    var a: ArrayList<Int64> = ArrayList<Int64>([1,2,3,4])
    var b = a.get(1)              //2
    println("b=${b.getOrThrow()}")

    a.set(1,100)                  //在下标 1 的位置，值设置为 100
    var b1 = a.get(1)             //100
    println("b1=${b1.getOrThrow()}")
    return 0
}
```

编译并执行上面的代码，输出的结果如下：

```
b=2
b1=100
```

2. append 函数

对 ArrayList 元素的修改会影响该实例的所有引用，代码如下：

```
let list1 = ArrayList<Int64>([0, 1, 2])
let list2 = list1
list2[0] = 3
//list1 包含 3, 1, 2
//list2 包含 3, 1, 2
```

如果需要将单个元素添加到 ArrayList 的末尾，则可使用 append 函数。如果希望同时将多个元素添加到末尾，可以使用 appendAll 函数，这个函数可以接受其他相同元素类型的集合类型，例如 Array，代码如下：

```
from std import collection.*

main() {
    let list = ArrayList<Int64>()
    list.append(0)                       //列表包含元素 0
    list.append(1)                       //列表包含元素 0, 1
    let li = [2, 3]
    list.appendAll(li)                   //列表包含元素 0, 1, 2, 3
}
```

3. insert 和 insertAll 函数

可以通过 insert 和 insertAll 函数将指定的单个元素或相同元素类型的集合值插入指定索引的位置。该索引处的元素和后面的元素会被挪后以腾出空间，代码如下：

```
let list = ArrayList<Int64>([0, 1, 2])  //列表包含元素 0, 1, 2
list.insert(1, 4)                        //列表包含元素 0, 4, 1, 2
var arr: Array<Int64> = [1, 2, 3]
a.insertAll(0, arr)
```

4. remove 函数

从 ArrayList 中删除元素，可以使用 remove 函数，需要指定删除的索引。该索引处后面的元素会被向前挪以填充空间，代码如下：

```
//列表包含元素 "a", "b", "c", "d"
let list = ArrayList<String>(["a", "b", "c", "d"])
list.remove(1)          //删除下标 1 处的元素，现在列表包含元素"a", "c", "d"
```

5. slice 函数

根据 Range 切割 ArrayList，代码如下：

```
from std import collection.*

main() {
    var a: ArrayList<Int64> = ArrayList<Int64>([1, 2, 3, 4])
    let r: Range<Int64> = 1..=2 : 1
    var mu: ArrayList<Int64> = a.slice(r)
    var m = mu.get(0)
    println("mu 的 size=${mu.size()}")          //mu 的 size=2
    println("m 的[0]位置=${m.getOrThrow()}")  //m 的[0]位置=2
    return 0
}
```

6. clear 函数

使用 clear 函数清空 ArrayList，代码如下：

```
from std import collection.*

main() {
    var a: ArrayList<Int64> = ArrayList<Int64>([1, 2, 3, 4])
    println("a 的大小: ${a.size()}")  //a 的大小: 4
    a.clear()                        //清空 ArrayList
    println("a 的大小: ${a.size()}")  //a 的大小: 0
    return 0
}
```

8.3.4 增加 ArrayList 的大小

每个 ArrayList 都需要特定数量的内存来保存其内容。当向 ArrayList 添加元素并且该 ArrayList 开始超出其保留容量时，该 ArrayList 会分配更大的内存区域并将其所有元素复制到新内存中。这种增长策略意味着触发重新分配内存的添加操作具有性能成本，但随着 ArrayList 的保留内存变大，它们发生的频率会越来越低。

如果知道大约需要添加多少个元素，则可以在添加之前预备足够的内存以避免中间重新分配，这样可以提升性能，代码如下：

```
from std import collection.*

main() {
    let list = ArrayList<Int64>(100)      //立即分配空间
    for (i in 0..99) {
        list.append(i)                         //不会触发空间重新分配
```

```
    }
    list.reserve(100)                    //准备更多空间
    for (i in 0..99) {
        list.append(i)                   //不会触发空间重新分配
    }
}
```

8.4 HashSet

可以使用 HashSet 类型来构造只拥有不重复元素的集合。HashSet 是一种可变的引用类型，HashSet 类型提供了添加元素、删除元素的功能。HashSet 的可变性是一个非常有用的特征，可以让同一个 HashSet 实例的所有引用都共享同样的元素，并且对它们统一进行修改。

仓颉语言使用 HashSet<T>表示 HashSet 类型，T 表示 HashSet 的元素类型，T 必须是实现了 Hashable 接口的类型，例如数值或 String。

8.4.1 HashSet 初始化

使用 HashSet 类型需要导入集合包，命令如下：

```
from std import collection.*
```

在仓颉语言中可以使用构造函数的方式构造一个指定的 HashSet。在下面的例子中创建两个 HashSet，代码如下：

```
from std import collection.*

func main(){
    //使用 HashSet 类型来构造只拥有不重复元素的集合
    //创建一个 HashSet, 内部元素是 Int32 类型
    let a = HashSet<Int32>([1,1,2,3,4])
    //创建一个内部元素是 String 的 HashSet
    let b = HashSet<String>()
    println(a)                           //输出 [1, 2, 3, 4]
    println(b)                           //输出 []
}
```

8.4.2 访问 HashSet 成员

HashSet 成员可以通过循环和下标访问。

1. 循环遍历 HashSet

当需要对 HashSet 的所有元素进行访问时，可以使用 for...in 循环遍历 HashSet 的所有元素。需要注意的是，HashSet 并不保证按插入元素的顺序排列，因此遍历的顺序和插入

的顺序可能不同，代码如下：

```
from std import collection.*

func main() {
    let set = HashSet<Int64>([0, 1, 2])
    for (i in set) {
        println("元素: ${i}")
    }
}
```

输出的结果如下：

```
元素: 1
元素: 2
元素: 3
```

上面使用了 for...in 进行遍历循环，也可以使用 iterator 函数进行遍历，代码如下：

```
from std import collection.*

func main() {
    let list = HashSet<Int64>([1, 2, 3])
    var it = list.iterator()
    while (true) {
        match (it.next()) {
            case Some(i) => println(i)
            case None => break
        }
    }
}
```

输出的结果如下：

```
1
2
3
```

2. contains 函数

当想判断某个元素是否被包含在某个 HashSet 中时，可以使用 contains 函数。如果该元素存在，则返回值为 true，否则返回值为 false。

在下面的例子中，通过 contains 函数判断 HashSet 中是否包含某个元素，代码如下：

```
from std import collection.*

func main() {
```

```
    let list = HashSet<Int64>([1, 2, 3])
    let a = list.contains(1)      //是否包含 1
    let b = list.contains(-1)     //是否包含-1
    println(a)                    //true
    println(b)                    //false
}
```

8.4.3　HashSet 操作

可以对 HashSet 进行添加和删除操作。

1. 添加操作（put 函数）

如果需要将单个元素添加到 HashSet 中，则可使用 put 函数。如果希望同时添加多个元素，则可以使用 putAll 函数，这个函数可以接受另一个相同元素类型的集合类型（例如 Array、List）。当元素不存在时，put 函数会执行添加操作，当 HashSet 中存在相同元素时，put 函数将不会有效果，代码如下：

```
from std import collection.*

func main() {
    //创建一个空的 HashSet 的 langs 示例对象
    let langs = HashSet<String>([])
    //添加元素
    langs.put("Cangjie")
    langs.put("Rust")
    //批量添加
    //创建一个 Array
    let slangs = ["C","C++"]
    langs.putAll(slangs)
    println(langs)
}
```

HashSet 是引用类型，HashSet 在作为表达式使用时不会复制副本，同一个 HashSet 实例的所有引用都会共享同样的数据，因此对 HashSet 元素的修改会影响该实例的所有引用，代码如下：

```
from std import collection.*

func main() {
    let set1 = HashSet<Int64>([0, 1, 2])
    let set2 = set1
    set2.put(3)      //对 set2 的修改会影响 set1
    println(set1)  //[0, 1, 2, 3]
    println(set2)  //[0, 1, 2, 3]
```

```
}
```

2. 删除操作（remove 函数）

从 HashSet 中删除元素，可以使用 remove 函数，需要指定删除的元素。在下面的代码中，删除元素 1，代码如下：

```
from std import collection.*

func main() {
    let set1 = HashSet<Int64>([0, 1, 2])
    if(set1.contains(1)){
        //删除元素 1
        set1.remove(1)
    }
    println(set1)  //输出[0, 2]
}
```

8.5 HashMap

HashMap 是一种哈希表，提供对其包含的元素的快速访问。由于表中的每个元素都使用键作为标识，所以可以使用键访问相应的值。

HashMap 是一种可变的引用类型，HashMap 类型提供了修改元素、添加元素、删除元素的功能。HashMap 的可变性是一个非常有用的特征，可以让同一个 HashMap 实例的所有引用都共享同样的元素，并且对它们统一进行修改。

仓颉语言使用 HashMap<K, V>表示 HashMap 类型，K 表示 HashMap 的键类型，K 必须是实现了 Hashable 接口的类型，例如数值或 String。V 表示 HashMap 的值类型，V 可以是任意类型。

8.5.1 HashMap 初始化

使用 HashMap 类型需要导入 collection 包，命令如下：

```
from std import collection.*
```

在仓颉语言中可以使用构造函数的方式构造一个指定的 HashMap。在下面的例子中，创建一个 HashMap 的实例对象，可以通过以下 3 种方式创建：

```
from std import collection.*

func main() {
    //1.创建一个空的 HashMap, Key 值是 String 类型, Value 也是 String 类型
    let a = HashMap<String, String>()
    println(a)                 //输出 []
```

```
//2.先定义一个 HashMap
let c: HashMap<Int32, String>
c = HashMap<Int32, String>()
println(c)  //输出 []
//3.创建并初始化 HashMap
let b = HashMap<String, String>([("name", "cangjie"), ("desc", "华为仓
颉语言")])
println(b)  //输出 [(name, cangjie), (desc, 华为仓颉语言)]
}
```

8.5.2 访问 HashMap 成员

当需要对 HashMap 的所有元素进行访问时，可以使用 for...in 循环遍历 HashMap 的所有元素。需要注意的是，HashMap 并不保证按插入元素的顺序排列，因此遍历的顺序和插入的顺序可能不同，代码如下：

```
from std import collection.*

func main() {
    let lang = HashMap<String, String>([("name", "cangjie"), ("desc", "华为
仓颉语言")])
    println(lang) //输出 [(name, cangjie), (desc, 华为仓颉语言)]
    println("lang 的大小是:${lang.size()}")
    for((k,v) in lang){
        println("${k}的值是:${v}")
    }
}
```

1. 根据 key 获取值

可以根据指定的 key 获取对应的 value 值，第 1 种方式是通过下标语法获取，第 2 种方式是通过 get 函数获取。

下面直接通过下标语法获取对应的值，当想访问指定键对应的元素时，可以使用下标语法访问（下标的类型必须是键类型）。使用不存在的键作为索引会触发运行时异常，代码如下：

```
from std import collection.*

func main() {
    let lang = HashMap<String, String>([("name", "cangjie"), ("desc", "华为
仓颉语言")])

    let name = lang["name"]
    let desc = lang["desc"]
    let c = map["d"]     //当 lang 中不存在 key=d 时，触发运行时异常
```

```
    println(name)           //cangjie
    println(desc)           //华为仓颉语言
}
```

下面直接通过 get 函数获取对应的值，代码如下：

```
from std import collection.*

func main() {
    let lang = HashMap<String, String>([("name", "cangjie"), ("desc", "华为
仓颉语言")])

    //获取 key=name 的值
    var name = lang.get("name")
    println(name.getOrThrow())

    //获取 key=desc 的值
    var desc = lang.get("desc")
    println(desc.getOrThrow())
}
```

执行代码，输出的结果如下：

```
cangjie
华为仓颉语言
```

2. contains 函数

当想判断某个键是否被包含在 HashMap 中时，可以使用 contains 函数。如果该键存在，则返回值为 true，否则返回值为 false，代码如下：

```
let a = map.contains("a") //a == true
let b = map.contains("d") //b == false
```

8.5.3　HashMap 操作

可以对 HashMap 进行增、删、改、查操作。

1. 添加操作

如果需要将单个键-值对添加到 HashMap，则可使用 put 函数。如果希望同时添加多个键-值对，则可以使用 putAll 函数。当键不存在时，put 函数会执行添加操作，当键存在时，put 函数会将新的值覆盖旧的值，代码如下：

```
from std import collection.*

func main() {
    //创建一个空的 HashMap，Key 和 Value 都是 String 类型
```

```
    let lang = HashMap<String, String>([])
    //添加一个键-值对
    lang.put("name", "仓颉语言")
    lang.put("desc", "仓颉语言是华为开发的一门编译型语言")
    //添加多个键-值对
    letmore:HashMap<String, String>
    more =HashMap<String,String>([("company","HW"),("contry","China")])
    lang.putAll(more)
    //打印 lang
    println(lang)
}
```

打印结果如下：

```
[(name, 仓颉语言), (desc, 仓颉语言是华为开发的一门编译型语言), (company, HW),
(contry, China)]
```

除了可以使用 put 函数以外，也可以使用赋值的方式直接将新的键-值对添加到 HashMap
中，代码如下：

```
from std import collection.*

func main() {
    //创建一个空的 HashMap，Key 和 Value 都是 String 类型
    let lang = HashMap<String, String>([])
    //直接通过 key 添加
    lang["name"] = "cangjie"
    lang["logo"] = "logo.jpg"
    lang["git"] = "cangjie.gitee.com"
    //打印 lang
    println(lang)
}
```

打印结果如下：

```
[(name, cangjie), (logo, logo.jpg), (git, cangjie.gitee.com)]
```

2. 删除操作
从 HashMap 中删除元素，可以使用 remove 函数，需要指定删除的键，代码如下：

```
let map = HashMap<String, Int64>([("a", 0), ("b", 1), ("c", 2), ("d", 3)])
map.remove("d") //map 包含 ("a", 0), ("b", 1), ("c", 2)
```

3. 修改操作
可以使用下标语法对某个键对应的值进行修改，代码如下：

```
from std import collection.*
```

```
func main() {
    let lang = HashMap<String, String>([("name","cj")])
    //修改 name
    lang["name"] = "仓颉语言"
    //打印 lang
    println(lang)  //[(name，仓颉语言)]
}
```

HashMap 是引用类型，HashMap 在作为表达式使用时不会复制副本，同一个 HashMap 实例的所有引用都会共享同样的数据，因此对 HashMap 元素的修改会影响该实例的所有引用，代码如下：

```
let map1 = HashMap<String, Int64>([("a", 0), ("b", 1), ("c", 2)])
let map2 = map1
map2["a"] = 3
//map1 包含("a", 3), ("b", 1), ("c", 2)
//map2 包含("a", 3), ("b", 1), ("c", 2)
```

8.6 本章小结

本章介绍了在仓颉语言中常用的几种基础集合类型：Array、ArrayList、HashSet、HashMap。开发者可以在不同的场景中选择适合业务的类型。除了可以直接使用这些基础集合类型外，开发者还可以基于这些基础类型扩展更加复杂的集合类型，如链表、堆栈和队列等。

第 9 章

函　　数

在仓颉编程语言中，函数是"一等公民"（first-class citizens），可以作为函数的参数或返回值，也可以赋值给变量，函数本身也有类型，称为函数类型。同时，仓颉语言的函数支持重载、嵌套和默认参数等特性。

9.1　函数定义

仓颉语言使用关键字 func 来表示函数定义的开始，func 之后依次是函数名称、参数列表、可选的函数返回值类型、函数体，其中，函数名称可以是任意的合法标识符，参数列表定义在一对圆括号内（多个参数间使用逗号分隔），参数列表和函数返回值类型（如果存在）之间使用冒号分隔，函数体定义在一对花括号内。

函数定义格式如图 9-1 所示。

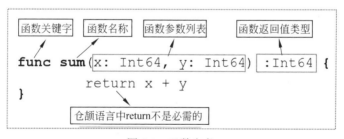

图 9-1　函数定义

在上面的例子中定义了一个名为 sum 的函数，其参数列表由两个 Int64 类型的参数 *x* 和 *y* 组成，函数返回值类型为 Int64，函数体中将 *x* 和 *y* 相加并返回。

下面依次对函数定义中的参数列表、函数返回值类型和函数体进行进一步介绍。

9.1.1　参数列表

一个函数可以拥有 0 个或多个参数，这些参数均定义在函数的参数列表中。根据函数调用时是否需要给定参数名，可以将参数列表中的参数分为两类：非命名参数和命名参数，如图 9-2 所示。

图 9-2 非命名参数和命名参数

1. 非命名参数

非命名参数的定义方式是 p: T，其中 p 表示参数名，T 表示参数 p 的类型，参数名和其类型间使用冒号连接。例如，上面例子中 sum 函数的两个参数 *x* 和 *y* 均为无命名参数，代码如下：

```
//无命名参数
func sum(x: Int64, y: Int64): Int64 {
    return x + y
}

main() {
    //调用无命名参数
    println(sum(1,2))
}
```

2. 命名参数

命名参数的定义方式是 p!: T，与非命名参数的不同是在参数名 p 之后多了一个叹号"!"。可以将上例中 sum 函数的两个非命名参数修改为命名参数。

对于多个命名参数，调用时的传参顺序可以和定义时的参数顺序不同。例如，下面例子中调用 sum 函数时 *y* 可以出现在 *x* 之前，代码如下：

```
//命名参数
func sum(x!: Int64, y!: Int64): Int64 {
    return x + y
}

main() {
    //调用命名参数
    println(sum(x:1, y:2))
}
```

3. 命名参数默认值

命名参数还可以设置默认值，通过 p!: T = e 方式将参数 p 的默认值设置为表达式 e 的值。例如，可以将上述 sum 函数的两个参数的默认值分别设置为 100 和 200。

注意： 只能为命名参数设置默认值，不能为非命名参数设置默认值。

对于拥有默认值的命名参数，调用时如果没有传实参，则此参数将使用默认值作为实参的值。例如，下例中调用 sum 函数时没有为参数传实参，那么参数的值等于其定义时的默认值。

```
//命名参数，设置参数默认值
func sum(x!: Int64 = 100, y!: Int64=200): Int64 {
    return x + y
}


main() {
    //调用命名参数
    println(sum())  //打印 300
}
```

对于拥有默认值的命名参数，调用时也可以为其传递新的实参，此时命名参数的值等于新的实参的值，即定义时的默认值将失效。

参数列表中可以同时定义非命名参数和命名参数，但是需要注意的是，非命名参数只能定义在命名参数之前，也就意味着命名参数之后不能再出现非命名参数。例如，下例中 add 函数的参数列表定义是不合法的，如图 9-3 所示。

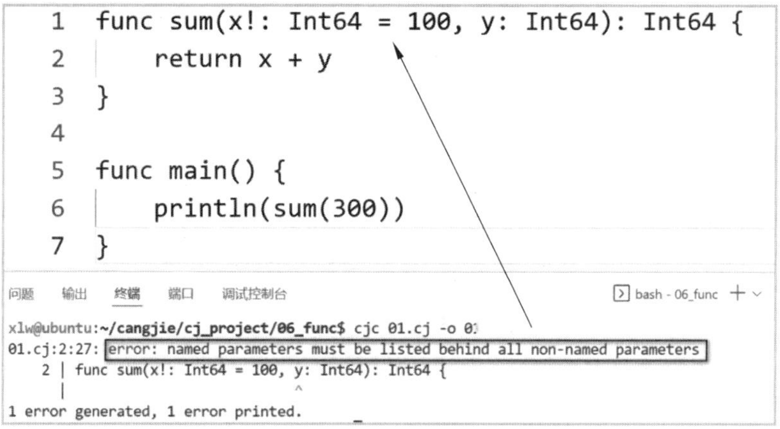

```
1  func sum(x!: Int64 = 100, y: Int64): Int64 {
2      return x + y
3  }
4
5  func main() {
6      println(sum(300))
7  }
```

```
问题  输出  终端  端口  调试控制台                              bash - 06_func  + ∨
xlw@ubuntu:~/cangjie/cj_project/06_func$ cjc 01.cj -o 0:
01.cj:2:27: error: named parameters must be listed behind all non-named parameters
   2 | func sum(x!: Int64 = 100, y: Int64) {
     |
1 error generated, 1 error printed.
```

图 9-3 非命名参数只能定义在命名参数之前

9.1.2 函数返回值类型

函数返回值类型是函数被调用后得到的值的类型。函数定义时，返回值类型是可选的：可以显式地定义返回值类型（返回值类型定义在参数列表和函数体之间），也可以不定义返回值类型，交由编译器推导确定。

当显式地定义了函数返回值类型时，就要求函数体的类型（关于如何确定函数体的类型可参见 9.1.3 节函数体）、函数体中所有 return e 表达式中 e 的类型是返回值类型的子类型。例如，对于上述 sum 函数，显式地定义了它的返回值类型为 Int64，如果将函数体中的 return x + y 修改为 return (x, y)，则会因为类型不匹配而报错，如图 9-4 所示。

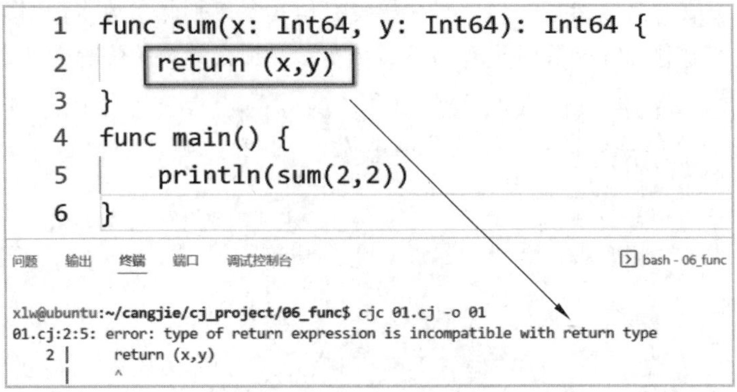

```
1   func sum(x: Int64, y: Int64): Int64 {
2   │   return (x,y)
3   }
4   func main() {
5   │   println(sum(2,2))
6   }
```

问题   输出   终端   端口   调试控制台   ▷ bash - 06_func

xlw@ubuntu:~/cangjie/cj_project/06_func$ cjc 01.cj -o 01
01.cj:2:5: error: type of return expression is incompatible with return type
    2 │   return (x,y)
      │   ^

图 9-4   函数返回值错误提示

在函数定义时如果未显式地定义返回值类型，则编译器将根据函数体的类型及函数体中所有的 return 表达式来共同推导出函数的返回值类型。例如，下例中 sum 函数的返回值类型虽然被省略，但编译器可以根据 return x + y 推导出 sum 函数的返回值类型是 Int64，代码如下：

```
func sum(x: Int64, y: Int64) {
    return x+y;
}
```

注意：函数的返回值类型并不是任何情况下都可以被推导出来的，如果返回值类型推导失败，则编译器会报错。

9.1.3   函数体

在函数体中定义了函数被调用时执行的操作，通常包含一系列的变量定义和表达式，也可以包含新的函数定义（嵌套函数）。如下例中 multiple 函数的函数体中首先定义了 Int64 类型的变量 z（初始值为 0），接着将 x + y 的值赋值给 z，最后将 z 的值返回。

```
func multiple(x: Int64, y: Int64) {
    var z = 0
    z = x * y
    return z
}


main(){
    println( multiple(3,2))
}
```

9.1.4 函数变量作用域

在函数体内定义的变量属于局部变量的一种（如上例中的 *z* 变量），它的作用域从其定义之后开始到函数体结束。

对于一个局部变量，允许在其外层作用域中定义同名变量，并且在此局部变量的作用域内，局部变量会"遮盖"外层作用域的同名变量，代码如下：

```
let z = 100;
func foo() {
    var z = 101
    return z
}

main() {
    println(foo())  //101
}
```

在上面的例子中，在 foo 函数之前定义了 Int64 类型的全局变量 *z*，同时在 foo 函数体内定义了同名的局部变量 *z*，那么在函数体内，所有使用变量 *z* 的地方，用到的将是局部变量 *z*，即（在函数体内）局部变量 *z* "遮盖"了全局变量 *z*。

9.1.5 函数体类型

函数体也有类型，函数体的类型是函数体内最后一项的类型：若最后一项为表达式，则函数体的类型是此表达式的类型，若最后一项为变量定义或函数声明，或函数体为空，则函数体的类型为 Unit，代码如下：

```
func foo(x:Int64,y:Int64): Int64 {
    x + y
}
main() {
    println(foo(2,2))
}
```

在上面的例子中，因为函数体的最后一项是 Int64 类型的表达式（*x+y*），所以函数体的类型也是 Int64，与函数定义的返回值类型相匹配。又如，下例中函数体的最后一项是 print 函数调用，所以函数体的类型是 Unit，同样与函数定义的返回值类型相匹配。

```
func foo(): Unit {
  let s = "Hello"
  print(s)
}
```

9.2　函数类型

函数类型由函数的参数类型和返回类型组成，参数类型和返回类型之间使用 ->连接。参数类型使用圆括号( )括起来，可以有 0 个或多个参数，如果参数的个数超过两个，则参数类型之间使用逗号分隔。

例如在下面的示例中，定义了一个函数，函数名为 hello，其类型是( )->Unit，表示该函数没有参数，返回类型为 Unit。

```
func hello(): Unit {
  print("Hello!")
}
```

下面通过 3 个例子了解函数类型：

【示例 9-1】 函数名为 display，其类型是 (Int64) -> Unit，表示该函数有一个参数，参数类型为 Int64，返回类型为 Unit，代码如下：

```
func display(a: Int64): Unit {
    print("${a}")
}
```

【示例 9-2】 函数名为 add，其类型是 (Int64, Int64)->Int64，表示该函数有两个参数，两个参数类型均为 Int64，返回类型为 Int64，代码如下：

```
func add(a: Int64, b: Int64): Int64 {
    a + b
}
```

【示例 9-3】 函数名为 returnTuple，其类型是 (Int64, Int64) ->(Int64, Int64)，两个参数类型均为 Int64，返回类型为元组类型：(Int64, Int64)，代码如下：

```
func returnTuple(a: Int64, b: Int64): (Int64,Int64) {
    (a, b)
}
```

9.2.1　函数类型作为参数类型

下面定义一个函数名为 printAdd,其类型是 ((Int64, Int64) ->Int64, Int64, Int64) -> Unit，表示该函数有 3 个参数，参数类型分别为函数类型 (Int64, Int64) -> Int64 和两个 Int64，返回类型为 Unit，代码如下：

```
func printAdd(add: (Int64, Int64) -> Int64, a: Int64, b: Int64): Unit {
print("${add(a, b)}")
}
```

9.2.2　函数类型作为返回类型

函数类型可以作为另一个函数的返回类型。

如下示例中，函数名为 returnAdd，其类型是(Int64, Int64) -> (Int64, Int64) -> Int64，表示该函数有两个参数，类型均为 Int64，返回类型为函数类型(Int64, Int64) ->Int64。注意，->是右结合的。

```
func add(a: Int64, b: Int64): Int64 {
    a + b
}

func returnAdd(a: Int64, b: Int64): (Int64, Int64) -> Int64 {
    add
}
```

9.2.3　函数类型作为变量类型

函数名本身也是表达式，它的类型为对应的函数类型，代码如下：

```
func add(p1: Int64, p2: Int64): Int64 {
    p1 + p2
}
let f: (Int64, Int64)->Int64 = add
```

9.3　嵌套函数

定义在源文件顶层的函数称为全局函数。定义在函数体内的函数称为嵌套函数。

在下面的例子中，在函数 foo 内定义了一个嵌套函数 nestAdd，可以在 foo 内调用该嵌套函数 nestAdd，也可以将嵌套函数 nestAdd 作为返回值返回，在 foo 外对其进行调用，代码如下：

```
func foo() {
    func nestAdd(a: Int64, b: Int64) {
        a + b + 3
    }
    print("${nestAdd(1, 2)}\n")         //6
    return nestAdd
}
main() {
    let f = foo()
    let x = f(1, 2)
    print("result: ${x}\n")            //result: 6
```

```
    }
```

9.4 Lambda 表达式

Lambda 表达式是一种匿名函数，也可称为闭包。简单地说，它是没有声明的方法，即没有访问修饰符，没有返回值声明，也没有名字。

它可以写出更简洁、更灵活的代码。作为一种更紧凑的代码风格，使仓颉语言的表达能力得到了提升。

9.4.1 Lambda 表达式定义

Lambda 表达式由参数、箭头和主体组成，语法格式如图 9-5 形式。

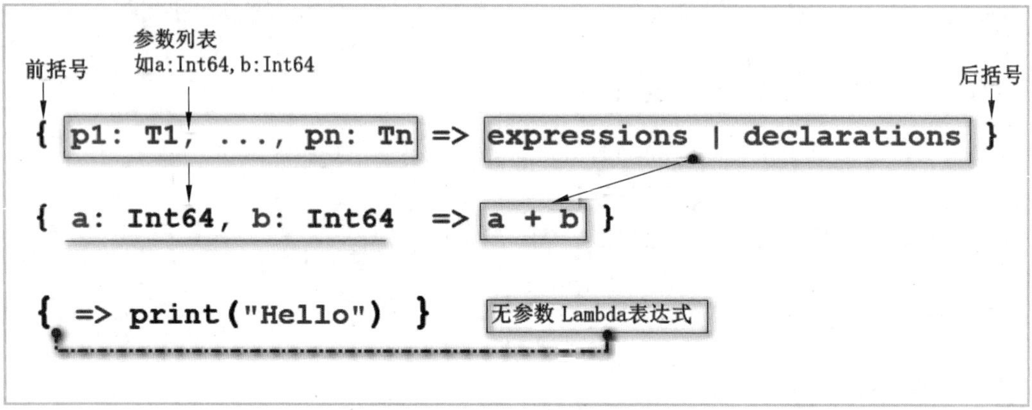

图 9-5　Lambda 表达式格式

其中，=>之前为参数列表，多个参数之间使用逗号分隔，每个参数名和参数类型之间使用冒号分隔。=>之前也可以没有参数。=>之后为 Lambda 表达式体，是一组表达式或声明序列，代码如下：

```
let f1 = { a: Int64, b: Int64 => a + b }
//无参数 Lambda 表达式
var display = { => print("Hello") }
```

如果 Lambda 表达式没有参数，则可以省略 =>，采用以下形式来定义。

```
var display = { print("Hello") }
```

Lambda 表达式中参数的类型标注可缺省。在以下情形中，若参数类型省略，则编译器会尝试进行类型推断，当编译器无法推断出类型时会编译报错。

（1）当 Lambda 表达式赋值给变量时，其参数类型将根据变量类型推断。

（2）当 Lambda 表达式作为函数调用表达式的实参使用时，其参数类型将根据函数的形参类型推断。

示例代码如下:

```
//参数类型是从变量 sum1 的类型推断出来的
var sum1: (Int64, Int64) -> Int64 = {a, b => a + b}
var sum2: (Int64, Int64) -> Int64 = {a: Int64, b => a + b}
func f(a1: (Int64)->Int64): Int64 {
    a1(1)
}
main(): Int64 {
    //Lambda 的参数类型是从函数 f 的类型推断出来的
    f({a2 => a2 + 10})
}
```

9.4.2 Lambda 表达式调用

Lambda 表达式支持立即调用，代码如下:

```
let r1 = {a: Int64, b: Int64 => a + b}(1, 2)    //r1 = 3
let r2 = { 123 }()                              //r2 = 123
```

Lambda 表达式也可以赋值给一个变量，使用变量名进行调用，代码如下:

```
func f() {
    var g = {x : Int64 => print("x = " + x.toString())}
    g(2)
}
```

9.5 函数闭包

类似 JavaScript 语言中的函数闭包，在仓颉语言中闭包是引用了自由变量的函数，被引用的自由变量和函数一同存在，即使已经离开了自由变量的环境也不会被释放或者删除，在闭包中可以继续使用这个自由变量。

闭包（Closure）在某些编程语言中也被称为 Lambda 表达式。一个函数或 Lambda 从定义它的静态作用域中捕获了变量，函数或 Lambda 和捕获的变量一起被称为一个闭包，这样即使脱离了闭包定义所在的作用域，闭包也能正常运行。

闭包具有记忆功能，在仓颉语言中，被捕获到闭包中的变量让闭包本身拥有了记忆功能，闭包中的逻辑可以修改闭包捕获的变量，变量会跟随闭包的生命期一直存在，闭包本身就如同变量一样拥有了记忆功能。

在下面的例子中，定义了闭包 add，捕获了 let 声明的局部变量 num，之后除了可以通过返回值返回 num 定义的作用域之外，调用 add 时仍可正常访问 num。

```
func returnAddNum(): (Int64)->Int64 {
  let num: Int64 = 10
  func add(a: Int64) {
    return a + num
  }
  add
}

main() {
  let f = returnAddNum()
  print("${f(10)}")                        //return 20
}
```

9.6 函数调用语法糖

在仓颉语言中还提供了函数调用的简洁方法，如尾随闭包、Pipeline 表达式和 Composition 表达式。

9.6.1 尾随闭包

尾随闭包可以使函数的调用看起来像是语言内置的语法一样，增加语言的可扩展性。

当函数调用最后一个实参是 Lambda 时，可以使用尾随闭包语法，将 Lambda 放在函数调用的尾部，圆括号外面。例如，在下面的例子中，定义了一个 show 函数，它的第 1 个参数是 Bool 类型，第 2 个参数是函数类型。当第 1 个参数的值为 true 时，返回第 2 个参数调用后的值，否则返回 0。调用 show 时可以像普通函数一样调用，也可以使用尾随闭包的方式调用。

```
func show(isShow: Bool, fn:()->Int64) {
    if (isShow) {
        fn()
    } else {
        0
    }
}

main() {
    //普通的写法
    show(true, {100})
    //尾随闭包的写法
    show(true) {
        100
    }
```

```
}
```

当函数调用有且只有一个 Lambda 实参时，还可以省略( )，只写 Lambda，代码如下：

```
func f(fn: (Int64) -> Int64) {
    fn(1)
}
main() {
    f {i => i * i}
}
```

9.6.2 流表达式

流操作符包括两种：表示数据流向的中缀操作符"|>"（称为管道表达式，pipeline）和表示函数组合的中缀操作符"~>"（称为组合表达式，composition）。

1. 管道表达式

当需要对输入数据进行一系列处理时，可以使用管道表达式来简化描述。管道表达式的语法形式如图 9-6 所示。

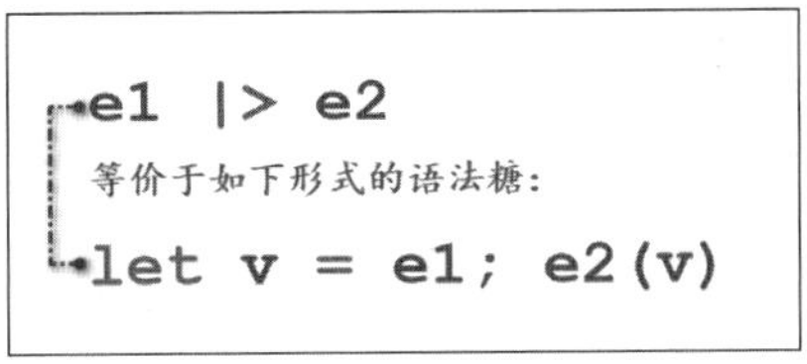

```
e1 |> e2
等价于如下形式的语法糖：
let v = e1; e2(v)
```

图 9-6 管道（pipeline）表达式格式

其中，e2 是函数类型的表达式，e1 的类型是 e2 的参数类型的子类型，代码如下：

```
func a1(x:Int64):Int64{
    x+100
}

func a2(y:Int64):Int64 {
    y*2
}

main() {
    let num = 100
    let res = num |> a1 |> a2
    println(res)                    //输出 400
}
```

需要注意的是，流操作符不能与无默认值的命名形参函数直接一同使用，这是因为无默认值的命名形参函数必须给出命名实参才可以调用，代码如下：

```
func f(a!: Int64): Unit {}
var a = 1 |> f                          //error
```

如果需要使用，则用户可以通过 Lambda 表达式传入 f 函数的命名实参，代码如下：

```
var x = 1 |> { x: Int64 => f(a: x) }    //正确
```

由于相同的原因，当 f 的参数有默认值时，直接与流运算符一起使用也是错误的，代码如下：

```
func f(a!: Int64 = 2): Unit {}
var a = 1 |> f                          //错误
```

但是当命名形参都存在默认值时，不需要给出命名实参也可以调用该函数，函数仅需要传入非命名形参，那么这种函数是可以同流运算符一起使用的，代码如下：

```
func f(a: Int64, b!: Int64 = 2): Unit {}
var a = 1 |> f                          //正确
```

当然，如果想要在调用 f 时为参数 b 传入其他参数，则需要借助 Lambda 表达式，代码如下：

```
var a = 1 |> {x: Int64 => f(x, b: 3)}   //正确
```

2. 组合表达式

组合表达式表示两个单参函数的组合，组合表达式语法如图 9-7 所示。

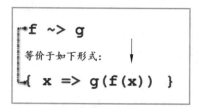

图 9-7　组合（composition）表达式格式

其中，f 和 g 均为只有一个参数的函数类型的表达式。

f 和 g 组合，则要求 f(x) 的返回类型是 g( ) 的参数类型的子类型，代码如下：

```
func f(x: Int64): Float64 {
    Float64(x) *2.0
}
func g(x: Float64): Float64 {
    x +100.0
}

main() {
    //普通写法
```

```
    let res = { x: Int64 => g(f(x)) }
    println(res(100))

    //Composition 表达式
    var fg = f ~> g
    println(fg(100))
}
```

注意：表达式 f~>g 中，会先对 f 求值，然后对 g 求值，最后才会进行函数的组合。

9.7　函数重载

在仓颉编程语言中，如果在一个作用域中一个函数名对应多个函数定义，则将这种现象称为函数重载。

9.7.1　函数重载定义

函数名相同且函数参数不同（是指参数个数不同，或者参数个数相同但参数类型不同）的两个函数构成重载。

1. 普通函数重载
同一种类型内的两个构造函数如果参数不同，则构成重载，代码如下：

```
func sum(x: Int64) :Int64{
    x + 100
}
func sum(x: Float64):Float64 {
    x+100.0
}
func sum(x: Int64, y: Float64) :Float64{
    Float64(x) + y
}

main(){
    println(sum(1))
    println(sum(2.0))
    println(sum(1,2.0))
}
```

输出的结果如下：

```
101
102.000000
3.000000
```

2. 类中函数重载

同一种类型内的两个构造函数如果参数不同，则构成重载，代码如下：

```
class Point {
    var x: Int64
    var y: Float64

    //构造函数重载
    public init(x: Int64, y: Float64) {
        this.x = x
        this.y = y
    }
    public init(x: Int64) {
        y = 0.0
        this.x = x
    }
}

main() {
    let p1 = Point(100,200.0)
    println(p1.y)

    let p2 = Point(200)
    println(p2.y)
}
```

输出的结果如下：

```
200.000000
0.000000
```

同一种类型内的主构造函数和 init 构造函数如果参数不同，则构成重载（认为主构造函数和 init 构造函数具有相同的名字），代码如下：

```
class Point {
    Point(var x!: Int64, var y!: Float64) {
        this.x = x
        this.y = y
    }
    public init(x: Int64) {
        y = 0.0
        this.x = x
    }
}
```

```
main() {
    var p1 = Point(x:1,y:2.0)
    var p2 = Point(3)
    println(p1.x)
    println(p2.y)
}
```

输出的结果如下:

```
1
0.000000
```

3. 不同作用域的函数重载

如果两个函数定义在不同的作用域,则在两个函数可见的作用域中构成重载,代码如下:

```
func f(a: Int64): Unit {
}

func g() {
    func f(a: Float64): Unit {
    }
}
```

4. 父子类函数重载

如果两个函数分别定义在父类和子类中,则在两个函数可见的作用域中构成重载,代码如下:

```
open class Base {
    public func f(a: Int64): Unit {
        println("f(a: Int64)")
    }
}
class Sub <: Base {
    public func f(a: Float64): Unit {
        println("f(a: Float64)")
    }
}

main() {
    var b = Sub()
    b.f(10.0)
    b.f(23)
}
```

只允许函数声明引入的函数重载,但是以下情形不构成重载,不构成重载的两个名字不能定义或声明在同一个作用域内：

（1）类、接口、结构体类型的静态成员函数和实例成员函数之间不能重载。

（2）枚举类型的 constructor、静态成员函数和实例成员函数之间不能重载。

两个变量均为函数类型且函数参数类型不同，但由于它们不是函数声明，所以不能重载，如下示例将编译报错，代码如下：

```
main() {
    var f: (Int64) -> Unit
    var f: (Float64) -> Unit
}
```

静态成员函数 f 与实例成员函数 f 的参数类型不同，但由于类型内静态成员函数和实例成员函数之间不能重载，所以如下示例将编译报错：

```
class C {
    static public func f(a: Int64): Unit {}
    public func f(a: Float64): Unit {}
}
```

9.7.2　函数重载决议

函数调用时，所有可被调用的函数（指当前作用域可见且能通过类型检查的函数）构成候选集，候选集中有多个函数，究竟选择候选集中的哪个函数，需要进行函数重载决议，规则如下：

优先选择作用域级别高的作用域内的函数。在嵌套的表达式或函数中，越是内层作用域级别越高。

在如下示例中，当在 inner 函数体内调用 $g(Sub())$ 时，候选集包括 inner 函数内定义的函数 g 和 inner 函数外定义的函数 g，函数决议选择作用域级别更高的 inner 函数内定义的函数 g。

```
open class Base {}
class Sub <: Base {}
func outer() {
    func g(a: Sub) {
        print("1")
    }
    func inner() {
        func g(a: Base) {
            print("2")
        }
        g(Sub())                    //输出: 2
    }
}
```

如果作用域级别相对最高的函数仍有多个函数，则需要选择最匹配的函数（对于函数 *f* 和 *g* 及给定的实参，如果 *f* 可以被调用，则 *g* 也总可以被调用，但反之不然，所以称 *f* 比 *g* 更匹配）。如果不存在唯一最匹配的函数，则报错。

在如下示例中，两个函数 *g* 定义在同一作用域，所以选择更匹配的函数 *g*(a: Sub): Unit，代码如下：

```
open class Base {}
class Sub <: Base {}
func outer() {
    func g(a: Sub) {
        print("1")
    }
    func g(a: Base) {
        print("2")
    }
    g(Sub())                    //输出: 1
}
```

子类和父类被认为是同一作用域。在如下示例中，一个函数 *g* 定义在父类中，另一个函数 *g* 定义在子类中，在调用 s.g(Sub( ))时，如果两个函数 *g* 当成同一作用域级别决议，则选择更匹配的父类中定义的函数 *g*(a: Sub): Unit，代码如下：

```
open class Base {
    public func g(a: Sub) {
        print("1")
    }
}
class Sub <: Base {
    public func g(a: Base) {
        print("2")
    }
}
func outer() {
    let s: Sub = Sub()
    s.g(Sub())                  //输出: 1
}
```

9.8 操作符重载

如果希望在某种类型上支持此类型默认不支持的操作符，则可以使用操作符重载实现。

如果需要在某种类型上重载某个操作符，则可以通过为类型定义一个函数名为此操作符的函数的方式实现，这样，在该类型的实例中使用该操作符时，就会自动调用此操作符函数。

操作符函数定义与普通函数定义相似，区别如下：

（1）定义操作符函数时需要在 func 关键字前面添加 operator 修饰符。

（2）操作符函数的参数个数需要匹配对应操作符的要求。

（3）操作符函数只能定义在 class、interface、struct、enum 和 extend 中。

（4）操作符函数具有实例成员函数的语义，所以禁止使用 static 修饰符。

（5）操作符函数不能为泛型函数。

注意：被重载后的操作符不改变它们固有的优先级和结合性。

9.8.1　操作符重载函数定义和使用

定义操作符函数有两种方式：

（1）对于可以直接包含函数定义的类型（包括 struct、enum、class 和 interface），通常以直接在其内部定义操作符函数的方式实现操作符的重载，格式如图 9-8 所示。

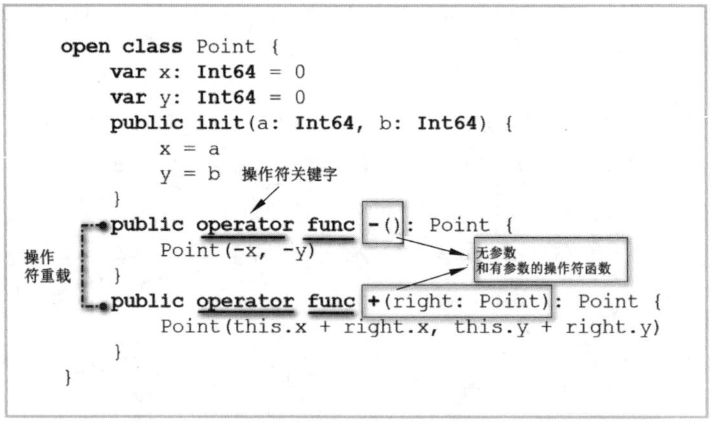

```
open class Point {
    var x: Int64 = 0
    var y: Int64 = 0
    public init(a: Int64, b: Int64) {
        x = a
        y = b          操作符关键字
    }
    public operator func -(): Point {
        Point(-x, -y)                    无参数
    }                                    和有参数的操作符函数
    public operator func +(right: Point): Point {
        Point(this.x + right.x, this.y + right.y)
    }
}
```
操作符重载

图 9-8　类中的操作符重载

（2）使用 extend 的方式为其添加操作符函数，从而实现操作符在这些类型上的重载，如图 9-9 所示。对于无法直接包含函数定义的类型（指除 struct、class、enum 和 interface 之

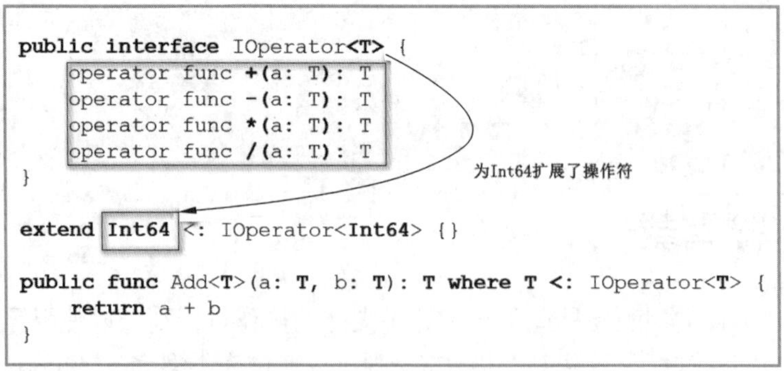

```
public interface IOperator<T> {
    operator func +(a: T): T
    operator func -(a: T): T
    operator func *(a: T): T
    operator func /(a: T): T
}
                                    为Int64扩展了操作符
extend Int64 <: IOperator<Int64> {}

public func Add<T>(a: T, b: T): T where T <: IOperator<T> {
    return a + b
}
```

图 9-9　通过 extend 的方式添加操作符

外其他的类型)或无法改变其实现的类型,例如第三方定义的 struct、class、enum 和 interface,只能采用这种方式。

操作符函数对参数类型的约定如下:

(1)对于一元操作符,操作符函数没有参数,对返回值的类型没有要求。

(2)对于二元操作符,操作符函数只有一个参数,对返回值的类型也没有要求。

在如下示例中,介绍了一元操作符和二元操作符的定义和使用。

实现对一个 Point 实例中两个成员变量 x 和 y 取负值,然后返回一个新的 Point 对象,外加实现对两个 Point 实例中两个成员变量 x 和 y 分别求和,然后返回一个新的 Point 对象,代码如下:

```
open class Point {
    var x: Int64 = 0
    var y: Int64 = 0
    public init(a: Int64, b: Int64) {
        x = a
        y = b
    }
    //重载 -操作符
    public operator func -(): Point {
        Point(-x, -y)
    }
    //重载 +操作符
    public operator func +(right: Point): Point {
        Point(this.x + right.x, this.y + right.y)
    }
}

main() {
    let p1 = Point(6, 12)
    let p2 = -p1                    //p2 = Point(-6, -12)
    let p3 = p1 + p2                //p3 = Point(0, 0)
    println(p1.x)
    println(p2.x)
    println(p3.x)
}
```

9.8.2 可以被重载的操作符

所有可以被重载的操作符(优先级从高到低)见表 9-1。

表 9-1 可以被重载的操作符

操　作　符	操作符说明	操　作　符	操作符说明
()	Function call	>>	Bitwise right shift
[]	Indexing	<	Less than
!	NOT	<=	Less than or equal
−	Negative	>	Greater than
**	Power	>=	Greater than or equal
*	Multiply	==	Equal
/	Divide	!=	Not equal
%	Remainder	&	Bitwise AND
+	Add	^	Bitwise XOR
−	Subtract	|	Bitwise OR
<<	Bitwise left shift		

9.9　mut 函数

mut 函数是一种可以修改结构体实例本身的特殊的实例成员函数。

在 mut 函数内部，this 的语义是特殊的，这种 this 拥有原地修改字段的能力。

注意：只允许在 interface、struct 和 struct 的扩展内定义 mut 函数（class 是引用类型，实例成员函数不需要加 mut 也可以修改实例成员变量，所以禁止在 class 中定义 mut 函数）。

struct 类型是值类型，其实例成员函数无法修改实例本身。例如，在下面的例子中，成员函数 setW 中不能修改成员变量 width 的值，代码如下：

```
record Rectangle {
    public var width: Int64
    public var height: Int64
    public mut func setW(v: Int64): Unit {
        width = v
    }
    public func area() {
        width * height
    }
}


main() {
    var r = Rectangle(width: 10, height: 20)
    r.setW(8)                    //r.width = 8
    let a = r.area()             //a = 160
}
```

9.10 递归函数

在函数的内部可以调用其他函数，包括自己。如果一个函数在内部调用自己，则这个函数就是递归函数。

使用递归函数计算一个给定的数的阶乘，代码如下：

```
func factorial(i: Int64): Int64 {
    if (i <= 1) {
        return 1
    }
    return i * factorial(i - 1)
}

main() {
    var i = 15
    print("Factorial of %{i} is ${factorial(i)} \n");
    return 0
}
```

递归函数的特性如下：

（1）必须有一个明确的结束条件。

（2）每次进入更深一层递归时，问题规模相比上一次递归都应有所减少。

在下面的实例中，使用递归函数生成一个给定的数的斐波那契数列，如0，1，1，2，3，5，8，13，21，34，55，89，144，233，377，610，987，1597，2584，4181，6765，10946，17711，28657，46368……

斐波那契数列的规律就是除了0和1之外，后面的数是前面两项之和，代码如下：

```
func fibonacci(i: Int64): Int64 {
    if (i == 0 || i == 1) {
        return i
    }
    return fibonacci(i - 1) + fibonacci(i - 2)
}

main() {
    for (i in 0..10) {
        print(" ${fibonacci(i)} ")
    }
    return 0
}
```

9.11　本章小结

　　本章详细介绍了仓颉语言的函数语法及其用法，在仓颉编程语言中，函数是"一等公民"，可以作为函数的参数或返回值，也可以赋值给变量，函数本身也有类型，称为函数类型。同时，仓颉语言的函数支持重载、嵌套和默认参数等特性。

进 阶 篇

第 10 章

面向对象编程

仓颉语言是一门面向对象的程序设计语言，仓颉语言支持使用结构体、类、抽象类和接口进行面向对象编程设计。相较于其他纯面向对象编程语言，仓颉语言更加灵活，既支持函数式编程，又支持面向对象编程。本章重点介绍仓颉语言的面向对象编程。

10.1 面向对象程序设计

面向对象的编程语言可以分为纯面向对象型语言和混合型面向对象编程语言。混合型语言是在传统的过程式语言基础上增加了面向对象语言成分，在实用性方面具有更大的优势。

面向对象的程序设计方法继承了结构化程序设计方法的优点，同时又比较有效地克服了结构化程序设计的弱点。

10.1.1 什么是面向对象编程

面向对象的核心思想是，从现实世界客观存在的事物出发来构造软件系统，并在系统的构造过程中尽可能地运用人类的自然思维方式。

面向对象编程思想更加强调运用人类在日常生活的逻辑思维中经常采用的思想方法与原则，如抽象、分类、继承、聚合、多态等。例如人在思考时，首先眼睛里看到的是一个一个的对象。

面向对象编程中有两个重要的概念：类和对象，其中类是抽象的，不占用存储空间，而对象是具体的，占用存储空间。类是创建对象的模板，一个类可以创建多个对象，对象是类的实例化。例如，要开发一款手机产品，首先需要设计出手机的功能和外观，然后按照设计生产手机，如图 10-1 所示。

10.1.2 面向过程与面向对象

面向对象和面向过程的分析问题的方式是不同的。面向过程在分析问题时要分析出解决问题所需要的步骤，然后按照预先设置的步骤逐步实现，使用的过程也是按步骤依次调用执行。面向对象则是把构成问题域的所有事物分解成各个对象，并根据这些对象来设计各自的

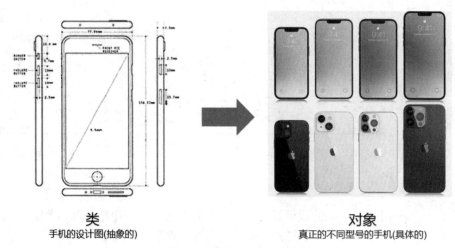

类
手机的设计图(抽象的)

对象
真正的不同型号的手机(具体的)

图 10-1　类与对象的关系

行为和属性，并分析出对象和对象之间的依赖关系，根据对象的关系进行设计。例如，要开发一个五子棋游戏程序，用面向过程的设计思路是首先分析问题的实现步骤，如图 10-2 所示。

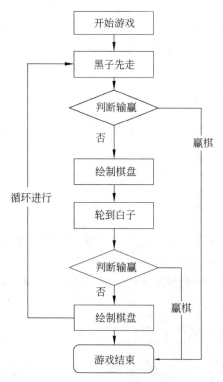

图 10-2　五子棋面向过程设计

五子棋的主要步骤为中间 6 步，反复执行，直到游戏结束，每个步骤要按先后顺序执行。

用面向对象的思想来开发五子棋游戏程序，面向对象的设计思路是把五子棋游戏中涉及的所有事物分解为不同的对象，如表 10-1 所示。

表 10-1　面向对象的方式分析五子棋游戏

对象	说　　明	对象	说　　明
棋子	黑棋和白棋，游戏的主要对象	规则	负责判定犯规、输赢等
棋盘	游戏的载体，同时负责游戏画面绘制	玩家	游戏的参与者，负责接收用户输入

对象分析完成后，需要在对象泳道图中分析实现流程：首先玩家对象判断用户的输入，并通知棋盘，棋子的变化，棋盘对象接收到了棋子的变化后负责在屏幕上绘制出当前棋局的变化，同时使用规则对象来对棋局进行判定，如图 10-3 所示。

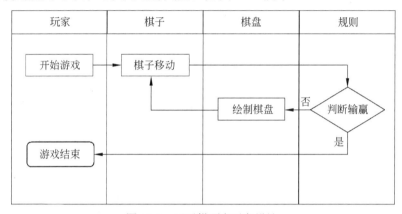

图 10-3　五子棋面向对象设计

由此可以看出，面向对象是以分类来划分问题的，而不是步骤。例如同样是绘制棋局，在面向过程的设计中的多个步骤中都有出现，这样很可能产生不同的绘制版本，而在面向对象的设计中，绘图只能在棋盘对象中实现，从而保证了绘图的统一性。

10.1.3　面向对象编程的特征

面向对象编程是一种编程思想，是一种对现实世界的理解和抽象，它是一种按照人类正常的思维去解决问题的方法，例如在现实世界中，如果遇到一个小问题，我们会分析出问题的实现步骤，并逐步地解决，而当遇到比较复杂的事情时，很难逐步地去解决。相反，通常的做法是把大问题进行分类处理，根据分类去解决问题。

面向对象思想有很多优势，面向对象编程具备以下 4 个基本特征。

1. 封装

封装是指隐藏对象的属性和实现细节，仅对外提供公共访问方式，将变化隔离，便于使用，提高复用性和安全性。例如一个计算机鼠标是由各种不同功能的元器件组装而成的，如图 10-4 所示，使用鼠标的人无须知道鼠标的内部细节，只需通过鼠标暴露出来的接口来操作鼠标。

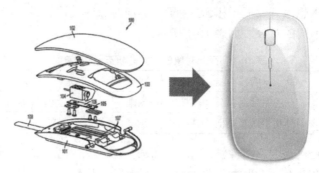

图 10-4　封装

2. 继承

在程序的发展过程中，出现了代码重复问题，有时相同代码写了多次，为了解决这种问题，提出了继承的思想，子类继承父类，从而实现代码的重用性，可以获得父类的属性和方法，与此同时，自身也可以进行拓展填充，有子类自己的特性，也有助于联系类与类之间的关系，如图 10-5 所示。

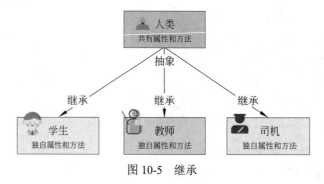

图 10-5　继承

3. 多态

一个对象的相同方法在不同情况下有相同的表现形式，编码时不确定，执行时才确定。例如，如图 10-6 所示，打印机都可以打印，彩色打印机和黑白打印机都实现了打印接口，并且重写了打印的方法，在调用打印机打印的方法时，传入彩色打印机对象和传入黑白打印机对象的打印结果是不一样的，多态是遵循开闭原则的，即在不修改原有功能代码的情况下，增加新的功能。

多态的条件有 3 个：有继承、子类有方法的重写和有父类的引用指向子类对象。

4. 抽象

抽象是一种过程，在这个过程中，数据和程序定义的形式与代表的内涵语言相似，同时隐藏了实现细节，一个概念或者想法不和任何特定的具体实例绑死。简单来讲，把东西抽离出关键特性就是抽象。

如图 10-7 所示，在真正盖房子前，首先需要把房子的结构等抽象成设计图，然后根据设计图进行施工，这样才能达到预期的效果。

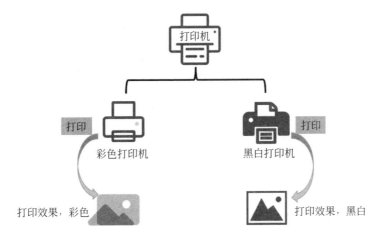

图 10-6 多态特征

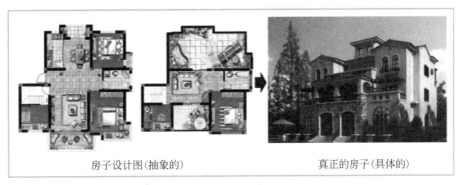

房子设计图（抽象的）   真正的房子（具体的）

图 10-7 抽象

10.2 结构体（Struct）

结构体和类在使用上很类似，都属于值类型。结构体具备面向对象思想中封装的特性，但是它不具备继承和多态的特性，结构体和类最大的区别是在存储空间上，因为结构体是值类型，类是引用类型，因此它们的存储位置一个在栈上，另一个在堆上。

本节介绍如何定义 struct 类型，如何创建 struct 实例，以及 struct 中的 mut 函数。

10.2.1 如何选择结构体和类

结构体和类从语法上看基本相同，结构体使用 struct 关键字，而类使用 class 关键字，在实际开发中，需要根据具体的场景进行选择。

（1）如果要用到继承和多态，则只能使用类。

（2）当对象是数据集合时，优先考虑结构体，例如位置、坐标等。

（3）从值类型和引用类型赋值区别上去考虑，如果需要被赋值被传递的对象，并且改变赋值的对象，当原对象不想跟着变时，就用结构体。例如坐标、向量、旋转等。

10.2.2 定义结构体

struct 类型的定义以关键字 struct 开头，后跟 struct 的名字，接着是定义在一对花括号中的 struct 定义体。struct 定义体中可以定义一系列的成员变量、成员属性、构造函数和成员函数，代码如下：

```
//chapter10/01struct/01/src/main.cj

//定义一个结构体
struct Rectangle {

    //成员属性
    let width: Int64
    let height: Int64

    //构造函数
    public init(width: Int64, height: Int64) {
        this.width = width
        this.height = height
    }

    //成员函数
    public func area() {
        width * height
    }
}

main(){

    //创建结构体对象
    var rect = Rectangle(100,200)
    //调用结构体成员函数 area
    let result = rect.area()
    println(result)              //20000

}
```

在上面的代码中定义了名为 Rectangle 的 struct 类型，它有两个 Int64 类型的成员变量 width 和 height，一个有两个 Int64 类型参数的构造函数（使用关键字 init 定义，函数体通常用于对成员变量进行初始化），以及一个成员函数 area（返回 width 和 height 的乘积）。

注意：struct 只能定义在源文件顶层，所以不能在 struct、函数、class 等可以引入新作用域的位置定义 struct。

10.2.3　构造函数

struct 支持两类构造函数：普通构造函数和主构造函数，如图 10-8 所示。

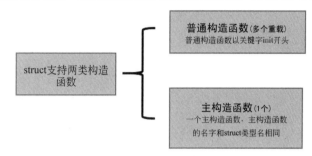

图 10-8　struct 支持两类构造函数

1. 普通构造函数

普通构造函数以关键字 init 开头，后跟参数列表和函数体，函数体中必须完成对所有未初始化的实例成员变量的初始化（如果参数名和成员变量名无法区分，则可以在成员变量前使用 this 加以区分，this 表示 struct 的当前实例），否则编译报错，代码如下：

```
//chapter10/01struct/02/src/main.cj

struct Rectangle {

    let width: Int64
    let height: Int64

    //Error:height 未在构造函数中初始化
    public init(width: Int64, height: Int64) {
        this.width = width
    }
}
```

struct 中可以定义多个普通构造函数，但它们必须构成重载，否则会报重定义错误，由于第 3 个构造函数 init(height: Int64) 不构成重载，所以报错，代码如下：

```
//chapter10/01struct/02/src/main.cj

struct Rectangle {
    let width: Int64
    let height: Int64

    //构造函数
```

```
    public init(width: Int64) {
        this.width = width
        this.height = width
    }

    //Ok: 使用第 1 个 init 函数重载
    public init(width: Int64, height: Int64) {
        this.width = width
        this.height = height
    }

    //错误: init 不构成方法重载
    public init(height: Int64) {
        this.width = height
        this.height = height
    }
}
```

2. 主构造函数

除了可以定义若干普通的以 init 为名字的构造函数外，struct 内还可以定义（最多）一个主构造函数。主构造函数的名字和 struct 类型名相同，它的参数列表中可以有两种形式的形参：普通形参和成员变量形参（需要在参数名前加上 let 或 var），成员变量形参同时扮演着定义成员变量和构造函数参数的功能。

使用主构造函数通常可以简化 struct 的定义，例如，上述包含一个 init 构造函数的 Rectangle 可以简化为如下定义：

```
struct Rectangle {
    public Rectangle(let width: Int64, let height: Int64) {}
}
```

主构造函数的参数列表中也可以定义普通形参，例如下面的定义方式：

```
struct Rectangle {
    public Rectangle(name: String, let width: Int64, let height: Int64) {}
}
```

如果 struct 定义中不存在自定义构造函数（包括主构造函数），并且所有实例成员变量都有初始值，则会自动为其生成一个无参构造函数（调用此无参构造函数会创建一个所有实例成员变量的值均等于其初值的对象）；否则不会自动生成此无参构造函数。例如，对于如下 struct 定义，注释中给出了自动生成的构造函数：

```
struct Rectangle {
    let width: Int64 = 10
    let height: Int64 = 10
```

```
    /*  自动生成构造函数:
    public init() {
    }
    */
}
```

10.2.4 成员变量

struct 成员变量分为实例成员变量和静态成员变量（使用 static 修饰符修饰，并且必须有初值），二者的区别在于实例成员变量只能通过 struct 实例（我们说 a 是 T 类型的实例，指的是 a 是一个 T 类型的值）访问，静态成员变量只能通过 struct 类型名访问。

1. 实例成员变量

实例成员变量在定义时可以不设置初值（但必须标注类型，如上例中的 width 和 height），也可以设置初值，代码如下：

```
struct Rectangle {
    let width = 10
    let height = 20
}
```

2. 静态成员变量

静态成员变量使用 static 修饰符修饰，并且必须有初值，静态成员变量的访问和赋值直接通过结构体名访问，代码如下：

```
//chapter10/01struct/03/src/main.cj

struct Rectangle {

    //实例成员变量
    var width: Int64 = 10
    var height: Int64 = 20

    //静态成员变量，使用 static 修饰符修饰，并且必须有初值
    static var tags:String = ""
}

main() {

    //创建一个结构体对象
    var rec = Rectangle()
    //实例成员变量
    rec.width = 100
```

```
    rec.height = 200

    //静态成员变量，直接通过结构体名访问
    Rectangle.tags = "这是一个 Rect 结构体"

    println(Rectangle.tags)
}
```

10.2.5　成员函数

struct 成员函数分为实例成员函数和静态成员函数（使用 static 修饰符修饰），二者的区别在于：实例成员函数只能通过 struct 实例访问，静态成员函数只能通过 struct 类型名访问；静态成员函数中不能访问实例成员变量，也不能调用实例成员函数，但反之是允许的。

1. 实例成员函数

实例成员函数只能通过 struct 实例访问，实例成员函数不可以和静态成员函数进行相互访问，代码如下：

```
//chapter10/01struct/04/src/main.cj

struct Rectangle {

    //实例成员属性
    let width: Int64 = 10
    let height: Int64 = 20

    //实例成员函数
    public func area() {

        //实例成员函数中可以通过 this 访问实例成员变量
        this.width * this.height
    }
}

//在入口 main 中调用

main() {
    var rect = Rectangle()
    //实例成员函数调用
    rect.area()
}
```

2. 静态成员函数

静态成员函数只能通过 struct 类型名访问；静态成员函数中不能访问实例成员变量，也不能调用实例成员函数，代码如下：

```
struct Rectangle {

    //静态成员变量
    static var tags:String = ""


    //静态成员函数
    static public func typeName(): String {
        "Rectangle"
    }
}

//在入口 main 中调用
main() {
    var rect = Rectangle()
    //实例成员函数调用
    rect.area()
    //静态成员函数调用
    Rectangle.typeName()
}
```

3. 访问实例成员变量

实例成员函数中可以通过 this 访问实例成员变量，代码如下：

```
struct Rectangle {
    let width: Int64 = 1
    let height: Int64 = 1
    public func area() {
        this.width * this.height
    }
}
```

10.2.6　成员的可见修饰符

struct 的成员（包括成员变量、成员属性、构造函数、成员函数、操作符函数）用两种可见性修饰符修饰：public 和 private，缺省的含义是仅包内可见，如图 10-9 所示。

使用 public 修饰的成员在 struct 定义内部和外部均可见，成员变量、成员属性和成员函数可以在 struct 外部访问；使用 private 修饰的成员仅在 struct 定义内部可见,外部无法访问。

在下面的例子中，width 是 public 修饰的成员，在类外可以访问，但是 height 是缺省可见修饰符的成员，在类外不可访问；缺省可见修饰符的成员仅在本包可见，外部无法访问。

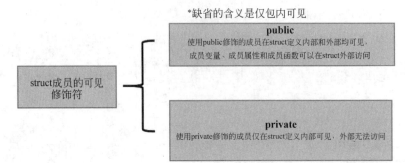

图 10-9　struct 成员的可见修饰符

```
//chapter10/01struct/05/src/a/a.cj

package a

//包外部可以访问
public struct Rectangle {

    //包外部可以访问
    public var width: Int64 = 0

    //包内部访问
    var height: Int64 = 0

    //包内部访问
    private var area: Int64 = 0
}

public func samePkgFunc() {
    var r = Rectangle()
    r.width = 8              //Ok: 可以访问公共 height
    r.height = 24           //Ok: height 为缺省，同一个包中可以访问
    r.area = 30             //Error: private area 可在此访问
    0
}
```

在 main.cj 文件中调用，代码如下：

```
//chapter10/01struct/05/src/main.cj

import a.*

main() {
    var rect = Rectangle()
```

```
    rect.width = 100

    //报错: height 是 private, 不可以访问
    rect.height = 100

    //报错: area 是 private, 不可以访问
    rect.area = 100
}
```

编译 main.cj, 此时报错如下：

```
main.cj: error: can not access field 'height'
   8 |    rect.height = 100
     |         ^
main.cj: error: can not access field 'area'
  11 |    rect.area = 100
     |         ^
```

10.2.7 创建结构体实例

定义了 struct 类型后, 即可通过调用 struct 的构造函数来创建 struct 实例。在 struct 定义之外, 通过 struct 类型名调用构造函数。例如, 下例中定义了一个 Rectangle 类型的变量 *r*, 代码如下：

```
let r = Rectangle(10, 20)
```

创建了 struct 实例之后, 可以通过实例访问它的 (public 修饰的) 实例成员变量和实例成员函数。例如, 下例中通过 r.width 和 r.height 可分别访问 *r* 中 width 和 height 的值, 通过 r.area( ) 可以调用 *r* 的成员函数 area, 代码如下：

```
let r = Rectangle(10, 20)
let width = r.width        //width = 10
let height = r.height      //height = 20
let a = r.area()           //a = 200
```

如果希望通过 struct 实例去修改成员变量的值, 则需要将 struct 类型的变量定义为可变变量, 并且被修改的成员变量也必须是可变成员变量 (使用 var 定义), 举例代码如下：

```
struct Rectangle {
    public var width: Int64
    public var height: Int64
    public init(width: Int64, height: Int64) {
        this.width = width
        this.height = height
    }
```

```
    public func area() {
        width * height
    }
}

main() {
    var r = Rectangle(10, 20)
    r.width = 10
    r.height = 20
    r.width = 8                      //r.width = 8
    r.height = 24                    //r.height = 24
    let a = r.area()                 //a = 192
}
```

在赋值或传参时，会对 struct 实例进行复制，生成新的实例，对其中一个实例的修改并不会影响另外一个实例。

以赋值为例，在下面的例子中，将 r1 赋值给 r2 之后，修改 r1 的 width 和 height 的值，并不会影响 r2 的 width 和 height 的值。

```
struct Rectangle {
    public var width: Int64
    public var height: Int64
    public init(width: Int64, height: Int64) {
        this.width = width
        this.height = height
    }
    public func area() {
        width * height
    }
}

main() {
    var r1 = Rectangle(10, 20)   //r1.width = 10, r1.height = 20
    var r2 = r1                  //r2.width = 10, r2.height = 20
    r1.width = 8                 //r1.width = 8
    r1.height = 24               //r1.height = 24
    let a1 = r1.area()           //a1 = 192
    let a2 = r2.area()           //a2 = 200
}
```

10.2.8　mut 函数

默认情况下，struct 中的实例成员函数是无法修改它的实例成员变量和实例成员属性的。

如果需要修改，则可以在定义实例成员函数时使用关键字 mut 修饰，使之成为 mut 函数。mut 函数是一种特殊的实例成员函数，mut 函数内部可以"原地"修改当前实例，以实现 struct 通过调用函数修改自身的目的。

语法上，定义 mut 实例成员函数是在 func 关键字之前加上 mut 修饰符。例如，可以在 Rectangle 中定义一个用于修改 width 值的 mut 函数 setW，代码如下：

```
//chapter10/01struct/06/src/main.cj

struct Rectangle {
    public var width: Int64
    public var height: Int64

    //构造函数
    public init(width!: Int64, height!: Int64) {
        this.width = width
        this.height = height
    }

    //mut 函数内部可以"原地"修改当前实例
    public mut func setW(v: Int64): Unit {
        width = v
    }

    //实例成员方法
    public func area() {
        width * height
    }
}
```

调用 mut 函数时，mut 函数允许修改当前实例的成员值。例如，下例中通过调用 setW 将 r 的 width 值设置为 8。

```
main() {
    //r.width = 10, r.height = 20
    var r = Rectangle(width: 10, height: 20)
    r.setW(8)              //r.width = 8
    let a = r.area()       //a = 160
}
```

注意，上例中 r 如果使用 let 定义，则不能调用 Rectangle 中的 mut 函数。

10.3　类（Class）

class 类型是面向对象编程中的经典概念，在仓颉语言中同样支持使用 class 实现面向对象编程。class 与上面介绍的结构体的主要区别在于：class 是引用类型，结构体是值类型，它们在赋值或传参时行为是不同的；class 之间可以继承，但结构体之间不能继承。

本节介绍如何定义 class 类型，如何创建对象，以及 class 的继承。

10.3.1　定义类

class 类型的定义以关键字 class 开头，后跟 class 的名字，接着是定义在一对花括号中的 class 定义体。class 定义体中可以定义一系列的成员变量、成员属性、构造函数、成员函数和操作符函数。

下面的例子中，定义一个立方体类（Cube），求出立方体的表面积和体积，如图 10-10 所示。

代码如下：

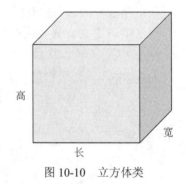

图 10-10　立方体类

```
class Cube {
    //长
    var lenght: Int64
    //宽
    var width: Int64
    //高
    var height: Int64

    init(lenght: Int64, width: Int64, height: Int64) {
        this.lenght = lenght
        this.width = width
        this.height = height
    }

    //求立方体的表面积
    func getArea(): Int64 {
        return 2 * (this.lenght * this.width + this.lenght * this.height +
this.width * this.height)
    }

    //求立方体的体积
    func getVolume(){
        return this.lenght * this.width * this.height
    }
}
```

在上面的例子中，定义了名为 Cube 立方体的 class 类型，它有 3 个 Int64 类型的成员变量 length、width 和 height，一个有 3 个 Int64 类型参数的构造函数，以及一个成员函数 getArea（返回立方体的表面积）和成员函数 getVolume（返回立方体的体积）。

注意：class 只能定义在源文件顶层，所以不能在 struct、enum、函数、class 等可以引入新作用域的内部定义 class。

10.3.2 构造函数

和 struct 一样，class 中也支持定义普通构造函数和主构造函数。

1. 普通构造函数

普通构造函数以关键字 init 开头，后跟参数列表和函数体，函数体中必须完成所有未初始化实例成员变量的初始化，否则编译时会报错，代码如下：

```
//chapter10/03class/01/src/main.cj

class Cube {
    //长
    var lenght: Int64
    //宽
    var width: Int64
    //高
    var height: Int64

    //普通构造函数
    init(lenght: Int64, width: Int64, height: Int64) {
        this.lenght = lenght
        this.width = width
        this.height = height
    }
}
```

2. 构造函数重载

一个 class 中可以定义多个普通构造函数，但它们必须构成重载，否则报重定义错误，代码如下：

```
class Cube {
    //长
    var lenght: Int64

    //宽
    var width: Int64

    //高
    var height: Int64

    //普通构造函数重载1
```

```
    init(width: Int64) {
        this.lenght = width
        this.width = width
        this.height = width
    }

    //普通构造函数重载 2
    init(lenght: Int64, width: Int64) {
        this.lenght = lenght
        this.width = width
        this.height = width
    }

    //普通构造函数重载 3
    init(lenght: Int64, width: Int64, height: Int64) {
        this.lenght = lenght
        this.width = width
        this.height = height
    }
}
```

3. 主构造函数

除了可以定义若干普通的以 init 为名字的构造函数外，class 内还可以定义（最多）一个主构造函数。主构造函数的名字和 class 类型名相同，它的参数列表中可以有两种形式的形参：普通形参和成员变量形参（需要在参数名前加上 let 或 var），成员变量形参同时具有定义成员变量和构造函数参数的功能。

使用主构造函数通常可以简化 class 的定义，例如，上述包含一个 init 构造函数的 Cube 可以进行简化，代码如下：

```
//chapter10/03class/02/src/main.cj

class Cube {

    //Cube 的成员变量 length、width 和 height 可以直接定义在主构造函数中

    //主构造函数（成员变量形参）
    public Cube(let lenght: Int64, let width: Int64, let height: Int64)
    {
        println("主构造函数")
    }

    //求立方体的表面积
    func getArea(): Int64 {
```

```
        return 2 * (this.lenght * this.width + this.lenght * this.height +
this.width * this.height)
    }

    //求立方体的体积
    func getVolume() {
        return this.lenght * this.width * this.height
    }
}

//程序入口
main() {
    var cube = Cube(2, 2, 2)
    println(cube.getArea())
    println(cube.getVolume())
    0
}
```

主构造函数只能定义一个，多定义会报错误，错误信息如下：

```
error: class 'Cube' cannot have more than one primary constructor
```

主构造函数的参数列表中也可以定义普通形参，代码如下：

```
//主构造函数：普通形参+成员变量形参
public Cube(name:string,let lenght: Int64, let width: Int64,
        let height: Int64) {
    println("主构造函数")
 }
```

4．默认构造函数

如果 class 定义中不存在自定义构造函数（包括主构造函数），并且所有实例成员变量都有初始值，则会自动为其生成一个无参构造函数（调用此无参构造函数会创建一个所有实例成员变量的值均等于其初值的对象）；否则不会自动生成此无参构造函数。例如，对于如下 class 定义，编译器会为其自动生成一个无参构造函数：

```
class Cube{
    let width = 10
    let height = 20

    let lenght = 10

    /* 自动生成的无参数构造函数
    public init() {
    }
```

```
    */
}

//调用自动生成的无参数构造函数
let c = Cube()                    //c.width = 10, c.height = 20 ,c.length = 10
```

10.3.3 成员变量

class 成员变量分为实例成员变量和静态成员变量（使用 static 修饰符修饰，并且必须有初值）。实例成员变量只能通过对象（class 的实例）访问，静态成员变量只能通过类型名访问。

1. 实例成员变量

实例成员变量只能通过对象（class 的实例）访问，实例成员变量定义时可以不设置初值（但必须标注类型），也可以设置初值，代码如下：

```
class Person {
    //实例成员变量
    var name: String = ""
    var age: UInt8 = 0
}
```

2. 静态成员变量

静态成员变量使用 static 修饰符修饰，并且必须有初值，代码如下：

```
class Person {
    //实例成员变量
    var name: String = ""
    var age: UInt8 = 0

    //静态成员变量
    static var note: String = ""
}
```

创建 Person 类的实例，代码如下：

```
main() {
    var p = Person()
    p.name = "Leo"
    p.age = 20
    println("name=${p.name},age=${p.age}")
    //静态成员变量，直接通过类名访问
    Person.note = "这是静态成员变量，通过类名直接访问"
    println(Person.note)
}
```

输出的结果如下：

```
name=Leo,age=20
这是静态成员变量，通过类名直接访问
```

10.3.4 成员函数

class 成员函数同样分为实例成员函数和静态成员函数（使用 static 修饰符修饰），实例成员函数只能通过对象访问，静态成员函数只能通过 class 类型名访问；静态成员函数中不能访问实例成员变量，也不能调用实例成员函数，但反之是允许的。

1. 实例成员函数

实例成员函数只能通过对象访问。在下面的例子中，eat、drink 和 sleep 都是实例成员函数，在函数体中可以通过 this 访问实例成员变量，代码如下：

```
class Person {
    //实例成员变量
    var name: String = ""
    var age: UInt8 = 0

    //静态成员变量
    static var note: String = ""

    //实例成员函数
    func eat() {
        println("${name}:eat")
    }

    //实例成员函数
    func drink() {
        println("${name}:drink")
    }

    //实例成员函数
    func sleep() {
        println("${name}:sleep")
    }
}

main() {
    var p = Person()
    p.name = "Leo"
    p.age = 20
```

```
    //调用实例成员变量
    p.eat()
    p.drink()
    p.sleep()
}
```

2. 静态成员函数

静态成员函数使用 static 修饰符修饰，静态成员函数只能通过 class 类型名访问；静态成员函数中不能访问实例成员变量，也不能调用实例成员函数，代码如下：

```
class Person {
    //实例成员变量
    var name: String = ""
    var age: UInt8 = 0

    //静态成员变量
    static var tags: String = ""

    static public func showTags() {
        //直接访问静态成员 tags,不能使用 this
        println("Person 的 tags 有${tags}")
    }
}

main() {
    Person.tags = "中国人"
    Person.showTags()
}
```

10.3.5　可见修饰符

对于 class 的成员（包括成员变量、成员属性、构造函数、成员函数）可以使用的可见性修饰符有 3 种：public、protected 和 private，缺省的含义是仅包内可见，如图 10-11 所示。

使用 public 修饰的成员在 class 定义内部和外部均可见，成员变量、成员属性和成员函数在 class 外部可以通过对象访问；使用 protected 修饰的成员在本包、本 class 及其子类中可见，外部无法访问；使用 private 修饰的成员仅在本 class 定义内部可见，外部无法访问；缺省可见修饰符的成员仅在本包可见，外部无法访问，代码如下：

```
//chapter10/03class/04/src/item/person.cj

package item

public class Person {
```

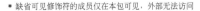

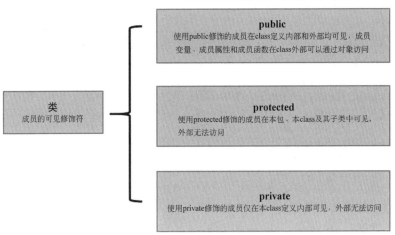

图 10-11　类的成员访问修饰符

```
//实例成员变量
public var name: String = ""          //姓名
protected var age: UInt8 = 0          //年龄
private var addrs: String = ""        //家庭住址
var language: String = "CN"           //语言

func eat() {
    println("eat")
}

public func say() {
    println("say: ${this.language}")
}

protected func sleep() {
    println("sleep")
}

private func showAddress() {
    println("${this.name}的住址是:${this.addrs}")
}
}

public func showPerson() {
    var p = Person()
    p.name = "张三"//public 修饰的成员可以在任何地方访问
    p.age = 20        //protected 修饰的成员在本包、本类及其子类中可见,外部无法访问
```

```
    p.addrs = "张三的地址"        //编译器错误，private 修饰的成员不可以访问
    p.language = "汉语"          //默认，缺省可见修饰符的成员仅在本包可见，外部无法访问

    p.eat()                     //默认，本包中访问
    p.sleep()                   //protected 和上面 age 一样
    p.say()                     //public 修饰的成员在任何地方都可以访问
    p.showAddress()             //编译器错误，private 无法访问
}
```

10.3.6 prop 属性

prop 属性提供了一个 getter 和一个可选的 setter 来间接检索和设置值。

使用属性时与普通变量无异，只需对数据操作，对内部的实现无感知，可以更便利地实现访问控制、数据监控、跟踪调试、数据绑定等。

1. 定义属性（prop）

属性可以在 interface、class、struct、enum 和 extend 中定义。一个典型的属性语法结构如下：

```
class Foo {
    //定义属性 a
    public prop let a: Int64 {
        get() { 0 }
    }
    //定义属性 b
    public prop var b: Int64 {
        get() { 0 }
        set(v) {  }
    }

}
```

其中，使用 prop 声明的 a 和 b 都是属性，a 和 b 的类型都是 Int64。a 是使用 let 声明的属性，这类属性有且仅有定义 getter（对应取值）实现。b 是使用 var 声明的属性，这类属性必须分别定义 getter（对应取值）和 setter（对应赋值）的实现。

以下是一个简单的例子，在 Girl 类中的 iage 成员属性是私有的，如果想控制外部对 iage 属性进行访问，则可以定义一个 prop 属性 age，通过 prop 的 set 和 get 方法封装了外部对私有成员变量 iage 的访问，代码如下：

```
//chapter10/03class/06/src/main.cj

class Girl {
    //年龄使用私有的
    //外部不可以访问
```

```
        private var iage = 20

        //定义一个属性prop
        public prop var age: Int64 {
            get() {
                println("获取 Girl 的年龄: ${iage}")
                iage
            }
            set(value) {
                println("设置 Girl 的年龄: ${value}")
                iage = value
            }
        }
}

main() {
    var g = Girl()
    let n = g.age + 1                    //获取 Girl 的 age
    g.age = n                            //设置 Girl 的 age
}
```

通过属性 age，外部对 Girl 的成员变量 iage 完全不感知，但却可以通过 age 做到同样的访问和修改操作，实现了有效的封装性，所以程序的输出如下：

```
获取 Girl 的年龄: 20
设置 Girl 的年龄: 21
```

注意：在属性的 getter 和 setter 中访问属性自身属于递归调用，与函数调用一样可能会出现死循环的情况。

2. 修饰符

和成员函数一样，成员属性也支持 open、override、redef 修饰，所以也可以在子类型中实现覆盖和重新定义父类型属性。

当子类型覆盖父类型的属性时，需要保持一样的 let/var 声明，同时也必须保持一样的类型。

在 Programmer 类中定义 salary 和 tags 两个属性，在 CangjieProgrammer 子类中可以分别对 salary 和 tags 进行重写和重新定义，代码如下：

```
//chapter10/03class/07/src/main.cj

open class Programmer {
    private var vsalary = 0.0
    private static var vtags = ""

    //通过 salary 属性获取私有的工资
```

```
    open public prop let salary: Float64 {
        get() {
            vsalary
        }
    }


    //静态属性 tags
    public static prop var tags: String {
        get() {
            vtags
        }
        set(v) {
            vtags = v
        }
    }
}

//仓颉程序员类继承 Programmer 类
class CangjieProgrammer <: Programmer {

    //私有实例成员变量
    private var csalary: Float64 = 1000.0
    private static var ctags = "新手"


    //重写
    override public prop let salary: Float64 {
        get() {
            csalary
        }
    }

    //重定义父类的 prop tags
    redef public static prop var tags: String {
        get() {
            ctags
        }
        set(v) {
            ctags = v
        }
    }
}
```

在 main 中调用，代码如下：

```
main() {
    var cj = CangjieProgrammer()
    println(cj.salary)
    CangjieProgrammer.tags = "仓颉程序员"
    println(CangjieProgrammer.tags)
}
```

输出的结果如下：

```
1000.000000
仓颉程序员
```

10.3.7 创建对象

定义了 class 类型后，即可通过调用 class 的构造函数来创建对象（通过 class 类型名调用构造函数）。

类是一个静态的概念，类本身不携带任何数据。当没有为类创建任何对象时，类本身不存在于内存空间中。对象是一个动态的概念。每个对象都存在着有别于其他对象的属于自己的独特的属性和行为。对象的属性可以随着它自己的行为而发生改变。

在仓颉语言中，创建类的对象的语法格式如图 10-12 所示。

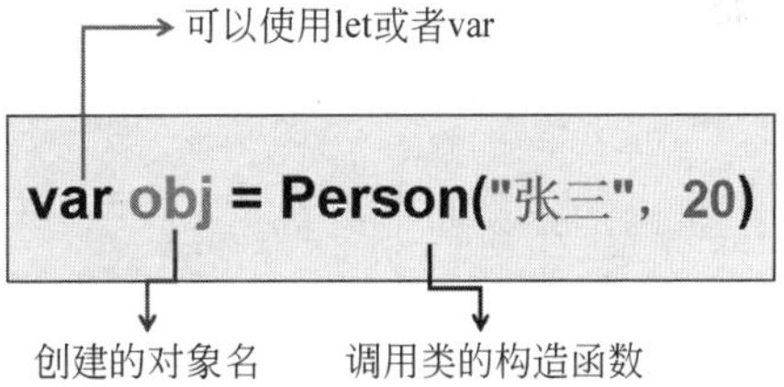

可以使用let或者var

var obj = Person("张三", 20)

创建的对象名　　调用类的构造函数

图 10-12 仓颉语言中类的对象创建

创建对象之后，可以通过对象访问（public 修饰的）实例成员变量和实例成员函数。例如，在下面的例子中通过 obj.name 和 obj.age 可分别访问 obj 对象中 name 和 age 的值，通过 obj.showInfo( ) 可以调用成员函数 showInfo。

```
class Person {
    //实例成员变量
    public var name: String = ""
    public var age: UInt8 = 0

    init(name:String,age:UInt8){
        this.name = name
        this.age = age
    }

    public func showInfo() {
        println("姓名: ${this.name},年龄: ${this.age}岁")
    }
}
```

```
main() {
    var obj = Person("张三",20)
    obj.showInfo()
}
```

不同于 struct，对象在赋值或传参时，不会对对象进行复制，多个变量指向的是同一个对象，如果通过一个变量去修改对象中成员的值，则其他变量中对应的成员变量也会被修改。

以赋值为例，在下面的例子中，将 p1 赋值给 p2 之后，修改 p1 的 name 和 age 的值，p2 的 name 和 age 值也同样会被修改，代码如下：

```
main() {
    var p1 = Person("张三",20)
    //对象在赋值或传参时,不会对对象进行复制,多个变量指向的是同一个对象,如果通过一个
    //变量去修改对象中成员的值,则其他变量中对应的成员变量也会被修改
    var p2 = p1
    p2.age = 30
    p2.showInfo()
    p1.showInfo()
}
```

输出的结果如下：

```
姓名：张三,年龄：30 岁
姓名：张三,年龄：30 岁
```

10.4 抽象类（Abstract Class）

在面向对象的概念中，所有的对象都是通过类来描绘的；但是反过来，并不是所有的类都是用来描绘对象的，如果一个类中没有包含足够的信息来描绘一个具体的对象，则这样的类就是抽象类。

10.4.1 抽象类的作用

抽象类除了不能实例化对象之外，类的其他功能依然存在，成员变量、成员方法和构造方法的访问方式与普通类一样。由于抽象类不能实例化对象，所以抽象类必须被继承才能被使用。因为这个原因，通常在设计阶段决定要不要设计抽象类。在仓颉语言中抽象类表示的是一种继承关系，一个类只能继承一个抽象类，而一个类却可以实现多个接口。

10.4.2 抽象类的定义

下面定义了一个 Car 的抽象类，在 class 关键字前添加 abstract 关键字，抽象类中可以包

括多个抽象函数和普通的成员函数,抽象函数只有函数声明而没有函数体和函数实现,代码如下:

```
public abstract class Car {

    //抽象成员属性
    public var engine: String = ""
    public var tyre: String = ""

    //构造函数
    init(engine:String,tyre:String) {
        this.engine = engine
        this.tyre = tyre
    }

    //抽象函数,用于子类实现
    public func run(): Unit

    //抽象函数,用于子类实现
    public func fillOil(): Unit

    //非抽象方法,添加 open 关键字,可以让子类重写该方法
    open func toString() {
        println("car : ${this.engine},${this.tyre}")
    }
}
```

在上面的代码中,run 函数和 fillOil 函数都是抽象函数,只有函数声明,而没有函数体,因此这两种方法是用来让子类实现的,toString 函数是一个完整的实例函数,该函数的子类可以直接调用,也可以重写该方法。

抽象类不可以创建对象,下面的用法是错误的,在编译期间会报错。

```
var c = Car()
```

10.5 类的继承

继承表示类与类之间的父子关系。在仓颉语言中,用<:符号表示继承关系,并且类仅支持单继承,但是一个类可以实现多个接口,如图 10-13 所示。

继承关系指定了子类如何特化父类的所有特征和行为,例如老虎是动物的一种,既有老虎的特性也有动物的共性。

在 UML 图例中,继承关系用实线+空心箭头表示,箭头指向父类,如图 10-14 所示。

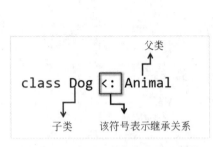

图 10-13 仓颉语言中类的继承符号

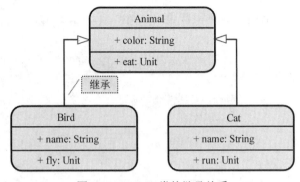

图 10-14 UML 类的继承关系

像大多数支持 class 的编程语言一样，在仓颉语言中的 class 同样支持继承。如果 class B 继承 class A，则称 A 为父类，B 为子类。子类将继承父类中除 private 成员和构造函数以外的所有成员。

10.5.1 类的继承条件

抽象类总是可被继承的，但非抽象的 class 可被继承是有条件的：要么定义时使用修饰符 open 修饰，要么存在使用 open 修饰的成员。

抽象类的继承不需要使用 open 修饰，但是抽象类中定义的方法如果需要子类重写，则该方法前面需要添加 open 关键字，在 BMWCar 类的定义处通过<:符号指定其继承的父类是 Car，代码如下：

```
//chapter10/03abstractclass/02/src/main.cj

public abstract class Car {

    //抽象方法
    public func run(): Unit

    //抽象方法
    public func fillOil(): Unit

    //非抽象方法,open 表示该函数的子类可以重写
    open func toString() {
        println("这是一个抽象的 car")
    }
}

//子类实现抽象方法
public class BMWCar <: Car {
```

```
    public var name:String

    init(name:String){
        this.name = name
    }

    //实现 Car 类的抽象函数：run
    public func run() {
        println("${this.name} 开动了")
    }

    //实现 Car 类的抽象函数：fillOil
    public func fillOil() {
        println("${this.name} 加满油了")
    }

    //重写 Car 类中的 toString 函数
    public override func toString() {
        println("这是一辆宝马车")
    }
}

main() {
    var c = BMWCar("BMW")
    c.fillOil()
    c.run()
    c.toString()
}

//输出结果
BMW 加满油了
BMW 开动了
这是一辆宝马车
```

如前所述，非抽象的 class 可被继承是有条件的：要么定义时使用修饰符 open 修饰，要么存在使用 open 修饰的成员，代码如下：

```
//chapter10/03class_extends/01/src/main.cj

public open class Programmer {

    //写代码，open 表示该函数可以被子类重写
    open func writeCode() {
        println("程序员都要写代码")
```

```
    }

    //改 Bug
    func fixBug() {
        println("程序员都要修改 Bug")
    }

    //提交代码
    func commitCode() {
        println("程序员都要提交代码")
    }
}

public class CangjieProgrammer <: Programmer {
    public var name: String
    init(name: String) {
        this.name = name
    }

    //覆盖父类的 writeCode 函数
    public override func writeCode() {
        println("仓颉程序员都要这样写代码")
    }
}

main() {
    var c = CangjieProgrammer("小李")
    c.writeCode()   //仓颉程序员都要这样写代码
}
```

在下面的例子中，class A 使用 open 修饰，所以可以被 class B 继承，class B 没有使用 open 修饰，由于不可被继承，所以 C 在继承 B 时会报错。

```
//chapter10/03class_extends/02/src/main.cj

open class A {
    let a: Int64 = 10
}

class B <: A {              //Ok: B 继承 A
    let b: Int64 = 20
}

class C <: B {             //错误,B 没有使用 open 修饰,表示不可以被继承
```

```
    let c: Int64 = 30
}
```

10.5.2 抽象属性和抽象函数

类似于抽象函数,在 interface 和抽象类中也可以声明抽象属性,这些抽象属性没有实现。当实现类型实现 interface 或者非抽象子类继承抽象类时,必须实现这些抽象属性,代码如下:

```
interface I {
  prop let a: Int64
}

abstract class C {
  public prop let a: Int64
}
```

与覆盖的规则一样,实现类型或子类在实现这些属性时需要保持一样的 let/var 声明,同时也必须保持一样的类型,代码如下:

```
//chapter10/04interface/05pro/src/main.cj

interface IPlan {
    //抽象属性
    prop let title: String
    prop var time: String

    //抽象函数
    func learnCangjie(): Unit
    func learnPiano(): Unit
}

class Me <: IPlan {
    //私有成员属性
    private let mTitle = "我的计划"
    private var mTime = "2022"

    //实现接口属性
    public prop let title: String {
        get() {
            mTitle
        }
    }

    public prop var time: String {
```

```
        get() {
            mTime
        }
        set(v) {
            mTime = v
        }
    }

    public func learnCangjie(): Unit {
        println("学习仓颉语言")
    }

    public func learnPiano(): Unit {
        println("学习弹钢琴")
    }
}

main() {
    var my = Me()
    println(my.title)
    my.time = "2022年7月"
    println(my.time)
    my.learnCangjie()
    my.learnPiano()
}
```

输出的结果如下：

```
我的计划
2022年7月
学习仓颉语言
学习弹钢琴
```

10.5.3　单继承

因为类是单继承的，所以任何类都最多只能有一个直接父类。对于定义时指定了父类的类，它的直接父类就是定义时指定的类，对于定义时未指定父类的类，它的直接父类是 Object 类型，Object 是所有类的父类。

注意，Object 没有直接父类，并且 Object 中不包含任何成员，如图 10-15 所示。

仓颉语言类的继承仅支持单继承，因此下面类 Person 继承两个类（Car&Driver）的代码是不合法的，代码如下：

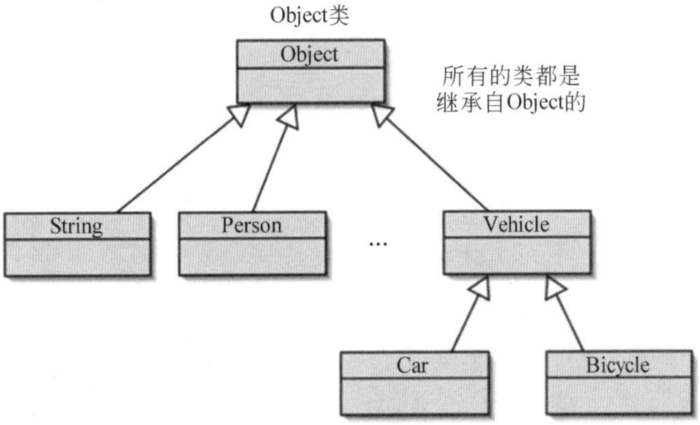

图 10-15 Object 类是所有类的基类

```
//chapter10/03class_extends/03/src/main.cj

open class Car {
    open func run() {
        println("发动汽车")
    }
}

open class Driver {
    open func drive() {
        println("驾驶汽车")
    }
}

//&表示多个继承
class Person <: Car&Driver {

}

main() {
    var p = Person()
    p.run()
    p.drive()
}
```

在上面的代码中，使用 Car&Driver 表示同时继承这两个类，但这是不被支持的，编译器会报错，报错信息如下：

```
error: only one super class may appear in supertype list of class 'Person'
   15 | class Person <: Car&Driver {
      |                 ^
```

10.5.4 多态性

因为子类是继承自父类的，所以子类的对象天然可以当作父类的对象使用，但是反之不然。例如，在下面的例子中，Cat 是 Animal 的子类，那么 Cat 类型的对象可以赋值给 Animal 类型的变量，但是 Animal 类型的对象不能赋值给 Cat 类型的变量。

```
//chapter10/03class_extends/04/src/main.cj

open class Animal {
    open func eat() {
        println("动物吃东西")
    }
}
class Cat <: Animal {
    override func eat() {
        println("猫吃东西")
    }
}

main() {
    //Ok：子类对象可以分配给父类变量
    let c: Animal = Cat()
    c.eat()  //猫吃东西
}
```

下面的写法是错误的，代码如下：

```
//下面的写法是错误的
main() {
    //Error：父类对象不能赋值给子类变量
    let c: Cat = Animal()
    c.eat()
}
```

10.5.5 子类调用父类构造函数

子类的 init 构造函数可以使用 super(args)的形式调用父类构造函数，或使用 this(args)的形式调用本类其他构造函数，但两者之间只能调用一个。如果调用，则必须在构造函数体内的第 1 个表达式处，并且在此之前不能有任何表达式或声明，代码如下：

```
//chapter10/03class_extends/05super/src/main.cj

open class Programmer {
    Programmer(let name: String) {}
```

```
}

class CangjieProgrammer <: Programmer {

    public var lang:String

    init(name:String,lang:String) {
        //调用父类构造函数
        super(name)
        this.lang = lang
    }

    init() {
        //通过 this 调用类内部的其他构造函数
        this("张三","仓颉语言")
    }

    func writeCode(){
        println("${this.name}是仓颉程序员,写${this.lang}代码")
    }
}

main() {
    var c = CangjieProgrammer("老李","仓颉语言")
    c.writeCode()
}
```

//老李是仓颉程序员,写仓颉语言代码

在子类的主构造函数中，可以使用 super(args) 的形式调用父类构造函数，但不能使用 this(args)的形式调用本类的其他构造函数。

如果子类的构造函数没有显式地调用父类构造函数，也没有显式地调用其他构造函数，则编译器会在该构造函数体的开始处插入直接父类的无参构造函数的调用。如果此时父类没有无参构造函数，则会编译报错，代码如下：

```
open class Programmer {
    Programmer(let name: String) {}
}

class JavaProgrammer <: Programmer {

    public var lang:String
```

```
init(lang:String) {
    //此时,编译器会自动添加 super 函数调用
    //super()
    this.lang = lang
}
}
```

上面的代码在编译时会报错，因为在子类 JavaProgrammer 的构造函数中，没有显式地调用 Programmer 的有参构造函数，但是编译器在编译时自动添加了 super( )无参的构造函数调用，因此会报错。

10.5.6　覆盖和重定义

在子类中可以覆盖（override）父类中的同名非抽象实例成员函数，即在子类中为父类中的某个实例成员函数定义新的实现。覆盖时，要求父类中的成员函数使用 open 修饰，而子类中的同名函数使用 override 修饰。

1. override 修饰

例如，在下面的例子中，子类 TaxiDriver 中的函数 drive 覆盖了父类 Driver 中的函数 drive，代码如下：

```
//chapter10/03class_extends/06overrid/src/main.cj

open class Driver {
    //考取驾照
    public open func getLicense(): Unit {
        println("先考取驾照")
    }

    //持照开车上路
    public open func drive(): Unit {
        println("持照开车上路")
    }
}
class TaxiDriver <: Driver {
    public override func getLicense(): Unit {
        println("获取了出租车驾驶驾照")
    }

    public override func drive(): Unit {
        println("开出租车上路")
    }
}
main() {
```

```
    let driver: Driver = Driver()
    let taxi: Driver = TaxiDriver()
    driver.drive()
    taxi.drive()
}
```

对于被覆盖的函数，调用时将根据变量的运行时类型（由实际赋给该变量的对象决定）确定调用的版本（所谓的动态派发）。

例如，上例中 driver 的运行时类型是 Driver，因此 driver.drive( )调用的是父类 Driver 中的函数 drive；taxi 的运行时类型是 TaxDriver（编译时类型是 Driver），因此 taxi.drive( )调用的是子类 TaxDriver 中的函数 drive，所以程序的输出内容如下：

```
持照开车上路
开出租车上路
```

2. redef 修饰

对于静态函数，子类中可以重定义父类中的同名非抽象静态函数，即在子类中为父类中的某个静态函数定义新的实现。重定义时，要求子类中的同名静态函数使用 redef 修饰。

在下面的例子中，子类 Cat 中的函数 getFeature 重定义了父类 Animal 中的函数 getFeature。

```
//chapter10/03class_extends/07defer/src/main.cj

open class Animal {
    //动物的特性
    static public func getFeature(): Unit {
        println("动物的特性如下")
    }
}
class Cat <: Animal {
    static public redef func getFeature(): Unit {
        println("猫类的特性如下")
    }
}

main() {
    Animal.getFeature()
    Cat.getFeature()
}
```

对于被重定义的函数，调用时将根据 class 的类型决定调用的版本。

在上面的代码中，Animal.getFeatur 调用的是父类 Animal 中的函数 getFeature，Cat.getFeature( )调用的是子类 Cat 中的函数 getFeature。

输出的结果如下：

动物的特性如下
猫类的特性如下

如果抽象函数或 open 修饰的函数有命名形参，则实现函数或 override 修饰的函数也需要保持同样的命名形参。

10.6 接口（Interface）

接口用来定义一个抽象类型，它不包含数据，但可以定义类型的行为。一种类型如果声明实现某接口，并且实现了该接口中所有的成员，就被称为实现了该接口。

接口的成员可以包含的函数和属性如下：

（1）成员函数。

（2）操作符重载函数。

（3）成员属性。

这些成员都是抽象的，要求实现类型必须拥有对应的成员实现。

10.6.1 接口特点

和其他语言一样，接口不能直接实例化，需要通过接口实现类来实例化，接口用关键字interface 修饰，如图 10-16 所示。

在仓颉语言中，一个类实现接口的方式是使用<:符号表示，如图 10-17 所示。

```
public interface 接口名 {
    成员属性
    成员函数
    操作符重载函数
}
```

图 10-16　仓颉语言接口的语法格式

```
public class 类名 <: 接口名 {}
```

图 10-17　仓颉语言中接口实现

10.6.2 接口定义

通过接口的这种约束能力，可以对一系列的类型约定共同的功能，达到对功能进行抽象的目的。

下面定义一个数据库操作的接口，在该接口中定义了 5 个未实行的接口函数，接口中的所有函数都需要子类去实现，示例代码如下：

```
//chapter10/04interface/01define/src/main.cj

public interface IDataAccess {
    //接口成员函数,必须全部由子类实现
```

```
    //连接数据库
    func connect(): Bool

    //添加数据
    func add(): Unit

    //删除数据
    func delete(): Bool

    //更新数据
    func update(): Bool

    //查询数据
    func query(): Unit

    //关闭数据连接
    func close(): Bool
}
```

在上面的例子中，接口使用关键字 interface 声明，其后是接口的标识符 IDataAccess 和接口的成员。

需要注意的是，接口的成员默认被 public 修饰，不可以声明额外的访问控制修饰符，同时也要求实现类型必须使用 public 实现。

定义好接口后，需要定义一个类 MySQLAccess，使用 MySQLAccess<: IDataAccess 的形式声明了 MySQLAccess 实现 IDataAccess 接口，代码如下：

```
class MySQLAccess <: IDataAccess {
    //实现接口中的connect函数
    public func connect(): Bool {
        println("连接数据库成功！")
        return true
    }

    //实现接口中的add函数
    public func add(): Unit {
        println("add操作")
    }

    //实现接口中的delete函数
    public func delete(): Bool {
        println("delete操作")
        return true
```

```
    }

    //实现接口中的 update 函数
    public func update(): Bool {
        println("update 操作")
        return true
    }

    //实现接口中的 query 函数
    public func query(): Unit {
        println("query 操作")
    }

    //实现接口中的 close 函数
    public func close(): Bool {
        println("关闭数据库连接")
        return true
    }
}
```

在 MySQLAccess 类中必须包含 IDataAccess 声明的所有成员的实现，即需要定义接口中所有相同签名的函数，否则会由于没有实现接口而编译报错。

接口的成员可以是实例的或者静态的，以上的例子已经展示过实例成员函数的作用，接下来看一看静态成员函数的作用。

静态成员函数和实例成员函数类似，都要求实现类型提供实现。例如下面的例子，定义了一个 NamedType 接口，这个接口含有一个静态成员函数 typename，用来获得每种类型的字符串名称。这样，其他类型在实现 NamedType 接口时就必须实现 typename 函数，之后就可以安全地在 NamedType 的子类型上获得类型的名称了。

```
interface NamedType {
    static func typename(): String
}
class A <: NamedType {
    static public func typename(): String {
        "A"
    }
}
class B <: NamedType {
    static public func typename(): String {
        "B"
    }
}
main() {
```

```
    println("the type is ${ A.typename() }")
    println("the type is ${ B.typename() }")
}
```

程序的输出结果如下：

```
the type is A
the type is B
```

由于接口的成员都是抽象的，所以不能直接访问接口类型的静态成员函数。例如下面的
代码，直接访问 NamedType 的 typename 函数会在编译时报错，因为 NamedType 不具有
typename 函数的实现。

```
main() {
    NamedType.typename()              //错误,不能直接访问静态成员函数
}
```

通常会通过泛型约束，在泛型函数中使用这类静态成员。例如下面的 print 函数，当约
束泛型变元 T 是 IPrintable 的子类型时，就可以确定 T 必然可实现 print 函数，因此可以使用
T.print 的方式访问泛型变元的实现，达到了对静态成员抽象的目的，代码如下：

```
//chapter10/04interface/02define/src/main.cj

interface IPrintable {
    //静态成员函数
    static func print(): String
}

class HPPrinter <: IPrintable {
    static public func print(): String {
        "HP 打印机打印了"
    }
}

class DeliPrinter <: IPrintable {
    static public func print(): String {
        "Deli 打印机打印了"
    }
}

//函数泛型
func printFile<T>() where T <: IPrintable {
    println("打印文件: ${ T.print() }")
}
```

```
//入口调用
main() {
    printFile<HPPrinter>()
    printFile<DeliPrinter>()
}
```

输出的结果如下：

```
打印文件：HP 打印机打印了
打印文件：Deli 打印机打印了
```

10.6.3　接口继承

在仓颉语言中，支持一个接口同时继承其他多个接口。当想为一种类型实现多个接口时，可以在声明处使用&分隔多个接口，实现的接口之间没有顺序要求。例如下面的例子，可以让 Student 类同时实现 ISwimmable 和 IPiano 两个接口，代码如下：

```
//chapter10/04interface/03extends/src/main.cj

//游泳接口
interface ISwimmable {
    func swimming(): Unit
}

//钢琴接口
interface IPiano {
    func playMusic(): Unit
}

class Student <: ISwimmable & IPiano {
    public func swimming(): Unit {
        println("我可以游泳")
    }
    public func playMusic(): Unit {
        println("我可以弹钢琴")
    }
}

main() {
    var s = Student()
    s.playMusic()
    s.swimming()
}
```

输出的结果如下：

```
我可以弹钢琴
我可以游泳
```

接口支持继承其他的多个接口，如 IHobby 接口同时继承了 ISwimmable 和 IPiano 接口，示例代码如下：

```
//chapter10/04interface/03extends/src/main.cj


//游泳接口
interface ISwimmable {
    func swimming(): Unit
}

//钢琴接口
interface IPiano {
    func playMusic(): Unit
}

//兴趣爱好接口
interface IHobby <: ISwimmable & IPiano {
    func allHobbies(): Unit
}

class Student <: IHobby {
    public func swimming(): Unit {
        println("我可以游泳")
    }
    public func playMusic(): Unit {
        println("我可以弹钢琴")
    }

    public func allHobbies(): Unit {
        println("我的爱好是：弹钢琴和游泳")
    }
}

main() {
    var s = Student()
    s.playMusic()
    s.swimming()
    s.allHobbies()
```

```
}
```

输出的结果如下：

```
我可以弹钢琴
我可以游泳
我的爱好是：弹钢琴和游泳
```

10.6.4　接口实现

仓颉语言所有的类型都可以实现接口，包括数值类型、Char、String、struct、class、enum、Tuple、函数及其他类型。

一种类型实现接口有以下 3 种途径：

（1）在定义类型时就声明实现接口。

（2）通过扩展实现接口。

（3）由语言内置实现。

当实现类型声明实现接口时，需要实现接口中要求的所有成员，为此需要满足下面的一些规则：

（1）对于成员函数和操作符重载函数，要求实现类型提供的函数实现与接口对应的函数名称相同、参数列表相同、返回类型相同。

（2）对于成员属性，要求 let/var 的声明保持一致，并且属性的类型相同。

所以大部分情况如同上面的例子，需要让实现类型中包含与接口要求的一样的成员的实现，但有个地方是个例外，如果接口中的成员函数或操作符重载函数的返回值类型是 class 类型，则允许实现函数的返回类型是其子类型。

例如下面这个例子，IZoo 中的 find 函数的返回类型是一个 class 类型 Animal，因此 Zoo 中实现的 find 函数的返回类型可以是 Animal 的子类型 Bird 或者 Cat，代码如下：

```
//chapter10/04interface/04impl/01/src/main.cj

open class Animal {

}

class Bird <: Animal {
    func fly(): Unit {
        println("鸟会飞")
    }
}
class Cat <: Animal {
    func catchMouse(): Unit {
        println("猫会抓老鼠")
```

```
    }
}

interface IZoo {
    func find(): Animal
}

class Zoo <: IZoo {
    //实现接口函数 find，这里可以返回 Animal 的子类
    public func find(): Bird {
        Bird()
    }
}

main() {
    var z = Zoo()
    var bird = z.find()
    bird.fly()
}
```

除此以外，接口的成员还可以为 class 类型提供默认实现。拥有默认实现的接口成员，当实现类型是 class 时，class 可以不提供自己的实现而继承接口的实现。需要注意的是，默认实现只对类型是 class 的实现类型有效，对其他类型无效。

例如在下面的代码中，ITranslator 中的 say 拥有默认实现，因此 USATranslator 实现 ITranslator 时可以继承 say 函数的实现，而 ChinaTranslator 也可以选择提供自己的 say 实现，代码如下：

```
//chapter10/04interface/04impl/02/src/main.cj

interface ITranslator {

    //接口成员函数，已经实现了，子类可以不用重写
    func say(): Unit {
        println("hi,Mr zhang")
    }
}

class USATranslator <: ITranslator {}

//重写 ITranslator 中的 say 方法
class ChinaTranslator <: ITranslator {
    public func say(): Unit {
        println("你好, 张先生")
```

```
    }
}

main() {
    var u = USATranslator()
    u.say()

    var c = ChinaTranslator()
    c.say()
}
```

特别地，如果一种类型在实现多个接口时，多个接口中包含同一个成员的默认实现，这时会发生多重继承冲突，语言无法选择最适合的实现，因此这时接口中的默认实现也会失效，需要实现类型提供自己的实现，代码如下：

```
//chapter10/04interface/04impl/03/src/main.cj

interface SayHi {
    func say() {
        println("hi")
    }
}
interface SayHello {
    func say() {
        println("hello")
    }
}
class Foo <: SayHi & SayHello {
    public func say() {
        println("Foo")
    }
}

main() {
    var f = Foo()
    f.say()  //Foo
}
```

10.6.5　Any 类型

Any 类型是一个内置的接口，它的定义如下：

```
interface Any {}
```

在仓颉语言中所有接口都默认继承它，所有非接口类型都默认实现它，因此所有类型都可以作为 Any 类型的子类型使用。

将一系列不同类型的变量赋值给 Any 类型的变量，代码如下：

```
main() {
    var any: Any = 1
    any = 2.0
    any = "hello, world!"
}
```

10.7　面向对象案例：贪吃蛇游戏

贪吃蛇游戏是一款经典的益智游戏，该游戏通过控制蛇头的方向吃食物，从而使蛇变得越来越长。它的基本规则是：一条蛇出现在封闭空间中，空间中随机出现一个食物，通过键盘的上、下、左、右方向键控制蛇的前进方向。蛇头撞到食物，食物消失，蛇身体增长一节，累计得分，刷新食物。如果蛇在前进过程中撞到墙或自己身体，则游戏失败。

游戏界面效果图如图 10-18 所示。

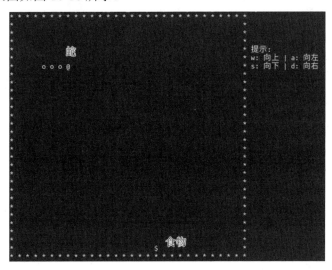

图 10-18　游戏主窗口

10.7.1　设计类结构

贪吃蛇游戏类，如表 10-2 所示。

表 10-2　贪吃蛇类结构说明

类	类名称	说　　明
游戏地图类	GameMap	实现游戏地图的渲染

续表

类	类名称	说　　明
蛇类	Snake	实现蛇的初始化、渲染、行走、吃食物等行为
食物类	Food	实现食物的初始化及生成
坐标类	Position	实现坐标设置
玩家类	Player	实现接收用户的输入，以便操作游戏
工具类	Tools	工具函数包括光标移动、控制台设置、随机数生成等
监听键盘事件	libkb.c	使用 C 语言实现，获取键盘事件及清屏等操作

10.7.2　创建项目

使用 CPM 工具创建贪吃蛇游戏项目，目录结构如下：

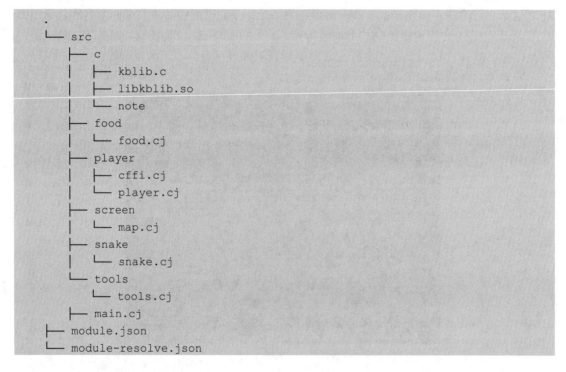

```
.
└── src
    ├── c
    │   ├── kblib.c
    │   ├── libkblib.so
    │   └── note
    ├── food
    │   └── food.cj
    ├── player
    │   ├── cffi.cj
    │   └── player.cj
    ├── screen
    │   └── map.cj
    ├── snake
    │   └── snake.cj
    └── tools
        └── tools.cj
    ├── main.cj
├── module.json
└── module-resolve.json
```

10.7.3　地图类实现

贪吃蛇游戏的主界面的效果如图 10-18 所示，游戏的主界面比较简单，显示一个正方形的游戏区，正方形的四边是由＊号组成的线。

可以把正方形分成 30 行×30 列的矩形框。地图类的作用是根据地图数组生成游戏主界面，即正方形的游戏主界面。

在地图类中，地图数组 mapArr 的属性是一个二维数组，第 1 维用于记录行，第 2 维用于记录列，数组中每个元素的值包括以下几种。

（1）空格和*符号：表示的是正方形的内部和四周的 4 条边。

（2）O 和@符号：表示的是蛇的身体和蛇头。

（3）$符号：表示食物。

地图类根据 mapArr 数组的数据，动态地渲染游戏主界面。mapArr 二维数组的数据格式如图 10-19 所示。

```
[
    ['*','*','*','*','*','*','*','*','*','*','*','*','*','*','*','*','*','*','*','*','*','*','*','*','*','*','*','*','*','*','*','*'],
    ['*',' ',' ',' ',' ',' ',' ',' ',' ',' ',' ',' ',' ',' ',' ',' ',' ',' ',' ',' ',' ',' ',' ',' ',' ',' ',' ',' ',' ',' ',' ','*'],
    ['*',' ',' ',' ',' ',' ',' ',' ',' ',' ',' ',' ',' ',' ',' ',' ',' ',' ',' ',' ',' ',' ',' ',' ',' ',' ',' ',' ',' ',' ',' ','*'],
    ...............
    ['*',' ',' ',' ',' ',' ',' ',' ',' ',' ',' ',' ',' ',' ',' ',' ',' ',' ',' ',' ',' ',' ',' ',' ',' ',' ',' ',' ',' ',' ',' ','*'],
    ['*','*','*','*','*','*','*','*','*','*','*','*','*','*','*','*','*','*','*','*','*','*','*','*','*','*','*','*','*','*','*','*']
]
```

图 10-19　mapArr 二维数组

游戏中的蛇和食物也是通过 mapArr 生成的，蛇和食物是动态变化的，实际上也是不断改变 mapArr 数组的值实现的。地图类如图 10-20 所示。

drawMap( )函数根据 mapArr 生成动态的游戏主界面，setMapPoint 函数用来设置 mapArr 指定坐标位置的值，getMapPoint 函数用于获取指定坐标位置的值。

下面详细介绍主界面的创建。

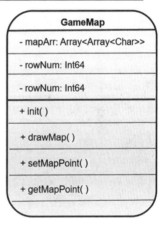

1. 生成地图坐标数组

通过地图类的构造函数生成地图主界面的地图坐标，代码如下：

图 10-20　游戏地图类

```
package screen

public class GameMap {


    //地图数据二维数组
    var mapArr: Array<Array<Char>>


    //行数
```

```
    let rowNum: Int64 = 30

    //列数
    let colNum: Int64 = 30


    //构造函数
    public init() {
        //将数组长度初始化为30,并将所有元素初始化为空的 Array<Char>()
        this.mapArr = Array<Array<Char>>(this.rowNum, item: Array<Char>())

        //[[,,,,,,,,,],[,,,,,,,,]]
        //生成一维数组,数组的每个元素都是一个 Array<Char>
        for (i in 0..this.rowNum) {
            this.mapArr[i] = Array<Char>(this.colNum, item: ' ')
        }
        //生成二维数组
        for (i in 0..this.rowNum) {
            for (j in 0..this.colNum) {
                //可以设置横的值
                if (i == 0 || i == this.rowNum - 1) {
                    this.mapArr[i][j] = '*'
                }

                //竖的值都是 * 号,也可以设置为其他的符号
                if (j == 0 || j == this.colNum - 1) {
                    this.mapArr[i][j] = '*'
                }
            }
        }
    }
}
```

2. 根据地图坐标数组生成界面

地图坐标数组创建好后，就可以根据该数组生成游戏界面，代码如下：

```
public func drawMap(): Unit {
    //遍历行和列
    for (i in 0..this.rowNum) {
        for (j in 0..this.colNum) {
            print("${mapArr[i][j]}")  //打印数组的值
        }

        //i 为列，从第 4 列开始打印游戏操作提示语
```

```
        if (i == 4) {
            print("提示:")
        }
        //第 5 行
        if (i == 5) {
            print("w: 向上 | a: 向左")
        }
        //第 6 行
        if (i == 6) {
            print("s: 向下 | d: 向右")
        }
        print("\n")
    }
}
```

调用 drawMap 函数后，在控制台中打印出游戏的主界面，效果如图 10-21 所示。

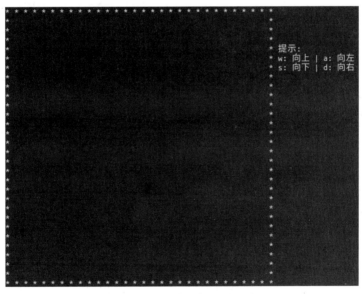

图 10-21　游戏主界面图

3. 根据指定的坐标位置设置地图数组的值

该函数的主要作用是修改 mapArr 数组中的值，如在 mapArr 数组中设置蛇和食物，蛇用一组连续的坐标设置，代码如下：

```
//根据 x 和 y 的坐标位置，设置的值为 char 类型的 ele
public func setMapPoint(x: Int64, y: Int64, ele: Char): Unit {
    this.mapArr[x][y] = ele
}
```

```
//获取指定 x 和 y 坐标位置的值
public func getMapPoint(x: Int64, y: Int64): Char {
    this.mapArr[x][y]
}
```

10.7.4 食物类实现

在贪吃蛇游戏中，食物随机出现在主界面的不同坐标位置上，因此食物类与地图类形成依赖关系，如图 10-22 所示。

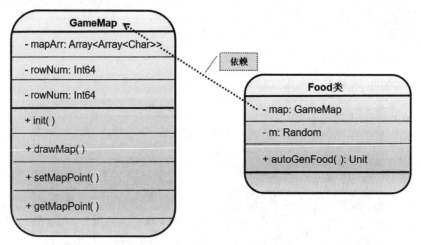

图 10-22 食物类与地图类的依赖关系

1. 随机生成食物坐标

使用 Random 函数生成随机数，该随机数的范围应该在 mapArr 数组的 size 范围内，否则就会出现数组越界的情况。

在食物类的构造函数中生成随机数，代码如下：

```
package food

import screen.*

#需要导入 random 和 time 模块
from std import random.*
from std import time.*

public class Food {

    //Food 类依赖 GameMap 类
    public var map: GameMap
```

```
    //随机数
    private let m: Random

    //构造函数
    public init(imap: GameMap) {
        map = imap
        var now = Time.now()
        var seed: UInt64 = UInt64(now.nanosecond())
        m = Random(seed)        //设置随机数种子

        //根据 mapArr.size() 随机生成一个该范围内的数
        m.nextInt64(30)         //这里直接使用 30 == mapArr.size
        m.nextInt64(30)
    }
}
```

2. 根据食物坐标更新地图数据

有了随机生成的合法地图坐标，就可以将地图数组上的值更新为$符号，该符号表示食物，生成的随机坐标必须在游戏的正方形的内部，不能在四边上或者边外，所以需要判断生成的坐标是否是合法坐标，代码如下：

```
//随机生成食物并把食物更新到游戏坐标中
public func autoGenFood(): Unit {

    //食物的坐标
    var foodX: Int64 = 0
    var foodY: Int64 = 0

    //食物会不断地随机生成，所以这里使用 while(true)
    while (true) {

        foodX = m.nextInt64(30)
        foodY = m.nextInt64(30)

        //这里需要判断，生成的随机坐标是否在正方形的内部，不能在边上
        if (this.map.getMapPoint(foodX, foodY) == ' ') {
            //更新地图 mapArr 的坐标的值为 $
            this.map.setMapPoint(foodX, foodY, '$')
            break
        }
    }
}
```

10.7.5　蛇类实现

蛇类是整个游戏的主类，蛇根据键盘上的不同按键，上、下、左、右地移动。蛇的移动范围只能在游戏的正方形内。

游戏的规则如下：

（1）如果蛇头与正方形的四边发生碰撞，游戏就立即结束，显示游戏失败。

（2）当蛇头与蛇尾碰撞时，同样立即结束游戏，显示游戏失败。

（3）当蛇头与食物碰撞时，游戏继续，同时蛇身的长度增加，游戏界面随机生成一个新的食物，显示积分信息。

蛇类与其他类的关系如图 10-23 所示。

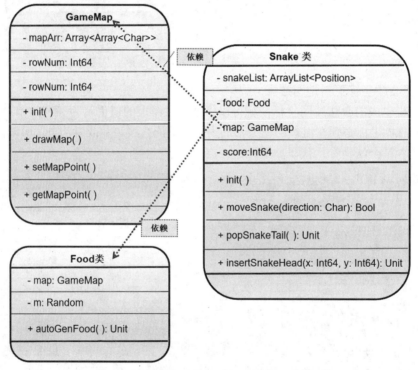

图 10-23　蛇类与食物类和地图类的依赖关系

1. 生成蛇的连续坐标并更新地图数组

如果在游戏界面上显示蛇，则首先需要将地图数组中一组连续的坐标的值设置为蛇的图标，蛇的图标有两个，蛇身图标为字母 o，蛇头图标是@符号，这里为了简单，只设置几个连续的固定坐标。

蛇的形状是由一串连续的坐标组成的，如果需要让蛇移动，就需要不断地修改这一串连续的坐标，蛇的连续坐标保存在 snakeList 成员属性中。生成蛇的连续坐标的代码如下：

```
package snake
```

```
#导入集合模块
from std import collection.*
import food.*
import screen.*
import tools.*

public class Snake {

    //蛇的连续坐标，position 是坐标类，该类定义在 tools 模块中
    private var snakeList: ArrayList<Position>

    //依赖 Food 类和地图类
    public var food: Food
    public var map: GameMap

    //积分
    public var score:Int64 = 0


    //构造函数
    public init() {

        #创建地图和食物对象
        map = GameMap()
        food = Food(map)

        //初始化蛇的坐标列表
        this.snakeList = ArrayList<Position>()

        //设置几个连续的固定坐标
        this.snakeList.append(Position(6, 4))
        this.snakeList.append(Position(6, 5))
        this.snakeList.append(Position(6, 6))
        this.snakeList.append(Position(6, 7))

        //更新地图数组 mapArr，设置蛇身和蛇头
        this.map.setMapPoint(6, 4, 'o')   //蛇身符号 o
        this.map.setMapPoint(6, 5, 'o')   //蛇身符号 o
        this.map.setMapPoint(6, 6, 'o')   //蛇身符号 o
        this.map.setMapPoint(6, 7, '@')   //蛇头符号 @
    }

}
```

在上面的代码中，使用了 Position 类，该类用于设置坐标类对象，定义在 tools 模块中，代码如下：

```
package tools

//坐标类
public class Position {
    public var posX: Int64
    public var posY: Int64
    public init(x: Int64, y: Int64) {
        this.posX = x
        this.posY = y
    }
}
```

完成上面的代码后，为了测试效果，在 snake 类中添加一个 start 方法，用来绘制食物和游戏界面，代码如下：

```
public func start(): Unit {
    this.food.autoGenFood()
    this.food.map.drawMap()
}
```

调用 snake.start 方法，运行效果如图 10-24 所示。

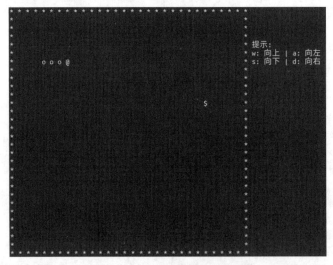

图 10-24　蛇和食物显示效果图

2. 实现蛇的上下左右移动

实现蛇的移动，步骤如下：

（1）删除蛇数组 snakeList 中的 snakeList[0]位置元素，snakeList[0]的值此时是蛇的尾部坐标位置，同时设置 snakeList[0]所在的坐标位置，mapArr 的值为空。

（2）更新蛇数组 snakeList 中的蛇头位置（this.snakeList[this.snakeList.size( )− 1]）元素的值为 o 图标，即设置为蛇身，然后把 snakeList 蛇头坐标 *x* 轴或者 *y* 轴加一或者减一（加一和减一移动的方向是不一样的）。

上面的第（1）步的代码如下：

```
//去掉蛇尾
public func popSnakeTail(): Unit {
    //数组中的第 1 个
    var snakeTail: Position = this.snakeList[0]
    //删除蛇尾
    this.snakeList.remove(0)

    //重新更新地图数组的值，蛇尾坐标位置为空
    this.map.setMapPoint(snakeTail.posX, snakeTail.posY, ' ')
}
```

接下来，实现第（2）步的代码，insertSnakeHead 函数接受两个参数：*x* 和 *y*。*x* 和 *y* 是蛇头的最新坐标，代码如下：

```
#移动蛇头
public func insertSnakeHead(x: Int64, y: Int64): Unit {
    //
    var length: Int64 = this.snakeList.size()
    //获取蛇头的坐标
    var snakeHead: Position = this.snakeList[length - 1]
    //把当前的蛇头坐标值更新为 o 标记，即改为蛇身
    this.map.setMapPoint(snakeHead.posX, snakeHead.posY, 'O')
     //在 x 和 y 指定的最新位置添加蛇头
    this.snakeList.append(Position(x, y))
     //更新地图数组的坐标值
    this.map.setMapPoint(x, y, '@')
}
```

完成上面的两个步骤后，接下来，只需把这两种方法结合在一起，就可以实现蛇的移动了，代码如下：

```
public func moveSnake(direction: Char): Bool {

    var length: Int64 = this.snakeList.size()

    //蛇头坐标
    var snakeHead: Position = this.snakeList[length - 1]
    var headX: Int64 = snakeHead.posX
```

```
    var headY: Int64 = snakeHead.posY

    //根据移动的方向设置 x 和 y
    if (direction == UP) {
        headX = headX - 1
    } else if (direction == DOWN) {
        headX = headX + 1
    } else if (direction == LEFT) {
        headY = headY - 1
    } else if (direction == RIGHT) {
        headY = headY + 1
    }
    //获取蛇头移动的下一个位置的值
    var space: Char = this.map.getMapPoint(headX, headY)
    //如果蛇头的位置的值是' ', 则表示蛇可以移动
    if (space == ' ') {
        //删除蛇尾
        this.popSnakeTail()
        //移动蛇头
        this.insertSnakeHead(headX, headY)
        //如果返回值为 true, 则表示继续移动
        return true
    }
    return true
}
```

在上面的代码中，根据 direction 判断输入的方向，这里使用了 UP、DOWN、LEFT 和 RIGHT 共 4 个常量，这 4 个常量的定义如下：

```
//键盘按键
public let UP: Char = 'w'
public let DOWN: Char = 's'
public let LEFT: Char = 'a'
public let RIGHT: Char = 'd'
```

3. 蛇吃到食物后蛇身变长

在上一步中，根据计算的新的蛇头坐标，判断该坐标是否为空字符串，如果为空字符串，则表示当前在正方形内，蛇就朝该方向开始移动。

同样，如果需要判断蛇头是否吃到食物，则只需判断蛇头的所在位置的值是不是$符号，如果是$符号，证明吃到了食物，此时执行下面的逻辑：

（1）不删除蛇尾。

（2）移动蛇头，把之前蛇头的位置设置为蛇身符号 o。

（3）计算蛇头的下个坐标，把计算的坐标添加到蛇坐标列表中。

通过上面的 3 步，蛇身就增长了，具体的代码如下：

```
public func moveSnake(direction: Char): Bool {
    var length: Int64 = this.snakeList.size()

    //蛇头坐标
    var snakeHead: Position = this.snakeList[length - 1]
    var headX: Int64 = snakeHead.posX
    var headY: Int64 = snakeHead.posY

    //根据移动的方向设置 x 和 y
    if (direction == UP) {
        headX = headX - 1
    } else if (direction == DOWN) {
        headX = headX + 1
    } else if (direction == LEFT) {
        headY = headY - 1
    } else if (direction == RIGHT) {
        headY = headY + 1
    }
    //判断蛇头的位置的值
    var space: Char = this.map.getMapPoint(headX, headY)

    //如果蛇头的位置的值是' '，则表示蛇可移动
    if (space == ' ') {
        //删除蛇尾
        this.popSnakeTail()
        //移动蛇头
        this.insertSnakeHead(headX, headY)

        //如果返回值为 true，则表示继续移动
        return true
    } else if (space == '$') {   //吃到食物
        //此时不删蛇尾，增加了蛇头位置，蛇就变长了
        this.insertSnakeHead(headX, headY)
        this.food.autoGenFood()
        this.score = this.score + 1
        return true
    } else {                          //其他的情况
        this.popSnakeTail()
        this.insertSnakeHead(headX, headY)
        return false
    }
```

```
    return true
}
```

在上面的代码中，当 space 的值是 $ 符号时，表示吃到了食物，同时更新蛇的积分 score，代码如下：

```
this.score = this.score + 1
```

在蛇类中，定义了获取蛇的积分的函数，代码如下：

```
public func getScore(): Int64 {
    return this.score
}
```

10.7.6　玩家类实现

玩家类的作用是根据用户的键盘输入，控制蛇的上下左右移动，判断游戏是否结束，根据积分对游戏难度进行设置。

玩家类图结构如图 10-25 所示。

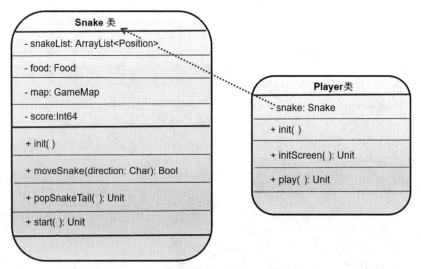

图 10-25　玩家 Player 类图

玩家类需要监听 Linux 终端命令行中的键盘输入，这里需要通过 C 语言实现，在仓颉语言中需要通过 FFI 接口调用 C 语言中定义的函数。

关于 FFI 接口调用 C 语言代码的用法，可以参考第 16 章。

1. 定义 FFI 跨语言调用接口

为了调用 C 语言中定义的函数，在仓颉语言中需要通过 FFI 定义跨语言调用的接口，这里定义一个调用接口，代码如下：

```
package player

from std import ffi.c.*

//对应 c/kblib.c 文件中定义的函数
foreign func clrScreen(): Unit
//设置终端睡眠时间
foreign func sleepScreen(level: Int64): Unit
//判断键盘输入
foreign func is_kbhit(): Bool
//判断是否可以获取单击键的名称
foreign func is_getch(): Char

//清除终端内容
public func clearScreen(): Unit {
    unsafe {clrScreen()}
}

//获取单击的按键名称
public func getChar(): Char {
    var ch: Char = unsafe {is_getch()}
    return ch
}

//设置终端睡眠时间, level 越大, 休眠时间越短, 默认为 1s
public func ScreenSleep(level: Int64): Unit {
    unsafe {sleepScreen(level)}
}

//判断是否有键盘输入
public func isKbHit(): Bool {
    unsafe {is_kbhit()}
}
```

2. C 语言实现获取键盘输入

当按下键盘上的 W（上）、A（左）、S（下）、D（右）4 个按键时，在 Linux 终端下获取按键的名称，代码如下：

```c
#include <stdio.h>
#include <sys/select.h>
#include <termios.h>
#include <stropts.h>
#include <unistd.h>
#include <stdbool.h>
```

```c
#include <sys/ioctl.h>
#include <stdlib.h>

int kbhit(void)
{
    int Byteswaiting;
    static struct termios term, term2;
    tcgetattr(0, &term);
    term2 = term;
    term2.c_lflag &= ~ICANON;
    tcsetattr(0, TCSANOW, &term2);
    ioctl(0, FIONREAD, &Byteswaiting);
    tcsetattr(0, TCSANOW, &term);
    return Byteswaiting > 0;
}

//获取按键名称
char getch(int echo)
{
    static struct termios kbd_old, kbd_new;
    char ch;
    tcgetattr(0, &kbd_old);
    kbd_new = kbd_old;
    kbd_new.c_lflag &= ~ICANON;
    if (echo)
    {
        kbd_new.c_lflag |= ECHO;
    }
    else
    {
        kbd_new.c_lflag &= ~ECHO;
    }

    tcsetattr(0, TCSANOW, &kbd_new);
    ch = getchar();
    tcsetattr(0, TCSANOW, &kbd_old);
    return ch;
}

int _kbhit()
{
    static const int STDIN = 0;
    static bool initialized = false;
```

乘风破浪

```
    if (!initialized)
    {
        //使用 termios 关闭线路缓冲
        struct termios term;
        tcgetattr(STDIN, &term);
        term.c_lflag &= ~ICANON;
        tcsetattr(STDIN, TCSANOW, &term);
        setbuf(stdin, NULL);
        initialized = true;
    }
    int BytesWaiting;
    ioctl(STDIN, FIONREAD, &BytesWaiting);
    return BytesWaiting;
}

//判断按键输入
bool is_kbhit()
{
    if (!_kbhit())
    {
        return false;
    }
    else
    {
        return true;
    }
}

//是否可以获取按键的名称
char is_getch()
{
    return getch(0);
}

//清除终端
void clrScreen()
{
    static bool isclr = true;
    if (isclr)
    {
        int v = system("clear");
        //隐藏光标
```

```
            printf("\033[?251");
        }
        else
        {
            //光标复位
            printf("\033[H");
            isclr = false;
        }
    }

    //设置睡眠的时间
    void sleepScreen(long param)
    {
        long real = param * 1000;
        //sleep(real); //1s
        usleep(real);
    }
```

上面的代码需要单独编译成 so 库文件，编译命令如下：

```
gcc -shared -fPIC kblib.c -o libkblib.so
```

执行完成上面的命令后，在当前的同级目录下查看是否生成了 libkblib.so 文件，目录结构如下：

```
.
├── kblib.c
├── libkblib.so
```

3. 获取键盘按键，控制蛇移动

首先需要监听键盘的输入，当监听并获取按键名称时，再根据按键名称控制蛇按不同方向进行移动。

Player 类中的 play( )函数被调用后，通过 while(true)一直监听键盘的输入，只有游戏结束才退出循环，代码如下：

```
package player

import screen.*
import food.*
import snake.*
import tools.*


public class Player {

    //依赖蛇类
```

```
    private var snake: Snake

    //构造函数
    public init() {
        //创建蛇对象
        this.snake = Snake()
    }

    //初始化游戏界面（游戏界面、蛇和食物）
    public func initScreen(): Unit {
        clearScreen()
        //生成食物和更新游戏界面
        this.snake.start()
    }

    //开始游戏
    public func play(): Unit {
        //初始化游戏界面
        initScreen()
        //判断游戏是否结束
        var isAlive: Bool = true
        //判断蛇是否可以移动
        var isActive: Bool = false
        //默认方向：右边
        var preKey: Char = RIGHT

        //一直监听键盘输入
        while (true) {
            //获取键盘输入的字符
            var ch: Char = getChar()

            //如果有键盘输入，则一直执行
            do {
                ...
            } while (!isKbHit())

            //游戏结束，跳出监听
            if (!isAlive) {
                break
            }
        }
    }
}
```

监听获取按键的名称后，需要根据按键的名称判断移动方向，具体的步骤如下：

（1）首先通过 FFI 接口获取按键的名称，根据按键名称设置蛇的移动方法。

（2）调用蛇的移动方法，传入蛇的移动方向，并返回是否可以继续朝这个方向移动。

（3）根据游戏积分，设置终端的刷新频率，该频率值越小，则刷新越快，蛇的移动速度也就越快，游戏的难度就越大。

代码如下：

```
while (true) {
    //获取键盘输入的字符
    var ch: Char = getChar()
    do {
        //非法字符
        if (ch != UP && ch != DOWN && ch != LEFT
            && ch != RIGHT && !isActive) {
            break
        } else if (ch != UP && ch != DOWN && ch != LEFT
            && ch != RIGHT && isActive) {
            ch = preKey
        }
        //注意顺序
        if (preKey == UP && ch == DOWN || preKey == DOWN
            && ch == UP || preKey == RIGHT && ch == LEFT ||
            preKey == LEFT && ch == RIGHT) {
            ch = preKey
        }

        isActive = true

        //根据键盘的名称，蛇朝该方向移动
        //moveSnake 返回是否继续移动
        isAlive = this.snake.moveSnake(ch)

        //清除终端
        clearScreen()

        //如果蛇不可以再移动，则表明游戏结束
        if (!isAlive) {
            println("游戏结束！")
            break
        }

        //根据积分，设置难度级别
```

```
                //level 值越大，睡眠时间就越长，蛇移动的速度就越慢
                //吃食物越多，积分越高，游戏的速度就越快，操作的难度就越大
                var diffcultlevel: Int64 = this.snake.score
                var level: Int64
                if (diffcultlevel < 10) {
                    level = 1000
                } else if (diffcultlevel < 15) {
                    level = 500
                } else if (diffcultlevel < 20) {
                    level = 200
                } else if (diffcultlevel < 30) {
                    level = 100
                } else {
                    level = 50
                }

                //根据 level 设置睡眠时间的长短
                ScreenSleep(level)

                preKey = ch

            } while (!isKbHit())

        //游戏结束，结束 while
        if (!isAlive) {
            break
        }
    }
```

10.7.7　编译和运行

在该游戏项目中，涉及仓颉语言和 C 语言的相互调用，所以分为以下 5 步。

（1）单独编译 C 语言库代码，编译成 so 库。

进入 C 语言库代码所在目录，执行以下命令进行编译：

```
gcc -shared -fPIC kblib.c -o libkblib.so
```

（2）配置 module.json 文件，设置外部 so 库的位置。

在配置文件中，在 foreign_requires 中添加外部库依赖，配置如下所示，kblib 是需要依赖的 C 语言库名称，该名称要和 C 语言文件名保存一致，path 是该库的位置，如此处配置的位置是 src 目录下的 c 目录中，这个位置是相对于根目录的。

```
{
  "cjc_version": "0.30.4",
  "organization": "xlw",
  "name": "snakegame",
  "description": "nothing here",
  "version": "1.0.0",
  "requires": {},
  "package_requires": {},
  "foreign_requires": {
    "kblib":{
    "path":"./src/c/",
    "exprot":[]
    }
  },
  "output_type": "executable",
  "command_option": "",
  "cross_compile_configuration": {}
}
```

（3）执行 cpm build 命令，生成 bin 目录，命令如下：

```
cpm build
```

（4）将 so 库复制到 bin 目录中，运行 main 文件，复制后的 bin 目录结构如下：

```
.
├── libkblib.so
└── main
```

（5）最后，进入 bin 目录中，在终端窗口中运行 main 文件。

```
cd bin
./main
```

10.8　本章小结

本章详细介绍了仓颉语言的面向对象编程特性。仓颉语言支持使用结构体、类、抽象类和接口等进行面向对象编程设计。在介绍基础语法的同时，详细介绍了如何用面向对象思想开发一款简单的贪吃蛇游戏。对于一个大型软件系统，使用面向对象的思想进行程序设计和开发可以提升系统的复用性和可维护性。

第 11 章

泛　型

在强类型语言中，泛型是一种非常有用的编程技术，它让开发人员专注于对算法及其数据结构的抽象设计，而无须考虑该算法和数据结构所依赖的数据类型，使用泛型编写的代码可以在不降低效率的前提下，运用到最为通用的环境中。

作为通用型强类型编程语言，仓颉编程语言同样支持泛型和泛型编程。最为常见的例子就是 Set<T>、List<T>等容器类型。以列表类型为例，当使用列表类型 List 时，需要在其中存放的是不同的类型，我们不可能定义所有类型的列表，通过在类型声明中声明类型形参，在应用列表时再指定其中的类型，这样就可以减少在代码上的重复。

在仓颉语言中的泛型主要包含泛型集合、泛型函数、泛型结构体、泛型枚举、泛型接口和泛型类，如图 11-1 所示。

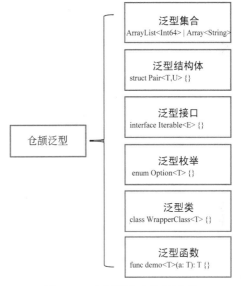

图 11-1　仓颉语言支持的泛型

11.1　泛型基础概念

在了解仓颉语言中的泛型前，首先需要了解以下几个常用的概念。

1. 类型形参

类型形参是指一种类型或者函数声明可能有一个或者多个需要在使用处被指定的类型，这些类型被称为类型形参。在声明形参时，需要给定一个标识符，以便在声明体中引用。

类型形参在声明时一般在类型名称的声明或者函数名称的声明后，使用尖括号<…>括起来。

2. 类型变元

在声明类型形参后，当通过标识符来引用这些类型时，这些标识符被称为类型变元。

3. 类型实参

当在使用泛型声明的类型或函数时指定了泛型参数，这些参数被称为类型实参。

4. 类型构造器

类型构造器是一个需要 0 个、一个或者多种类型作为实参的类型，称为类型构造器。为了更好地了解上面的 4 个泛型概念，我们来看图 11-2 的泛型列表声明的例子。

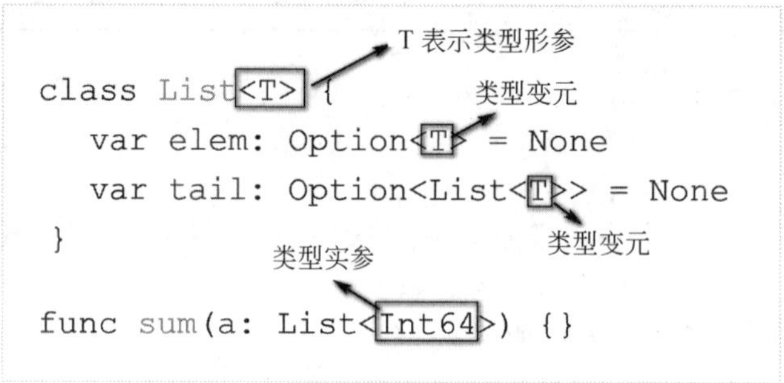

图 11-2　在仓颉语言中泛型的基本概念

图 11-2 中定义了 List<T>泛型和使用该泛型的例子，具体说明如下：

（1）List<T>中的 T 被称为类型形参。

（2）elem: Option<T>中对 T 的引用称为类型变元。

（3）tail: Option<List<T>>中的 T 也称为类型变元。

（4）函数 sum 的参数中 List<Int64>的 Int64 被称为 List 的类型实参。

List 就是类型构造器，List<Int64>通过 Int64 类型实参构造出了一种类型 Int64 的列表类型。

11.2　泛型函数

如果一个函数声明了一种或多种类型形参，则称其为泛型函数。语法上，类型形参紧跟在函数名后，并用<>括起来，如果有多种类型形参，则用“，”分隔，格式如图 11-3 所示。

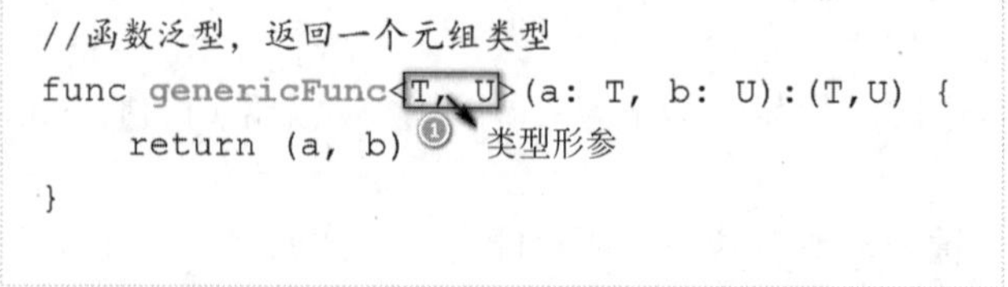

图 11-3　泛型函数的格式

11.2.1　全局泛型函数

在声明全局泛型函数时，只需在函数名后使用尖括号声明类型形参，然后就可以在函数形参、返回类型及函数体中对这一类型形参进行引用了。

定义泛型函数 sum，代码如下：

```
//定义泛型函数
func sum<T>(a:T,b:T): T {
    return a
}

//调用泛型函数
main() {
    sum<Int64>(100,200)            //输出 100
    0
}
```

在上面的代码中，函数声明的类型形参 T 作为 sum 函数的返回类型使用。

这里需要注意的是，sum 函数内部是不能直接进行 a + b 运算的，或者打印 println("${a}")等操作，因为它可能是一个任意的类型，例如(Bool) -> Bool，因此就无法进行加法运算，同样因为是函数类型，也不能通过 println 函数输出在命令行上。

如果要让泛型函数 sum 能够支持 a+b 直接运算，则需要使用泛型约束，泛型约束大致分为接口约束与子类型约束。

泛型约束的语法是在函数、类型的声明体之前使用 where 关键字声明。

上面的函数泛型 sum 需要通过 where 语法让 T 类型参数实现一个包含加操作符的接口，代码如下：

```
//chapter11/01 函数泛型/01/src/main.cj

interface Addable<T> {
    operator func +(a: T): T
}
```

这里还扩展了 Int64 类型，代码如下：

```
extend Int64 <: Addable<Int64> {}
```

接下来，让 T 类型参数通过 where 关键字实现 Addable 接口，代码如下：

```
func sum<T>(a: T, b: T): T where T <: Addable<T> {
    return a + b
}
```

接下来，调用 sum 函数，便可以实现 a+b 了，代码如下：

```
//调用泛型函数
main() {
    sum<Int64>(100, 200)            //300
```

```
}
```

11.2.2　局部泛型函数

局部函数也可以是泛型函数。例如，泛型函数 show 可以嵌套定义在其他函数中，代码如下：

```
//chapter11/01 函数泛型/02/src/main.cj

func demo(a: Int64) {

    //局部泛型函数
    func show<T>(a: T): T {
        a
    }

    func double(a: Int64): Int64 {
        a + a
    }
    //使用 Composition 表达式
    return (show<Int64> ~> double)(a) == (double ~> show<Int64>)(a)
}

//调用
main() {
    println(demo(1))              //true
    return 0
}
```

这里由于 show 的单位元性质，函数 show<Int64> ~> double 和 double ~>show<Int64>是等价的，结果都是 true。

11.2.3　泛型成员函数

class、struct 与 enum 的成员函数可以是泛型的，代码如下：

```
//chapter11/01 函数泛型/03/src/main.cj

class A {
    func foo<T>(a: T): Unit where T <: ToString {
        println("${a}")
    }
}
struct B {
    func bar<T>(a: T): Unit where T <: ToString {
```

```
        println("${a}")
    }
}
enum C {
    X | Y

    func coo<T>(a: T): Unit where T <: ToString {
        println("${a}")
    }
}
main() {
    var a = A()
    var b = B()
    var c = C.X
    a.foo<Int64>(10)
    b.bar<String>("abc")
    c.coo<Bool>(false)
    return 0
}
```

程序输出的结果如下：

```
10
abc
false
```

这里需要注意的是，class 中声明的泛型成员函数不能被 open 修饰，如果被 open 修饰，则会报错。

11.2.4 静态泛型函数

interface、class、struct 与 enum 中可以定义静态泛型函数，例如下例 ToPair class 中从 ArrayList 中返回一个元组，代码如下：

```
//chapter11/01 函数泛型/04/src/main.cj

from std import collection.*

class ToPair {
    static public func fromArray<T>(iarr: ArrayList<T>): (T,T) {
        return (iarr[0], iarr[1])
    }
}
main() {
    var res: ArrayList<Int64> = ArrayList([1, 2, 3, 4])
```

```
    var a: (Int64,Int64) = ToPair.fromArray<Int64>(res)
    println("(${a[0]},${a[1]})")              //(1,2)
    return 0
}
```

11.3　泛型结构体

泛型结构体是基于结构体添加类型约束的，语法格式如图 11-4 所示。

图 11-4　泛型结构体语法结构

使用结构体泛型定义一个类似于二元元组的类型，代码如下：

```
//chapter11/02 泛型结构体/src/main.cj

struct MyTuple<T, U> {
    let x: T
    let y: U
    public init(a: T, b: U) {
        x = a
        y = b
    }
    public func first(): T {
        return x
    }
    public func second(): U {
        return y
    }
}



main() {
    var a = MyTuple<String, Int64>("hello", 0)
    println(a.first())
    println(a.second())
}

//输出
hello
```

```
0
```

在 MyTuple 中提供了 first 与 second 两个函数来获得元组的第 1 个与第 2 个元素。

11.4 泛型类

泛型类是给普通的类添加了泛型约束，语法格式如下：

```
//chapter11/03泛型类/01/src/main.cj

public class GenericClass<T,U> {
    var x: T
    var y: U
    init(x:T,y:U) {
        this.x = x
        this.y = y
    }
    public func show():T {
        return x
    }
}
```

在上面的代码中，声明了一个泛型类 GenericClass，它接受两种形式类型参数。GenericClass<T,U>类使用形式类型参数声明实例变量 *x* 和 *y*。可以通过为构造函数指定实际的类型参数来创建泛型类型的对象，代码如下：

```
main(){
    var g = GenericClass<Int64,String>(100,"仓颉")
    println( g.show())
}
```

在仓颉语言中，Map 的键-值对就是使用泛型类来定义的，Map 中定义了一个 Node 的泛型类，代码如下：

```
public open class Node<K, V> where K <: Hashable & Equatable<K> {
    public var key: Option<K> = Option<K>.None
    public var value: Option<V> = Option<V>.None
    public init() {}
    public init(key: K, value: V) {
        this.key = Option<K>.Some(key)
        this.value = Option<V>.Some(value)
    }
}
```

由于键与值的类型有可能不相同，并且可以为任意满足条件的类型，所以 Node 需要两种类型形参 K 与 V，K <: Hashable，K <: Equatable<K>是对于键类型的约束，意为 K 要实现 Hashable 与 Equatable<K>接口，也就是 K 需要满足的条件。

下面看一个抽奖的例子，创建一个通用的抽奖器，奖品的类型可以随意设置，代码如下：

```
//chapter11/03泛型类/01/src/main.cj

from std import random.*
from std import collection.*

//年终抽奖器（可能是奖金，也可能是奖品）
class LotteryMachine<T> {

    //定义奖品池
    var arrayList: ArrayList<T> = ArrayList<T>()

    //将奖品添加到奖品池
    public func addProduct(product: T) {
        arrayList.append(product)
    }

    //抽奖
    public func getProduct(): T {
        var random = Random()
        //获取一个随机索引
        var num = random.nextInt64(this.arrayList.size())
        println("num:${num}")
        var product = this.arrayList[num]
        return product
    }
}
```

在 main 中调用，代码如下：

```
main() {
    //这里将奖品类型设置为 String
    let m = LotteryMachine<String>()
    m.addProduct("手机")
    m.addProduct("计算机")

    //随机抽奖
    let p = m.getProduct()
    println("恭喜: 抽到【${p}】奖品!")
    0
}
```

输出的结果如下:

```
num:1
恭喜：抽到【计算机】奖品！
```

11.5 泛型枚举

在仓颉编程语言中，泛型 enum 声明的类型里被使用得最广泛的例子之一就是 Option 类型了。Option 类型用来表示在某类型上的值可能是个空的值。这样，Option 就可以用来表示在某种类型上计算的失败。这里是何种类型上的失败是不确定的，所以很明显，Option 是一个泛型类型，需要声明类型形参，代码如下:

```
package core

public enum Option<T> {
    Some(T) | None

    public func getOrThrow(): T {
        match (this) {
            case Some(v) => v
            case None => throw NoneValueException()
        }
    }
}
```

可以看到，Option<T>被分成两种情况，一种是 Some(T)，用来表示一个正常的返回结果，另一种是 None，用来表示一个空的结果，其中 getOrThrow 是将 Some(T)内部的值返回的函数，返回的结果就是 T 类型，而如果参数是 None，则直接抛出异常。

例如，想定义一个安全的除法，因为在进行除法运算时可能失败。如果除数为 0，则返回 None，否则返回一个用 Some 包装过的结果，代码如下:

```
func safeDivide(a: Int64, b: Int64): Option<Int64> {
    var res: Option<Int64> = match (b) {
        case 0 => None
        case _ => Some(a / b)
    }
    return res
}

main() {
    println(safeDivide(100, 0))  //None
}
```

这样，在除数为 0 时，程序在运行过程中不会因除以 0 而抛出算术运算异常。

11.6　泛型的类型别名

类型别名也是可以声明类型形参的，但是不能对其形参使用 where 声明约束，对于泛型变元的约束我们会在后面给出解释。

当一个泛型类型的名称过长时，就可以使用类型别名来为其声明一个更短的别名。例如，有一种类型的名称为 RecordData，由于此名称过长，所以可以把它用类型别名简写为 RD，代码如下：

```
//chapter11/05泛型别名/src/main.cj

struct RecordData<T> {
    var a: T
    public init(x: T) {
        a = x
    }
}
//使用 type，定义泛型的类型别名
type RD<T> = RecordData<T>

//入口
main(): Int64 {
    var struct1: RD<Int32> = RecordData<Int32>(2)
    return 1
}
```

在使用时就可以用 RD<Int32>来代指 RecordData<Int32>类型了。

11.7　泛型接口

泛型接口与泛型类的定义及使用基本相同。泛型接口常被用在各种类的生成器中。

11.7.1　泛型接口格式

泛型接口的语法格式如下：

```
public interface IMessage<T> {
    func send(e: T): Bool
    func receive(): Bool
}
```

泛型接口通常需要和泛型类一起使用，如泛型类 IM<E>实现泛型接口 IMessage<E>，代码如下：

```
public class IM<E><: IMessage<E> {
    public func send(e: E): Bool {
        println("发送了消息")
        return true
    }

    public func receive(): Bool {
        println("收到了消息")
        return true
    }
}

main() {
    var im = IM<String>()
    im.send("你好，这是我发送的消息")
    im.receive()
    0
}
```

11.7.2 定义生成器接口

在下面的例子中，创建一个生成器接口，生成器只定义一种方法，该方法用于产生新的对象。在这里，生成器定义的方法就是 next( )方法，代码如下：

```
//chapter11/06泛型接口/01interface/src/main.cj

public interface Generator<T> {
    func next(): T                    //根据 T 生成一个新的 T
}
```

通过上面创建的生成器接口来创建一个 Fibonacci 数列生成器。下面的类实现了 Generator<T>接口，它负责生成 Fibonacci 数列，代码如下：

```
//chapter11/06泛型接口/01interface/src/main.cj

public class Fibonacci <: Generator<Int64> {
    var count: Int64 = 0

    public func next(): Int64 {
        this.count = this.count + 1
        return fib(this.count);
```

```
    }

    func fib(n: Int64): Int64 {
        if (n <= 2) {
            return 1
        }
        return fib(n - 2) + fib(n - 1)
    }
}
```

在 main( )中调用 Fibonacci 类，代码如下：

```
main() {
    var gen = Fibonacci();
    for (i in 0..18) {
        print(gen.next());
        print(" ")
    }
    0
}
```

输出的结果如下：

```
1 1 2 3 5 8 13 21 34 55 89 144 233 377 610 987 1597 2584
```

11.7.3　定义数据库操作接口

实现一个通用的数据库的操作接口，该接口需要支持多种不同的数据库操作，例如
MySQL、Oracle、MongoDB 等，这里就可以使用泛型接口实现，代码如下：

```
//chapter11/06 泛型接口/02interface/src/main.cj

//定义一个数据库操作泛型的接口
//该泛型接口根据 E 的不同，操作不同的 E
public interface IDB<E> {
    //添加一个对象
    func add(info: E): Int64
    //根据 id 删除数据
    func delete(id: Int64): Bool
    //根据对象删除数据
    func update(info: E): Bool
}
```

在上面的 IDB 接口中，定义了 3 个接口方法，需要实现类去实现，下面定义一个 MySQL
类实现该接口，代码如下：

```
//定义一个泛型的 MySQL 类，实现上面的 IDB 接口，针对不同的对象进行操作的 E 泛型
public class MySQL<E><: IDB<E> {
    public func add(info: E): Int64 {
        println("add");
        return 100
    }
    public func delete(id: Int64): Bool {
        throw Error("Method not implemented.");
    }
    public func update(info: E): Bool {
        throw Error("Method not implemented.");
    }
}
```

接下来，创建一个数据类 User，代码如下：

```
class User {
    var name: String
    var age: UInt8
    init(name: String, age: UInt8) {
        this.name = name
        this.age = age
    }
}
```

现在就可以通过 MySQL 类来处理 User 数据了，代码如下：

```
main() {
    var user = User("zhangsan", 20)
    //类作为参数约束数据传入的类型
    let oMySql = MySQL<User>()
    let uid = oMysql.add(user)
    println(uid)                    //返回 100
    0
}
```

在仓颉编程语言中，class、struct 与 enum 的声明都可以声明类型形参，也就是说它们都可以是泛型的。

11.8 泛型约束

约束大致分为接口约束与子类型约束。语法为在函数、类型的声明体之前使用 where 关键字声明，对于声明的泛型形参 T1 和 T2，可以使用 where T1 <: Interface, T2 <: Type 这样的方式声明泛型约束，同一种类型变元的多个约束可以使用&连接。例如 where T1 <:

Interface1 & Interface2。

11.8.1 接口约束

在仓颉语言中的 println 函数能接受类型为字符串的参数，如果需要把一个泛型类型的变量转换为字符串后打印在命令行上，则可以对这个泛型类型变元加以约束，这个约束是 core 中定义的 ToString 接口，显然它是一个接口约束，代码如下：

```
package core
public interface ToString {
    func toString(): String
}
```

这样就可以利用这个约束，定义一个名为 genericPrint 的函数，代码如下：

```
func genericPrint<T>(a: T) where T <: ToString {
    println(a)
}
```

```
main() {
    genericPrint<Int64>(10)
    return 0
}
```

11.8.2 子类型约束

除了上述通过接口来表示约束，还可以使用子类型来约束一个泛型类型变元。例如我们要声明一个动物园类型 Zoo<T>，但是需要使在这里声明的类型形参 T 受到约束，这个约束就是 T 需要是动物类型 Animal 的子类型，Animal 类型中声明了 run 成员函数。这里我们声明的两个子类型 Dog 与 Fox 都实现了 run 成员函数，这样在 Zoo<T>的类型中，就可以对 animals 数组列表中存放的动物实例调用 run 成员函数了，代码如下：

```
//chapter11/07 泛型约束/src/main.cj

from std import collection.*

abstract class Animal {
    public func run(): String
}

class Dog <: Animal {
    public func run(): String {
        return "dog run"
    }
```

```
    }

class Fox <: Animal {
    public func run(): String {
        return "fox run"
    }
}

class Zoo<T> where T <: Animal {
    var animals: ArrayList<Animal> = ArrayList<Animal>()
    public func addAnimal(a: T) {
        animals.append(a)
    }
    public func allAnimalRuns() {
        for (a in animals) {
            println(a.run())
        }
    }
}

main() {
    var zoo: Zoo<Animal> = Zoo<Animal>()
    zoo.addAnimal(Dog())
    zoo.addAnimal(Fox())
    zoo.allAnimalRuns()
    return 0
}
```

程序的输出结果如下：

```
dog run
fox run
```

11.9 本章小结

本章介绍了仓颉语言中的泛型，泛型是强类型语言中的一种非常重要的特性，仓颉语言支持泛型集合、泛型函数、泛型结构体、泛型枚举、泛型接口和泛型类。泛型编程的好处是，让开发者可以专注于对算法及其数据结构的抽象设计，无须考虑该算法和数据结构所依赖的数据类型，使用泛型编写的代码可以在不降低效率的前提下，运用到最为通用的环境中。

第 12 章

扩　　展

在仓颉语言中，扩展（extend）是用于在不破坏原有类型的封装性的前提下添加额外的功能的方式。扩展可以为在当前 package 可见的类型（除函数、元组、接口）添加新功能。

仓颉语言扩展可以添加的功能如图 12-1 所示。

图 12-1　仓颉语言扩展可添加的功能

扩展虽然可以添加额外的功能，但不能变更原有类型的封装性，因此扩展不支持以下功能：

（1）扩展不能增加成员变量。

（2）扩展的函数和属性必须拥有实现。

（3）扩展的函数和属性不能使用 open、override、redef、protected 修饰。

（4）扩展不能访问原类型 private 的成员。

12.1　扩展的定义

扩展的语法结构如图 12-2 所示。

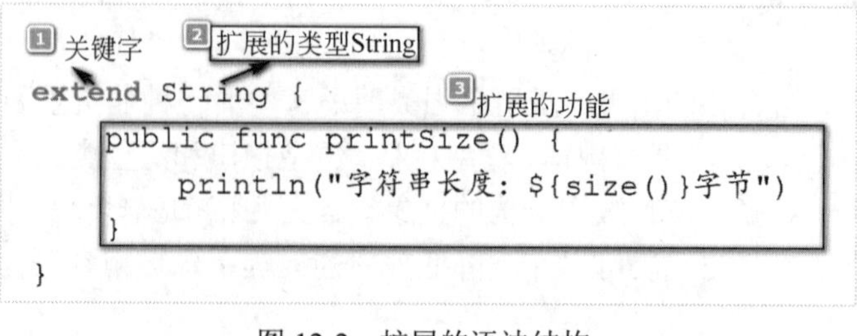

```
① 关键字    ② 扩展的类型String
extend String {        ③ 扩展的功能
    public func printSize() {
        println("字符串长度: ${size()}字节")
    }
}
```

图 12-2　扩展的语法结构

图 12-2 中，给 String 字符串类型扩展了一个新的功能函数，该函数用来打印字符串长

度，当定义一个字符串变量时，就可以通过变量名访问该函数，以便打印出字符串变量的字符长度，代码如下：

```
extend String {
    public func printSize() {
        println("字符串长度：${size()}字节")
    }
}

main() {
    let a = "仓颉语言是一门通用的编程语言!"
    a.printSize()                    //字符串长度：15字节
}
```

根据扩展有没有实现新的接口，扩展可以分为直接扩展和接口扩展两种用法，如图 12-3 所示。直接扩展是不包含额外接口的扩展；接口扩展是包含接口的扩展，接口扩展可以用来为现有的类型添加新功能并实现接口，以此增强抽象灵活性。

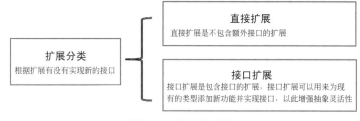

图 12-3　扩展的分类

12.1.1　接口扩展

接口扩展可以用来为现有的类型添加新功能并实现接口，以此增强抽象灵活性。

可以通过仓颉的扩展接口对仓颉语言的基础类型进行功能扩展，如上面的案例中，对 String 类型进行了扩展，添加了打印字符串的长度的功能。

下面的例子，实现通过泛型函数的方式对任意数据类型实现加、减、乘、除操作，代码如下：

```
public func Add<T>(a: T, b: T): T {
    return a + b
}

public func subtraction<T>(a: T, b: T): T{
    return a - b
}

public func multiplication<T>(a: T, b: T): T{
```

```
        return a * b
    }
    public func division<T>(a: T, b: T): T {
        return a / b
    }
```

上面的代码不可以直接编译执行，因为 a 和 b 是泛型类型，a 和 b 可以是任意类型，不一定是数字类型。如果希望对数字类型进行加、减、乘、除操作，就需要对 T 泛型进行类型约束，让 T 实现加、减、乘、除接口。

首先，定义 IOperator<T>泛型接口，该接口中包含下面加、减、乘、除操作符重载函数，代码如下：

```
public interface IOperator<T> {
    operator func +(a: T): T
    operator func -(a: T): T
    operator func *(a: T): T
    operator func /(a: T): T
}
```

仓颉语言的基础数据类型没有封装加、减、乘、除运算符，需要扩展加、减、乘、除运算符才可以，例如扩展 Int64 和 Float64 这两种类型，让这两种类型实现 IOperator<T>接口，代码如下：

```
extend Int64 <: IOperator<Int64> {}
extend Float64 <: IOperator<Float64> {}
```

接下来，给加、减、乘、除函数的泛型 T 添加约束，在函数的声明后面添加 where T <:IOperator<T>语句，代码如下：

```
public func Add<T>(a: T, b: T): T where T <: IOperator<T> {
    return a + b
}

public func subtraction<T>(a: T, b: T): T where T <: IOperator<T> {
    return a - b
}

public func multiplication<T>(a: T, b: T): T where T <: IOperator<T> {
    return a * b
}
public func division<T>(a: T, b: T): T where T <: IOperator<T> {
    return a / b
}
```

在 main 函数中，调用上面的加、减、乘、除函数，代码如下：

```
main() {
    println("---------------Int64---------------")
    println("a+b= ${Add<Int64>(1,2)} ")
    println("a-b= ${subtraction<Int64>(5,2)} ")
    println("a*b= ${multiplication<Int64>(8,9)} ")
    println("a/b= ${division<Int64>(8,2)} ")

    println("---------------Float64---------------")
    println("a+b= ${Add<Float64>(1.0,2.0)} ")
    println("a-b= ${subtraction<Float64>(5.0,2.0)} ")
    println("a*b= ${multiplication<Float64>(8.0,9.0)} ")
    println("a/b= ${division<Float64>(8.0,2.0)} ")
    0
}
```

运行结果如下：

```
---------------Int64---------------
a+b= 3
a-b= 3
a*b= 72
a/b= 4
---------------Float64---------------
a+b= 3.000000
a-b= 3.000000
a*b= 72.000000
a/b= 4.000000
```

12.1.2 直接扩展

直接扩展是不包含额外接口的扩展。例如，定义一个 Pair 类，实现存储两个元素，类似于 Tuple。

希望 Pair 类可以容纳任何类型，因此两个泛型变元不应该有任何约束，这样才能保证 Pair 能容纳所有类型，但同时又希望当两个元素可以判断相等时，让 Pair 也可以判断相等，这时就可以用扩展实现这个功能。

使用扩展语法，约束 T1 和 T2 在支持 equals 的情况下，Pair 也可以实现 equals 函数，代码如下：

```
class Pair<T1, T2> {
    var first: T1
    var second: T2
    public init(a: T1, b: T2) {
        first = a
```

```
            second = b
    }
}

interface Eq<T> {
    func equals(other: T): Bool
}
//扩展
extend Pair<T1, T2> where T1 <: Eq<T1>, T2 <: Eq<T2> {
    public func equals(other: Pair<T1, T2>) {
        first.equals(other.first) && second.equals(other.second)
    }
}

//类 FOO
class Foo <: Eq<Foo> {
    //判断对象是否相等
    public func equals(other: Foo): Bool {
        true
    }
}

//入口
main() {
    let a = Pair(Foo(), Foo())
    let b = Pair(Foo(), Foo())
    println(a.equals(b))              //返回值为 true
}
```

12.2　扩展的孤儿规则

所谓孤儿扩展，指的是既不与接口（包含接口继承链上的所有接口）定义在同一个包中，也不与被扩展类型定义在同一个包中的接口扩展。为了防止一种类型被意外实现不合适的接口，不允许定义孤儿扩展，因为这样可能造成理解上的困扰。

不能在 package c 中为 package a 里的 Foo 实现 package b 里的 Bar，只能在 package a 或者在 package b 中为 Foo 实现 Bar，代码如下：

```
//package a
public class Foo {}

//package b
public interface Bar {}
```

```
//package c
import a.Foo
import b.Bar
extend Foo <: Bar {}        //错误，不可以在 c 包中扩展 Foo
```

12.3 扩展的访问和遮盖

扩展的实例成员与类型定义一样可以使用 this，this 的功能保持一致。同样也可以省略 this 访问成员。扩展的实例成员不能使用 super，代码如下：

```
class A {
    var v = 0
}

//扩展
extend A {
    func f() {
        print(this.v)       //正确
        print(v)            //正确
    }
}
```

扩展不能访问被扩展类型的 private 修饰的成员，即非 private 修饰的成员均能被访问，代码如下：

```
class A {
    private var v1 = 0
    protected var v2 = 0
}

//扩展 A
extend A {
    func f() {
        print(v1)           //错误，不可以访问 private 的 v1
        print(v2)           //正确，可以访问
    }
}
```

扩展不能遮盖被扩展类型的任何成员，代码如下：

```
class A {
    func f() {}
}
```

```
extend A {
  func f() {}                    //错误，扩展不能遮盖被扩展类型的任何成员
}
```

扩展也不允许遮盖其他扩展增加的任何成员，代码如下：

```
class A {}

extend A {
  func f() {}
}

extend A {
  func f() {}              //错误
}
```

在同一个 package 内对同一类型可以扩展多次。

在扩展中可以直接调用（不加任何前缀修饰）其他对同一类型的扩展中的非 private 修饰的函数，代码如下：

```
class Foo {}

//扩展 Foo
extend Foo {
  private func f() {}
  func g() {}
}

//扩展 Foo
extend Foo {
  func h() {
    g()                   //正确
    f()                   //错误，不可以调用 private 函数
  }
}
```

12.4　扩展的导入导出

扩展也是可以被导入和导出的，但是扩展本身不能使用 public 修饰，扩展的导出有一套特殊的规则。

12.4.1　直接扩展的导入导出

对于直接扩展，只有当扩展与被扩展的类型在同一个 package 且被扩展的类型和扩展中添加的成员都使用 public 修饰时，扩展的功能才会被导出。除此以外的直接扩展均不能被导出，只能在当前 package 使用。

如以下代码所示，Foo 是使用 public 修饰的类型，并且 f 与 Foo 在同一个 package 内，因此 f 会跟随 Foo 一起被导出，而 g 和 Foo 不在同一个 package，因此 g 不会被导出，代码如下：

```
package a
public class Foo {}
extend Foo {
    public func f() {}
}


//b 包
package b
extend Foo {
    public func g() {}
}


//c 包
package c
import a.*
import b.*
main() {
    let a = Foo()
    a.f()               //正确
    a.g()               //错误
}
```

12.4.2　接口扩展的导入导出

对于接口扩展则可以分为以下两种情况：

（1）如果接口扩展和被扩展类型在同一个 package，但接口是来自导入的，只有当被扩展类型使用 public 修饰时，扩展的功能才会被导出。

（2）如果接口扩展与接口在同一个 package，则只有当接口是使用 public 修饰时，扩展的功能才会被导出。

如以下代码所示，Foo 和 I 都使用了 public 修饰，因此对 Foo 的扩展就可以被导出，代码如下：

```
//a 包

package a
public class Foo {}
public interface I {
   func g(): Unit
}
extend Foo <: I {
   public func g(): Unit {}
}


//b 包
package b
import a.*

main() {
   let a: I = Foo()
   a.g()
}
```

与扩展的导出类似，扩展的导入也不需要显式地用 import 导入，扩展的导入只需导入被扩展的类型和接口就可以导入可访问的所有扩展。

如下面的代码所示，在 package b 中，只需导入 Foo 就可以使用 Foo 对应的扩展中的函数 f，而对于接口扩展，需要同时导入被扩展的类型和扩展的接口才能使用，因此在 package c 中，需要同时导入 Foo 和 I 才能使用对应扩展中的函数 g，代码如下：

```
//a 包
package a

public class Foo {}
extend Foo {
   public func f() {}
}

//b 包
package b
import a.Foo
public interface I {
   func g(): Unit
}
```

```
extend Foo <: I {
  public func g() {
    this.f()          //正确
  }
}



//c包
package c
import a.Foo
import b.I
func test() {
  let a = Foo()
  a.f()              //正确
  a.g()              //正确
}
```

12.5 本章小结

本章介绍了仓颉语言的扩展功能，扩展是用于在不破坏原有类型的封装性的前提下添加额外的功能的方式。扩展可以为当前 package 可见的类型（除函数、元组、接口）添加新功能。扩展语法使仓颉语言更加灵活，我们在开发中经常使用扩展对仓颉原生类型进行扩展，这样做的好处是既遵循了开闭原则，同时又不失灵活性。

第 13 章

错 误 处 理

异常是一类特殊的可以被程序员捕获并处理的错误，是程序执行时出现的一系列不正常行为的统称，例如数组越界、除零错误、计算溢出、非法输入等。为了保证系统的正确性和健壮性，很多软件系统中包含大量用于错误检测和错误处理的代码。

异常不属于程序的正常功能，一旦发生异常，要求程序必须立即处理，即将程序的控制权从正常功能的执行处转移至处理异常的部分。仓颉编程语言提供的异常处理机制用于处理程序运行时可能出现的各种异常情况。

13.1 异常（Exception）

在仓颉语言中，Throwable 类是异常基类，所有异常类都是 Throwable 类的子类，如图 13-1 所示。

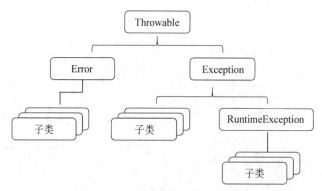

图 13-1 仓颉语言的异常基类

Throwable 的主要函数及其说明见表 13-1。

表 13-1 Throwable 的主要函数

函 数 名 称	函 数 说 明
init( )	默认构造函数
init(message: String)	可以设置异常消息的构造函数

续表

函 数 名 称	函 数 说 明
open func getMessage( ): String	返回发生异常的详细信息。该信息在异常类构造函数中初始化，默认为空字符串
open func toString( ): String	返回异常类型名及异常的详细信息，其中，异常的详细信息会默认调用getMessage( )
func printStackTrace( ):	Unit 将堆栈信息打印至标准错误流

Throwable 的直接子类有 Error 和 Exception，见表 13-2。

表 13-2 Throwable 的两个直接子类介绍

类 名 称	类 说 明
Error 类	Error 类用于描述仓颉语言运行时的系统内部错误和资源耗尽错误，而应用程序不应该抛出这种类型的错误，如果出现内部错误，则只能通知用户，尽量安全地终止程序
Exception 类	Exception 类描述的是程序运行时的逻辑错误或者 IO 错误导致的异常，例如数组越界或者试图打开一个不存在的文件等，这类异常需要在程序中捕获处理。 Exception 又有直接子类 RuntimeException：该类描述的是程序运行时的逻辑错误，例如 getOrThrow 等抛出的异常

13.1.1　常见运行时异常

在仓颉语言中内置了最常见的异常类，开发人员可以直接使用，见表 13-3。

表 13-3 最常见的异常类

异 常	异 常 描 述
ConcurrentModificationException	并发修改产生的异常
IllegalArgumentException	传递不合法或不正确参数时抛出的异常
NegativeArraySizeException	创建大小为负的数组时抛出的异常
NoneValueException	值不存在时产生的异常，如 Map 中不存在要查找的 key
OverflowException	算术运算溢出异常

除了上面的内置异常类外，用户还可以通过继承仓颉语言内置的异常类来自定义异常，代码如下：

```
open class FatherException <: Exception {
    open func printException() {
        print("I am a FatherException")
    }
}
class ChildException <: FatherException {
    override func printException() {
        print("I am a ChildException")
```

```
    }
}
```

13.1.2 异常处理

异常处理由 try 表达式完成，可分为不涉及资源自动管理的普通 try 表达式和会进行资源自动管理的 try-with-resources 表达式。

1. try 表达式

普通 try 表达式包括 3 部分：try 块、catch 块和 finally 块，代码如下：

```
main() {
    try {
        throw Exception("NegativeArraySizeException")
    } catch (e: Exception) {
        e.printStackTrace()
        println(e.getMessage())
        println("Exception info: " + e.toString() + ".\n")
    } finally {
        println("The finally block is executed.")
    }
}
```

异常结果如下：

```
An exception has occurred:
Exception NegativeArraySizeException
        at default.default::main()(./main.cj:14)
Exception NegativeArraySizeException
Exception info: Exception NegativeArraySizeException.
The finally block is executed.
```

2. try-with-resources 表达式

try-with-resources 表达式主要是为了自动释放非内存资源。不同于普通 try 表达式，try-with-resources 表达式中的 catch 块和 finally 块均是可选的，并且 try 关键字后的块之间可以插入一个或者多个 ResourceSpecification，用来申请一系列的资源（ResourceSpecification 并不会影响整个 try 表达式的类型）。

使用 try-with-resources 表达式的示例代码如下：

```
class R <: Resource {
    public func isClosed(): Bool {
        true
    }
    public func close(): Unit {
        print("R is closed")
```

```
    }
}
main() {
    try (r = R()) {
        print("Get the resource\n")
    }
}
```

try-with-resources 表达式中的 ResourceSpecification 的类型必须实现 Resource 接口，并且尽量保证其中的 isClosed 函数不再抛出异常，代码如下：

```
interface Resource {
    func isClosed(): Bool
    func close(): Unit
}
```

需要说明的是，try-with-resources 表达式中一般没有必要再包含 catch 块和 finally 块，也不建议用户手动释放资源。因为 try 块执行的过程中无论是否发生异常，所有申请的资源都会被自动释放，并且执行过程中产生的异常均会被向外抛出。

但是，如果需要显式地捕获 try 块或资源申请和释放过程中可能抛出的异常并处理，仍可在 try-with-resources 表达式中包含 catch 块和 finally 块，代码如下：

```
//chapter13/exception/01exception/src/main.cj

func main() {
    try (r = R()) {
        print("Get the resource\n")
    } catch (e: Exception) {
        print("Exception happened when executing the try-with-resources
expression\n")
    } finally {
        print("End of the try-with-resources expression")
    }
}
```

3. CatchPattern 进阶介绍

大多数时候，我们只想捕获某类型和其子类型的异常，这时可以使用 CatchPattern 的类型模式来处理，但有时也需要对所有异常进行统一处理（如此处不该出现异常，如果出现了就统一报错），这时可以使用 CatchPattern 的通配符模式来处理，代码如下：

```
//chapter13/exception/02exception/src/main.cj

main(): Int64 {
    try {
```

```
            throw IllegalArgumentException("This is an Exception!")
        } catch (e: OverflowException) {
            print(e.getMessage() + "\n")
            print("OverflowException is caught!\n")
        } catch (e: IllegalArgumentException | NegativeArraySizeException) {
            print(e.getMessage() + "\n")
             print("IllegalArgumentException or NegativeArraySizeException is
caught!\n")
        } finally {
            print("finally is executed!\n")
        }
        return 0
    }
```

执行结果如下：

```
This is an Exception!
IllegalArgumentException or NegativeArraySizeException is caught!
finally is executed!
```

被捕获异常的类型是由"|"连接的所有类型的最小公共父类的示例，代码如下：

```
chapter13/exception/03exception/src/main.cj

open class Father <: Exception {
    var father: Int32 = 0
}

class ChildOne <: Father {
    var childOne: Int32 = 1
}

class ChildTwo <: Father {
    var childTwo: Int32 = 2
}

main() {
    try {
        throw ChildOne()
    } catch (e: ChildTwo | ChildOne) {
        println(e.father)                    //0
        println("ChildTwo or ChildOne?")
    }
}
```

```
//输出
//0
//ChildTwo or ChildOne?
```

通配符模式的语法是"_"，它可以捕获同级 try 块内抛出的任意类型的异常，等价于类型模式中的 e: Exception，即捕获 Exception 及其子类所定义的异常，代码如下：

```
func main() {
    let arrayTest: Array<Int32> = Array<Int32>([0, 1, 2])
    try {
        let lastElement = arrayTest[3]
    } catch (_) {
        print("catch an exception!")
    }
}
```

13.2　Option 类型用于错误处理

在前面的章节中，已经介绍了 Option 类型的定义，因为 Option 类型可以同时表示有值和无值两种状态，而无值在某些情况下也可以理解为一种错误，所以 Option 类型也可以用作错误处理。

例如，在下面的例子中，如果函数 getOrThrow 的参数值等于 Some(v)，则将 v 的值返回，如果参数值等于 None，则抛出异常，代码如下：

```
func getOrThrow(a: ?Int64) {
    match (a) {
        case Some(v) => v
        case None => throw NoneValueException()
    }
}
```

因为 Option 是一种非常常用的类型，所以仓颉语言为其提供了多种解构方式，以方便 Option 类型的使用，具体包括模式匹配、getOrThrow 函数、coalescing 操作符（??），以及问号操作符（?）。

13.2.1　模式匹配

因为 Option 类型是一种 enum 类型，所以可以使用上面提到的 enum 的模式匹配实现对 Option 值的解构。例如在下面的例子中函数 getString 接受一个?Int64 类型的参数，当参数是 Some 值时，返回其中数值的字符串表示，当参数是 None 值时，返回字符串 none，代码如下：

```
//chapter12/option/01option/main.cj
```

```
func getString(p: ?Int64): String {
    match (p) {
        case Some(x) => "${x}"
        case None => "none"
    }
}
main() {
    let a = Some(1)
    let b: ?Int64 = None
    let r1 = getString(a)
    let r2 = getString(b)
    println(r1)
    println(r2)
}
```

上述代码的执行结果如下：

```
1
none
```

13.2.2　coalescing 操作符（??）

对于?T 类型的表达式 e1，如果希望 e1 的值等于 None 时同样返回一个 T 类型的值 e2，则可以使用??操作符。对于表达式 e1 ?? e2，当 e1 的值等于 Some(v)时返回 v 的值，否则返回 e2 的值。

示例代码如下：

```
main() {
    let a = Some(1)
    let b: ?Int64 = None
    let r1: Int64 = a ?? 0
    let r2: Int64 = b ?? 0
    println(r1)
    println(r2)
}
```

上述代码的执行结果如下：

```
1
0
```

13.2.3　问号操作符（?）

问号操作符需要和 "."、"( )"、"[ ]" 或 "{}"（特指尾闭包调用的场景）一起使用，用以实现 Option 类型对 "." "( )" "[ ]" "{}" 的支持。以 "." 为例（"( )" "[ ]" "{}" 同理），对于 ? T1 类型的表达式 e，当 e 的值等于 Some(v) 时，e?.b 的值等于 Option<T2>.Some(v.b)，否则 e?.b 的值等于 Option<T2>.None，其中 T2 是 v.b 的类型，代码如下：

```
struct R {
    public var a: Int64
    public init(a: Int64) {
            this.a = a
    }
}
let r = R(100)
let x = Some(r)
let y = Option<R>.None
let r1 = x?.a                //r1 = Option<Int64>.Some(100)
let r2 = y?.a               //r2 = Op
```

13.2.4　getOrThrow 函数

对于 ?T 类型的表达式 e，可以通过调用 getOrThrow 函数实现解构。当 e 的值等于 Some(v) 时，getOrThrow() 返回 v 的值，否则抛出异常，代码如下：

```
main() {
    let a = Some(1)
    let b: ?Int64 = None
    let r1 = a.getOrThrow()
    println(r1)
    try {
        let r2 = b.getOrThrow()
    }catch(e: NoneValueException) {
        println("b is None")
    }
}
```

执行结果如下：

```
1
b is None
```

13.3　本章小结

异常捕获机制可以帮助开发者构建健壮且易维护的代码。仓颉语言提供了异常捕获和错误处理机制，读者还可以根据需要在编写的代码中自由扩展自己的异常处理功能。

第 14 章

模块管理和包

当要开发一个较大的软件项目时，通常需要团队共同开发，为了编写可维护和可复用的代码，通常会根据需要实现的功能进行分组，在仓颉语言中，通过包的方式进行代码分组，一个包一个文件夹，一个文件夹中可以放多个仓颉代码文件。

在仓颉语言中，代码是以包的形式组织的，在仓颉语言中包和目录基本等同，包名就是文件目录名，一个包中可以包含一个或者多个仓颉代码文件（.cj 文件），包是可以嵌套的，包之间可以相互调用。

仓颉模块是由一个或者多个仓颉包组成的，一个模块代表一个完整的功能组合体，在仓颉语言，模块可以分为可执行模块和静态库模块。

14.1　仓颉包和模块介绍

在仓颉编程语言中，包是编译的最小单元，每个包可以单独输出 AST 文件、静态库文件、动态库文件等产物。每个包有自己的名字空间，在同一个包内不允许有同名的顶级定义或声明（函数重载除外）。一个包中可以包含多个源文件，如图 14-1 所示。

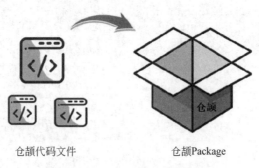

仓颉代码文件　　　　　　　　　　　　仓颉Package

图 14-1　仓颉语言通过包管理代码

模块是若干包的集合，是第三方开发者发布的最小单元，如图 14-2 所示。一个模块的程序入口只能在其根目录下，它的顶层最多只能有一个作为程序入口的 main 函数，该 main 函数没有参数，返回类型为整数类型或 Unit 类型。

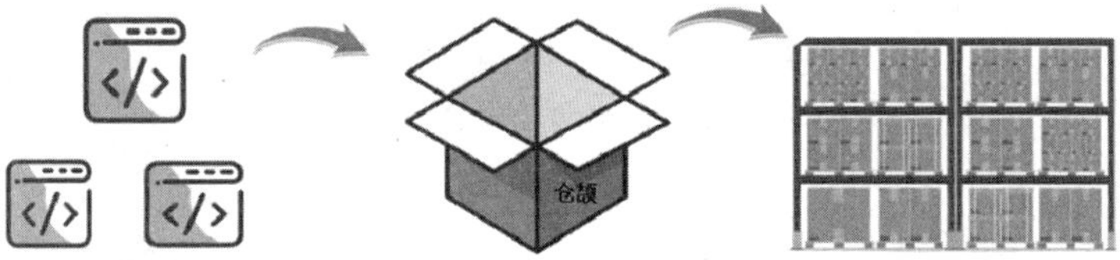

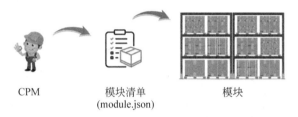

图 14-2　仓颉语言通过模块管理包的集合

仓颉语言提供 CPM（Cangjie Package Manager）作为包管理工具。仓颉语言也提供了基础的命令对一个模块进行编译，如图 14-3 所示。

图 14-3　CPM 用来管理仓颉模块

在了解如何使用包来开发和管理代码之前，首先需要了解如何使用仓颉模块管理器（CPM），CPM 可以很好地帮助开发者创建、编译和管理模块。

14.2　模块管理工具

CPM 是仓颉语言内置的包管理工具，是用来管理和维护仓颉项目的模块系统，并且提供了更简易统一的编译入口，支持自定义编译命令。CPM 随着 cjc 工具链一起安装，不需要单独配置。

14.2.1　CPM 常用命令

使用 CPM 工具可以帮助开发者完成创建新模块、初始化新模块、编译构建当前模块、更新依赖、清理编译文件等操作。

1. 新建一个新的仓颉模块

new 命令用来新建一个新的仓颉模块，执行这个命令会在当前文件夹创建 module.json 文件，并且新建 src 文件夹。如果待创建的文件已经存在，则会执行失败。

new 命令需要指定一个合法的组织名和一个合法的仓颉模块名称，组织名称和模块名称必须是合法的标识符，命令如下：

```
cpm new [flags] cjOrg cjMod          #cjOrg 为开发组织名,cjMod 为模块名
```

标识符可由字母、数字、下画线组成，标识符的开头必须是字母。前面的标识符用作标识主体名称，后面的标识符用作标识模块名称，命令如下：

```
cpm new xlw demo            #创建demo模块,不生成文件
cpm new -n xlw demo         #创建demo模块,同时生成一个main.cj文件
```

通过上面的命令，生成的目录结构如图 14-4 所示。

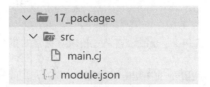

图 14-4　创建一个新的仓颉模块，目录结构

创建一个新的仓颉模块，会生成一个模块配置文件（module.json），module.json 文件的内容如下：

```
{
  "cjc_version": "0.27.1",
  "organization": "xlw",
  "name": "demo",
  "description": "nothing here",
  "version": "1.0.0",
  "requires": {},
  "package_requires": {},
  "foreign_requires": {},
  "output_type": "executable",
  "command_option": ""
}
```

注意：new 命令适用于从空文件夹创建新模块，如果已经存在一个仓颉项目，则应使用 init。

2. 初始化一个新的仓颉模块

init 用来初始化一个新的仓颉模块，执行这个命令会在当前文件夹创建 module.json 文件，但不会改动文件夹。如果待创建的文件已经存在，则会执行失败。

init 需要指定一个合法的组织名和一个合法的仓颉模块名称，组织名称和模块名称必须是合法的标识符。标识符可由字母、数字、下画线组成，标识符的开头必须是字母。前面的标识符用作标识主体名称，后面的标识符用作标识模块名称。

```
cpm init cjOrg cjMod
```

例如，初始化一个 demo 模块，将该模块输入 cangJie 组织，命令如下：

```
cpm init cangJie demo
```

注意：init 适用于已经存在的仓颉项目，如果需要完全新建一个新项目，则应使用 new。

3. 编译构建仓颉模块

build 命令用来构建当前仓颉模块，执行这个命令会先执行 check 命令，检查通过后调用 cjc 进行构建。这个功能会生成 module-resolve.json 文件，该文件是进行依赖求解后的结果文件。当该文件存在时 build 命令会优先读取该文件进行构建。

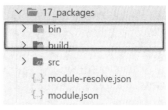

在模块的根目录下，打开命令行，执行 cpm build 命令，执行成功后，会在当前模块目录下创建 build 和 bin 目录，如图 14-5 所示。

图 14-5　编译构建仓颉模块

执行 bin 目录中的 main，查看 main 函数执行结果，命令如下：

```
./bin/main
```

注意：当前 cpm build 命令只支持本地依赖项目的构建。

4. 更新依赖

update 命令会根据 module.json 文件里的内容完成依赖分析，并将新的依赖分析结果更新到 module-resolve.json 文件，当 module-resolve.json 文件不存在时，则生成该文件，命令如下：

```
cpm update
```

5. 清理构建过程中产生的临时文件

clean 命令用来清理构建过程中产生的临时文件，命令如下：

```
cpm clean
```

14.2.2　模块配置文件

一个仓颉模块对应一个模块配置文件，模块配置文件 module.json 用来配置一些基础信息、依赖项、编译选项等内容。CPM 主要通过这个文件完成解析和执行。

注意：该文件被修改后，需要使用 update 命令触发 CPM 进行重新解析。

1. 配置文件结构

配置文件中的代码如下：

```
{
  "cjc_version": "0.14",
  "organization": "cangjie",
  "name": "demo",
  "description": "dependency configuration",
  "version": "1.0.0",
  "requires": {
    "localModule": {
```

```
      "version": "1.0.0",
      "path": "../localModule"
    }
  },
  "foreign_requires": {
    "hello": {
      "path": "./",
      "export": [
        "Java_GlobalJNI_sayHello"
      ]
    }
  },
  "library_type": "",
  "command_option": ""
}
```

2. 配置文件配置项说明

module.json 文件的详细配置项说明见表 14-1。

表 14-1　module.json 文件的配置项说明

配　置　项	是否必须	配置项说明
cjc_version	必须	配套支持的仓颉编译器 cjc 版本
organization	必须	组织名称，一个合法的组织名称必须为合法的仓颉 package 名，例如 cangjie
name	必须	模块名称，一个合法的仓颉模块名称必须是一个合法的仓颉标识符（标识符可由字母、数字、下画线组成，标识符的开头必须是字母），例如 test
description	非必须	当前模块描述信息，仅作说明用，不限制格式
version	必须	模块版本信息，一个合法的仓颉模块版本号由 3 段数字组成，中间使用"."隔开，其形式为 1.1.1。从左往右的数字代表的版本稳定性依次递减

requires	非必须	当前模块依赖的其他模块，这里配置的模块信息会在构建时自动解析并按依赖排序构建。该配置的参数值为 map 结构，依赖模块的名称作为 key，依赖模块的版本号、路径等信息作为 value。
		格式如下：
		　"requires": {
		　"a": {
		　　"version": "1.0.0",
		　　"path": "../a"
		　},
		　"b": {
		　　"version": "1.0.0",
		　　"path": "../b"
		　}
		　},

续表

配置项	是否必须	配置项说明

foreign_requires	非必须	如果仓颉模块依赖 C 库的配置信息,则需要额外配置模块依赖的 C 库所需要的信息,包含名称、路径及 export 字段(使用 list 结构记录动态库的对外接口信息)。
		该配置项的参数值是 map 结构,依赖库名称作为 key(任意非空字符串,格式为字母、数字或者某些特殊字符,支持的特殊字符详见表 14-2),在 Linux 系统下,CPM 会默认为库名称加上 lib 的前缀和.so 的后缀,Windows 系统会默认加上.dll 的后缀,依赖库路径及 export 信息作为 value。
		例如
		"foreign_requires": {
		    "hello": {
		        "path": "./",
		        "export": [
		            "Java_GlobalJNI_sayHello"
		        ]
		    }
		},

library_type	必须	编译输出产物类型 "output_type": "executable":表示可以运行 "output_type": "static":纯静态模块
command_option	非必须	提供给 cjc 编译器的额外编译命令选项

foreign_requires 中 key 支持的特殊字符名称见表 14-2。

表 14-2　foreign_requires 中 key 支持的特殊字符

支持的特殊字符	符　　号	支持的特殊字符	符　　号
Percent	%	Brackets	[or]
Underscore	_	Braces	{ or }
Plus	+	Tilde	~
Comma	,	Hyphen	-
Equal	=	Caret	^
At	@	Dot	.

14.3　包的定义

创建一个仓颉代码包,包括包的声明和包代码定义两部分。

14.3.1　包的声明

在仓颉编程语言中,可以通过形如 package name 的方式声明名为 name 的包,其中

package 为关键字，name 须为仓颉语言的合法标识符。包声明必须在源文件的非空非注释的首行，并且同一个包中的不同源文件的包声明必须保持一致，包声明如下：

```
//a.cj
package p1
//b.cj
package p2
```

仓颉的包名需反映当前源文件相对于项目源码根目录 src 的路径，并将其中的路径分隔符替换为小数点。例如，包的源代码位于 src/directory_0/directory_1 下，则其源代码中的包声明应为 package directory_0.directory_1，如图 14-6 所示。

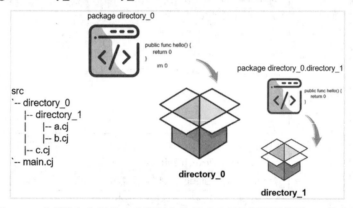

图 14-6　仓颉的包名需反映当前源文件相对于项目源码根目录 src 的路径

使用 CPM 模块管理器创建一个测试模块，命令如下：

```
cpm new xlw demo   #创建一个 demo 模块，该模块属于 xlw
```

创建如下包结构，在 src 目录下创建了两个包：p1 和 p2。包 p1 中包含两个子包：p1_1 和 p1_2；包 p2 中包含两个子包：p2_1 和 p2_2，如图 14-7 所示。

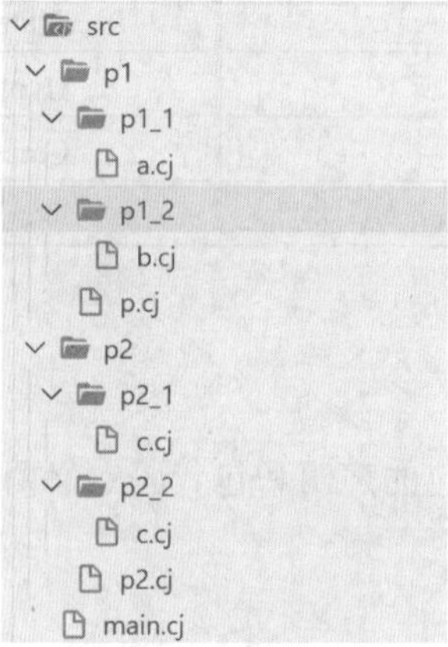

图 14-7　仓颉包结构

在 p1 模块中创建 p.cj 代码，代码如下：

```
//src/p1/p.cj
package p1
import p1.p1_1.*
import p1.p1_2.*

public func showP1(): Unit {
    println("hello p1")
    showA()
    showB()
}
```

p1 包中创建了两个子包：p1_1 和 p1_2。p1_1 包中包含代码文件 a.cj，注意子包必须命名为父包名.子包名，如下面的 package p1.p1_1：

```
//src/p1/p1_1/a.cj
package p1.p1_1

public func showA() :Unit{
    println("p1.p1_1 showA!")
}
```

子包包含代码文件 b.cj，代码如下：

```
//src/p1/p1_2/b.cj
package p1.p1_2

public func showB() :Unit{
    println("p1.p1_2 showB!")
}
```

在 p2 包中，有两个子包：p2_1 和 p2_2。p2_1 和 p2_2 中包含名为 c.cj 的代码文件，p2_1 包中的 c.cj 的代码如下：

```
//src/p2/p2_1/c.cj
package p2.p2_1

public func showc1(){
    println("show p2_1 c1")
}
```

p2_2 包中的 c.cj 文件，代码如下：

```
//src/p2/p2_2/c.cj
package p2.p2_2
```

```
public func showc2(){
    println("show p2_2 c2")
}
```

同时在 p2 包中创建一个 p2.cj 文件，代码如下：

```
//src/p2/p2.cj
package p2
import p2.p2_1.*
import p2.p2_2.*

public func showP2()  :Unit{
   showc1()
   Showc2()
}
```

14.3.2　包的成员

包的成员是在顶级声明的 class、interface、record、enum、typealias、var、func。

14.3.3　默认包

源码根目录下的包可以没有包声明，此时编译器将默认为其指定包名 default。如代码 main.cj 文件中并没有声明包名，代码如下：

```
//src/main.cj
import p1.*
import p2.*

func main() {
    //p1 包中的 showP1 方法
    showP1()
    //p2 包中的 showP2 方法
    showP2()
}
```

定义包还需要注意以下几点：

（1）仓颉的包所在的文件夹名也必须是合法标识符，不能包含 "." 等其他符号。

（2）源码根目录的默认名为 src。

14.4　包之间相互调用

包和包之间是可以相互调用的，如果在某个包中要调用其他包中的内容，则需要使用 import 语法进行包的导入。

14.4.1 import 语句

在仓颉编程语言中，可以通过 from moduleName import packageName.itemName 的语法导入其他包中的一个顶级声明或定义，其中 moduleName 为模块名，packageName 为包名，itemName 为声明的名字。

当导入标准库模块或当前模块中的内容时，可以省略 from moduleName；当跨模块导入时，必须使用 from moduleName 指定模块。导入语句在源文件中的位置必须在包声明之后，并且在其他声明或定义之前。

导入包的格式如下：

```
package a
from module_name import package1.foo
from module_name import package1.foo, package2.bar
```

除了可以通过 packagename.itemName 语法导入一个特定的顶级声明或定义外，还可以使用 import packageName.* 语法将 packageName 包中所有的 external 顶级声明或定义全部导入。

全部导入的格式如下：

```
from module_name import package1.*
from module_name import package1.*, package2.*
//from module_name import package1                    //Error.
```

14.4.2 import as 语句

不同包的名字空间是分隔的，因此在不同的包之间可能存在同名的顶级声明。在导入不同包的同名顶级声明时，支持使用 import packageName.name as newName 的方式进行重命名，以此避免冲突。在没有名字冲突的情况下仍然可以通过 import as 来重命名导入的内容。

import as 具有以下规则：

（1）使用 import as 对导入的声明进行重命名后，当前文件只能使用重命名后的新名字，原名无法使用。

（2）同一个声明可以重命名多次。

（3）如果重命名后的名字与当前包顶层作用域的其他名字存在冲突，则会在引入处而非使用处报错。

（4）使用 import as 重命名的新名字的作用域级别和当前包顶层作用域级别一致（注意，不使用 as 时引入的名字的作用域级别比当前包顶层作用域级别低）。

（5）引入的新名字即使是函数类型，也不会参与函数重载。

（6）支持 import pkg.* as newPkgName.* 的形式对包名进行重命名，以解决不同模块中同名包的命名冲突问题。

在下面的例子中，在两个包中，创建同名的方法 show，同名的方法会造成编译器报错，所以在导入这两个包的方法时需要重新命名。

创建一个 bar 包，代码如下：

```
//bar/c.cj
package bar

public func show():Unit{
    println("bar a show!")
}
```

创建一个 foo 包，代码如下：

```
//foo/c.cj
package foo

public func show():Unit{
    println("foo a show!")
}
```

在 main.cj 文件中导入 bar 和 foo 包，代码如下：

```
//main.cj
import bar.*
import foo.*

func main() :Unit {
    bar.show()
    foo.show()
}
```

在上面的代码中，导入的两个包中包含一个同名的方法 show( )，此时，可以使用包名+方法名访问，也可以使用导入的名字重命名的方式，代码如下：

```
import bar.show as show1
import foo.show as show2

func main() :Unit {
    //bar.show()
    //foo.show()
    show1()
    show2()
}
```

或者使用以下方式导入，代码如下：

```
import bar.show as b
import foo.show as f

func main() :Unit {
    //bar.show()
    //foo.show()
    b()
    f()
}
```

14.5 本章小结

本章全面介绍了在仓颉语言中的模块和包，仓颉语言提供了非常有效的代码管理和封装方式，同时仓颉语言提供了模块管理工具，用来帮助开发者快速创建模块、发布模块、对模块的依赖关系进行管理和编译发布模块。

第 15 章

常用标准包

标准包和工具类包会随着仓颉开发环境的安装而安装在本地目录中。标准包名为 std，开发者只需直接导入这些包便可以使用，仓颉提供的基础开发包见表 15-1。

表 15-1　仓颉提供的基础开发包

包　　名	包　说　明
core 包	包括一些常用接口 ToString、Hashable、Equatable 等，以及 String、 Range、 Array、Option 等常用数据结构，还包括预定义的异常、错误类型等
ast 包	仓颉语言的 ast 包提供了 Token 级别的代码变换，主要包括 Token、Tokens 数据结构，以及与仓颉 AST 相关的 Parse 接口和获取信息的 API。 同时 libast 提供了 toTokens 函数，可将仓颉 AST 转换为 Tokens，这些 Tokens 传回编译器，完成后续的语法、语义分析
collection 包	collection 包提供了可变的元素集合，分为有序和无序的集合
sort 包	sort 包提供了数组类型的排序函数
overflow 包	overflow 包对算术运算提供了 4 种溢出处理策略的接口，以及所有整数类型（如 Int8、Int16、Int32、Int64、UInt8、UInt16、UInt32、UInt64、IntNative 和 UIntNative）的实现
convert 包	主要提供了从字符串转到特定类型的 Convert 系列函数
ffi 包	FFI（Foreign Function Interface）用于跨语言调用。仓颉语言允许与特定语言进行跨语言交互
format 包	format 包为仓颉提供类似 C 语言中的 printf 函数功能。支持对不同类型生成格式化字符串
io 包	io 包提供了对字符串、缓冲区、文件的 IO 读写操作，主要实现的子类有 StringStream、BufferStream、FileStream
json 包	主要用于对 JSON 数据的处理，实现 String、JsonValue 和 DataModel 之间的相互转换
base64 包	主要提供了字符串的 Base64 编码及解码
hex 包	主要提供了字符串的 Hex 编码及解码
url 包	该包提供了 URL 数据解析及处理接口
xml 包	提供了基于标准的 XML 文本处理
log 包	log 包提供了基础的日志打印功能，方便开发者进行统一的日志输出及管理。一般包含的功能有日期时间、不同的打印级别、日志输出（文件/终端）设置

续表

包　　名	包　说　明
math 包	math 包提供了通用的常见的数学运算、常数定义、浮点数处理等，大概包括了以下能力： （1）科学常数与类型常数定义。 （2）浮点数的判断，规整。 （3）常用的位运算。 （4）通用的数学函数，如绝对值、三角函数、指数对数计算。 （5）最大公约数与最小公倍数
tls 包	用于进行安全网络通信，提供启动 tls 服务器、连接 tls 服务器、发送数据、接收数据等功能
http 包	该包提供了 client 和 server 接口，具备基础请求和响应能力
os 包	os 包提供了与平台无关的操作系统功能接口。主要包括文件操作、系统名称、程序运行路径和系统 id 操作相关接口
regex 包	该包使用正则表达式分析处理文本，支持查找、分割、替换、验证等功能
serialization 包	用户定义的类型，可以通过实现 Serializable 接口来支持序列化和反序列化
sync 包	提供并发编程支持，如 spawn 线程
time 包	time 包提供了与时间操作相关的能力，包括时间的读取、时间计算、基于时区的时间转换、时间的序列化
unicode 包	unicode 包为 Char 和 String 类型扩展了在 Unicode 字符集范围内的大小写转换、空白字符修剪等功能
unittest 包	unittest 包使用元编程语法来支持单元测试功能，用于编写和运行可重复的测试用例，组装结构化的测试夹
argopt 包	argopt 包主要用于帮助解析命令行参数
random 包	random 包提供了用于随机数的生成的类 Random
socket 包	用于进行网络通信，提供启动 Socket 服务器、连接 Socket 服务器、发送数据、接收数据等功能
zlib 包	本包提供了流式压缩和解压功能

15.1　core 包

core 包提供了一些常用的接口，如 ToString、Hashable、Equatable 等，以及常用数据结构，如 String、Range、Array、Option 等，包括预定义的异常、错误类型等。

平时，我们会使用很多不需要导入包的函数，如 print、println、ifSome、ifNone 等。print 函数用于向控制台输出数据，println 函数输出时会在末尾自动换行。函数语法如下：

```
public func print<T>(arg: T, flush!: Bool = false): Unit where T <: ToString
```

上面的 print 函数的参数说明见表 15-2。

表 15-2　print 函数参数说明

参数名	参数说明
arg	待输出的数据，只支持继承了 ToString 接口的类型和仓颉内置基础类型（如 Bool、Char、Float16、Float32、Float64、Int64、Int32、Int16、Int8、UInt64、UInt32、UInt16 和 UInt8）
flush	是否清空缓存，true 表示清空，false 表示不清空，默认为 false

下面是创建一个数字类型的 Array 并使用 print 函数打印下标取值的示例，代码如下：

```
main() {
    var array: Array<Int64> = [1, 2, 3, 4, 5]
    print("array[1] = ${array[1]}")
    Println("array[1] = ${array[1]}")
    return 0
}
```

15.2　random 包

random 包提供了用于随机数的生成的类 Random。使用前，首先需要导入 random 包，命令如下：

```
from std import random.*
```

15.2.1　Random 类

Random 类主要用于随机数的生成。

15.2.2　Random 使用

下面是用 Random 创建随机数对象的示例，代码如下：

```
//chapter15/random/01rand/main.cj

from std import random.*

main() {
    let m: Random = Random()
    /* 创建 Random 对象并设置种子获取随机对象 */
    m.setSeed(3)
    let b: Bool = m.nextBool()
    let c: Int8 = m.nextInt8()
    print("b=${b is Bool},") /* 对象也可以是 Bool 类型 */
    println("c=${c is Int8}")
    return 0
```

```
}
```

输出的结果如下:

```
b=true,c=true
```

15.3　time 包

time 包提供了与时间操作相关的能力，包括时间的读取、时间计算、基于时区的时间转换、时间的序列化和反序列化，以及定时器的创建、停止、重置等功能。

使用 time 包，首先需要导入该包，命令如下:

```
from std import time.*
```

15.3.1　定时器

创建一个定时器，对其执行停止、重置等操作，代码如下:

```
//chapter15/time/01time/main.cj

from std import time.*

main(): Int64 {
    var timer = Timer(Duration.second(), {println("Hi")})

    /* 100ms */
    sleep(100 * 1000 * 1000)
    if (timer.stop()) {
        println("timer is stoped before fire")
    } else {
        println("timer is not stoped before fire, maybe something wrong")
    }
    timer.reset(Duration.millisecond(200), {println("Hello")})

    /* 500ms */
    sleep(500 * 1000 * 1000)
    return 0
}
```

输出的结果如下:

```
timer is stoped before fire
Hello
```

15.3.2　周期性定时器

创建一个周期性定时器，对其执行停止、重置等操作，代码如下：

```
//chapter15/time/02time/main.cj

from std import time.*

main(): Int64 {
    var ticker = Ticker(Duration.millisecond(200), {println("Hi")})

    /* 100ms */
    sleep(100 * 1000 * 1000)
    ticker.stop()

    /* 500ms */
    sleep(500 * 1000 * 1000)
    println("由于 ticker 已停止，因此这是第 1 次打印")
    ticker.reset(Duration.millisecond(100), {println("Hello")})

    /* 500ms */
    sleep(500 * 1000 * 1000)
    return 0
}
```

输出的结果如下：

```
由于 ticker 已停止,因此这是第 1 次打印
Hello
Hello
Hello
Hello
Hello
```

15.3.3　获取时间的详细信息

读取当前时间，分别获取年、月、日、时、分、秒、纳秒、时区名、时区偏移、序列化字符串等信息，代码如下：

```
//chapter15/time/03time/main.cj

from std import time.*

main(): Int64 {
```

```
    var now = Time.now()
    var yr = now.year()
    var mon = now.month()
    var day = now.day()
    var hr = now.hour()
    var min = now.minute()
    var sec = now.second()
    var ns = now.nanosecond()
    var (name, offset) = now.zone()
    var wday = now.weekday()
    var yday = now.yearDay()
    var (isoYr, isoWk) = now.isoWeek()
    println("Now is ${yr}, ${mon}, ${day}, ${hr}, ${min}, ${sec}, ${ns},
${name},${offset}")
    println("now.toString() = ${now}")
    println("${wday}, ${yday}th day, ${isoWk}th week of ${isoYr}")
    return 0
}
```

输出的结果如下：

```
Now is 2022, June, 29, 2, 57, 48, 154919733, PDT,-25200
now.toString() = 2022-06-29T02:57:48-07:00
Wednesday, 180th day, 26th week of 2022
```

15.3.4 同一时间在不同时区的墙上时间

通过不同方式初始化时区，对指定时间进行时区转换，打印同一时间在不同时区下的墙上时间，代码如下：

```
//chapter15/time/04time/main.cj

from std import time.*

main(): Int64 {
    var utc = Location.load("UTC").getOrThrow()
    var local = Location.load("Local").getOrThrow()
    var newYork = Location.load("America/New_York").getOrThrow()
    var custom = Location("Custom", Int32(3600))
    print("utc.toString() = ${utc}")
    println("local.toString() = ${local}")
    println("newYork.toString() = ${newYork}")
    println("custom.toString() = ${custom}")
    var t = Time(2021, Month.August, 5)
```

```
    println("in utc zone, ${t.inZone(utc)}")
    println("in local zone, ${t.inZone(local)}")
    println("in newYork zone, ${t.inZone(newYork)}")
    println("in custom zone, ${t.inZone(custom)}")
    return 0
}
```

输出的结果如下：

```
utc.toString() = UTClocal.toString() = localtime
newYork.toString() = America/New_York
custom.toString() = Custom
in utc zone, 2021-08-05T07:00:00Z
in local zone, 2021-08-05T00:00:00-07:00
in newYork zone, 2021-08-05T03:00:00-04:00
in custom zone, 2021-08-05T08:00:00+01:00
```

15.3.5　从字符串中解析得到时间

下面是从字符串中解析得到时间并输出的示例，代码如下：

```
//chapter15/time/05time/main.cj

from std import time.*

main(): Int64 {
    var customPtn = "yyyy/MM/dd HH:mm:ss ZZZZ"
    var t1 = Time.parse("2021-08-05T21:08:04+08:00").getOrThrow()
    var t2 = Time.parse("2021/08/05
            21:08:04 +10:00", customPtn).getOrThrow()
    println("t1.toString(customPtn) = ${t1.toString(customPtn)}")
    println("t2.toString() = ${t2}")
    return 0
}
```

输出的结果如下：

```
t1.toString(customPtn) = 2021/08/05 21:08:04 +08:00
t2.toString() = 2021-08-05T21:08:04+10:00
```

15.4　os 包

os 包提供了与平台无关的操作系统功能接口，主要包括文件操作、系统名称、程序运行路径和系统 id 操作相关接口。

对于 POSIX 的 API，主要包括以下头文件，需要使用 C 的 FFI 将以下文件的 extern 函数绑定到仓颉中，头文件如下：

```
#include <signal.h>
#include <unistd.h>
#include <sys/types.h>
#include <fcntl.h>
```

该包内的 Process 类提供了对计算机上运行的进程的访问。为开发者提供了进程的创建、获取、开始、退出等处理功能。

使用 os 包，首先需要导入该包，命令如下：

```
from std import os.posix.*
from std import ffi.c.*
```

15.4.1 获取各类系统信息

获取各类系统信息，示例代码如下：

```
//chapter15/os/01os/main.cj

from std import os.posix.*
from std import ffi.c.*

main(): Int64 {
    /* 与系统名称相关 */
    var result = getos()
    println(result)
    var result2 = gethostname()
    println("result2 ==> ${result2}")
    var logname: String = getlogin()
    println("logname ==> ${logname}")
    var hostname = gethostname()

    /* 与程序运行路径相关的函数 */
    var chagePath = "/"
    var result4 = chdir(chagePath)
    println("result4 ==> ${result4}")
    var path2: String = getcwd()
    println(path2)

    /* 与系统 id 相关的函数 getpgid */
    var arr: CString = CString(" ")
    var a: CPointer<UInt8> = arr.getChars()
```

```
    var cp: CPointer<UInt32> = CPointer<UInt32>(a)
    var getg = getgroups(0, cp)
    var s: String = " "
    for (i in 0..getg) {
        s = s + "\0"
    }
    println(getg)
    var arr2: CString = CString(s)
    var a2: CPointer<UInt8> = arr.getChars()
    var cp2: CPointer<UInt32> = CPointer<UInt32>(a2)
    var getg2 = getgroups(getg, cp)
    var local: UInt32 = 0
    for (temp in 0..getg) {
        unsafe {
            local = cp.read(Int64(temp))
        }
        println("getgroups ==> ${local.toString()}")
    }
    return 0
}
```

输出的结果如下：

```
Linux version 5.4.0-42-generic (buildd@lgw01-amd64-023) (gcc version 7.5.0
(Ubuntu 7.5.0-3Ubuntu1~18.04)) #46~18.04.1-Ubuntu SMP Fri Jul 10 07:21:24 UTC 2020

result2 ==> Ubuntu
logname ==> xlw
result4 ==> 0
/
8
getgroups ==> 4
getgroups ==> 24
getgroups ==> 27
getgroups ==> 30
getgroups ==> 46
getgroups ==> 116
getgroups ==> 33
getgroups ==> 0
```

15.4.2　文件内容相关操作

文件内容相关操作，代码如下：

```
//chapter15/os/02os/main.cj

from std import os.posix.*
from std import ffi.c.*

main(): Int64 {
    var fd = `open`("file.txt", O_RDWR | O_APPEND | O_CREAT, S_IRWXU)
    println("fd ==> ${fd}")
    close(fd)
    var fd2 = `open`("file.txt", O_RDWR)
    var len = lseek(fd2, 0, SEEK_END)
    println("len ==> ${len}")
    close(fd2)
    var buf = CString(" ").getChars()
    var fd3 = `open`("file.txt", O_RDWR)
    var readNum = read(fd3, buf, 2)
    println("readNum ==> ${readNum}")
    close(fd3)
    var buf2_ = CString("123456")
    var buf2 = buf2_.getChars()
    var fd4 = `open`("file.txt", O_RDWR)
    var fd5 = dup(fd4)
    var writeNum = write(fd5, buf2, UIntNative(buf2_.size()))
    println("writeNum ==> ${writeNum}")
    close(fd4)
    return 0
}
```

输出的结果如下：

```
fd ==> 3
len ==> 0
readNum ==> 0
writeNum ==> 6
```

15.4.3 文件信息相关操作

文件信息相关操作，代码如下：

```
//chapter15/os/03os/main.cj

from std import os.posix.*
from std import ffi.c.*
```

```
main(): Int64 {
    var result1: Bool = isType("/notdirs", S_IFDIR)
    println("result ==> ${result1}")
    var result2: Bool = isDir("/dev")
    println("result ==> ${result2}")
    var result3 = access("./oscfg.cfg", F_OK)
    println("result ==> ${result2}")
    var result4 = chmod("oscfg.cfg", S_IXUSR)
    println("result ==> ${result4}")
    return 0
}
```

输出的结果如下：

```
result ==> false
result ==> true
result ==> true
result ==> -1
```

15.4.4　进程相关信息操作

进程相关信息操作，代码如下：

```
//chapter15/os/04os/main.cj

from std import os.posix.*
from std import ffi.c.*

main(): Int64 {
    var result = nice(200)
    print("${result}")
    var result1 = kill(0, SIGCHLD)
    println(result1)
    var result2 = killpg(0, SIGURG)
    println("result ==> ${result2}")
    if (isatty(0) && isatty(1) && isatty(2)) {
        println("true01")
    } else {
        println("false01")
    }
    if (isatty(-23) || isatty(4) || isatty(455) || isatty(43332)) {
        println("true02")
    } else {
        println("false02")
```

```
    }
    return 0
}
```

输出的结果如下：

```
190
result ==> 0
true01 false0
```

15.4.5　进程 start 及相关函数

进程 start 及相关函数，代码如下：

```
//chapter15/os/05os/main.cj

from std import os.*
from std import os.posix.*
from std import collection.*
from std import io.*
from std import format.*

main(): Unit {
    let proc: Process = Process.getCurrentProcess()
    let fidp: ProcessId = proc.getPid()
    let fid: Int64 = fidp.nativeId()
    println("Current Process nativeId() 2: ${fid}")
    println("Current Process start time 2: "
                    + proc.getStartTime().toString())
    let name: String = proc.getProcessName()
    println("CurrentProcess name 2: " + name)
    sleep(1000 * 1000 * 1000)
    let arr: ArrayList<String> = ArrayList<String>(
        [
            "ps",
            "o",
            "pid,ppid,pgrp,session,tpgid,comm"
        ]
    )
    let ps_argv: Array<String> = Array<String>(arr)
    var chilp: Process = Process.start("/bin/ps", ps_argv)
    let pid: ProcessId = chilp.getPid()
    let id: Int64 = pid.nativeId()
    println("child Process nativeId() 2: ${id}")
```

```
        let name2: String = chilp.getProcessName()
        println("child Process start time 2: "
            + chilp.getStartTime().toString())
        println("child Process name2 2: " + name2)
        println("----------------over-------------")
        return
}
```

输出的结果如下：

```
Current Process nativeId() 2: 18483
Current Process start time 2: 2022-06-29T10:51:30-07:00
Current Process name 2: main
child Process nativeId() 2: 18493
child Process start time 2: 2022-06-29T10:51:31-07:00
child Process name2 2: ps
----------------over-------------
error: process ID list syntax error

Usage:
 ps [options]

 Try 'ps --help <simple|list|output|threads|misc|all>'
  or 'ps --help <s|l|o|t|m|a>'
 for additional help text.

For more details see ps(1).
```

15.5　io 包

io 包提供了对字符串、缓冲区、文件的 IO 读写操作，主要实现的子类有 StringStream、
BufferStream、FileStream，如表 15-3 所示。

表 15-3　io 包主要实现的子类

类　　名	类　说　明
StringStream	基于 utf8，提供了对字符串进行流操作的函数。可以对字符、字符数组、字符串进行读、写、追加、插入、删除等操作
BufferStream	缓冲流，提供了一个流读写的缓冲区
FileStream	提供了对文件进行流操作的函数

使用 io 操作，首先需要导入 io 模块，代码如下：

```
from std import io.*
```

15.5.1　StringStream

StringStream 类基于 utf8，提供了对字符串进行流操作的函数。可以对字符、字符数组、字符串进行读写、追加、插入、删除等操作。

StringStream 类继承抽象类 Stream，实现了抽象类 Stream 的父接口 StreamPermission、ReadCloseStream、ReadStream、Resource、WriteStream 的全部函数，包括 isClosed( )、read( )、seek( )、canRead( )、canWrite( )、canTimeout( )、write( )、flush( )函数。

StringStream 类的主要函数如下：

```
public open class StringStream <: Stream {
    /*
    * 根据字符串 s 创建字符流
    * 当 init StringStream 时，将 str 追加到其中
    */
    public init(s: String)
    /*
    * 将字符 c 附加到此 StringStream
    * 参数 c: 把 c 追加到 StringStream 中
    * 返回值 StringStream: 返回已附加的 StringStream
    */
    public func appends(c: Char): StringStream
    /*
    * 将字符数组 str 附加到此 StringStream
    * 参数 str: 把 str 追加到 StringStream 中
    * 返回值 StringStream: 返回已附加的 StringStream
    */
    public func appends(str: Array<Char>): StringStream
    /*
    * 将字符数组 str 从 off 下标开始到 cnt 个字符处截止附加到此
    * StringStream 后
    * 参数 str: 将 str 从开始（off）索引附加到结束索引 (off+cnt-1)
    * StringStream 后
    * 参数 off: 从 off 位置开始
    * 参数 cnt: 追加字符长度为 cnt
    * 返回值 StringStream: 返回已附加的 StringStream
    */
    public func appends(str: Array<Char>, off: Int64, cnt: Int64): StringStream
    /*
    * 将字符串 str 附加到此 StringStream
    * 参数 str: 把 str 追加到 StringStream 中
    * 返回值 StringStream: 返回已附加的 StringStream
    */
```

```
public func appends(str: String): StringStream
/*
* 将 StringStream strStream 附加到此 StringStream
* 参数 strStream: 把 strStream 追加到 StringStream 中
* 返回值 StringStream: 返回已附加的 StringStream
*/
public func appends(strStream: StringStream): StringStream
/*
* 将字符 c 插入此 StringStream 的 index 下标位置
* 参数 index: 在 index 下标处插入字符 c
* 参数 c: 把 c 插入 StringStream 的 index 下标处
* 返回值 StringStream: 返回已插入的 StringStream
*/
public func insert(index: Int64, c: Char): StringStream
/*
* 将字符数组 str 插入此 StringStream 的 index 下标位置
* 参数 str: 在 index 下标处插入字符数组 str
* 返回值 StringStream: 返回已附加的 StringStream
*/
public func insert(index: Int64, str: Array<Char>): StringStream
/*
* 将字符数组 str 从 off 下标开始到 cnt 个字符处截止插入此
* StringStream 的 index 下标处
* 参数 str: 将 str 从开始（off）索引附加到结束索引 (off+cnt-1)，插入
* 此 StringStream 的 index 下标处
* 参数 off: 从 off 位置开始
* 参数 cnt: 插入的字符数为 cnt
* 返回值 StringStream: 返回已附加的 StringStream
*/
public func insert(index: Int64, str: Array<Char>, off: Int64, cnt: Int64):
StringStream
/*
* 将字符串 str 插入此 StringStream 的 index 下标位置
* 参数 index: 在 index 下标处插入字符串 str
* 参数 str: 把字符串 str 插入 StringStream 的 index 下标处
* 返回值 StringStream: 返回已插入的 StringStream
*/
public func insert(index: Int64, str: String): StringStream
/*
* 在字符串流中,从 index 下标位置的字符开始,删除 cnt 个字符
* 参数 index: 从 index 下标处开始删除字符
* 参数 cnt: 删除 cnt 个字符
* 返回值 StringStream: 返回已删除指定字符的 StringStream
```

```
      */
      public func delete(index: Int64, cnt: Int64): StringStream


      /*
      * 将 String 写入当前流中
      * 参数 str：将要被写入的 String
      * 返回值 Int64：返回实际写入的字符数
      */
      public func write(str: String): Int64
      /*
      * 从数组 arrayToWrite 中的 off 下标处开始，向后 cnt 个字符，写入当前流中
      * 参数 arrayToWrite：将数组 arrayToWrite 中的字符信息写入当前流
      * 参数 off：从 off 位置开始写入
      * 参数 cnt：写入 cnt 个字符
      * 返回值 Int64：返回实际写入的字符数
      */
      public func write(arrayToWrite: Array<Char>, off: Int64, cnt: Int64): Int64
      /*
      * 从字符流中将数据读至字符数组 readToArray 中
      * 参数 arrayToWrite：从字符流中读取 cnt 个字符，并将它们存储到字符数组
arrayToWrite 中
      * 参数 off：读取的数据从索引 off 处放入字符数组中
      * 参数 cnt：存储到字符数组中的字符数
      * 返回值 Int64：返回读取的字符数
      */
      public func read(readToArray: Array<Char>, off: Int64, cnt: Int64): Int64
}
```

StringStream 的使用，示例代码如下：

```
//chapter15/io/01io/main.cj

from std import io.*

main() {
    var ss: StringStream = StringStream("abcdefG")
    var arrChar: Array<Char> = Array<Char>(['仓', '颉', '是', '门', '编',
'程', '语', '言'])
    ss.write(arrChar, 0, arrChar.size())
    println(ss.toString())
    ss.appends("cangjie123")
    println(ss.toString())
    var arr = Array<Char>(5, {i => chr(UInt32(97 + i))})
    ss.insert(3, arr, 1, 3)
```

```
    println(ss.toString())
    var n = ss.seek(0, BeginPos)
    var arr2: Array<Char> = Array<Char>(16, {i => ' '})
    ss.read(arr2, 0, 16)
    println(arr2)
    return 0
}
```

输出的结果如下：

```
abcdefG 仓颉是门编程语言
abcdefG 仓颉是门编程语言 cangjie123
abcbcddefG 仓颉是门编程语言 cangjie123
[a, b, c, b, c, d, d, e, f, G, 仓, 颉, 是, 门, 编, 程]
```

15.5.2 FileStream

在仓颉语言中提供了专门对文件进行读写的类 FileStream，该类提供了对文件进行流操作的函数。同时该类继承抽象类 Stream，实现了抽象类 Stream 的父接口 StreamPermission、ReadCloseStream、ReadStream、Resource、WriteStream 的全部函数，包括 isClosed( )、read( )、seek( )、canRead( )、canWrite( )、canTimeout( )、write( )、flush( )函数。

另外，由于此类实现了接口 Resource，所以此类支持 try-with-resources，用于自动关闭并释放文件资源。

FileStream 类的构造函数的参数说明见表 15-4。

表 15-4　FileStream 构造函数的参数说明

参数名	参数类型	参 数 说 明
pn	String	文件名称或者路径
am	AccessMode	使用 ReadOnly、WriteOnly 或 ReadWrite 权限打开文件
om	OpenMode	om 将 pn 交给具有追加、创建、强制创建、打开或创建、截断权限的 pn OpenMode 枚举类型，表示不同的文件打开方式，定义如下。 Append：如果文件存在，则打开并查找到文件的末尾；如果文件不存在，则将创建新文件 Create：创建新文件。如果文件已存在，则抛 IOException 异常 ForceCreate：强制创建新文件。如果文件已存在，则旧文件将被新文件覆盖 Open：打开现有文件。如果文件不存在，则抛 FileNotFoundException 异常 OpenOrCreate：打开现有文件或创建文件。如果文件不存在，则创建新文件 Truncate：打开现有文件并将其内容清除。如果文件不存在，则抛 FileNotFoundException 异常
db	Bool	如果值为 true，则 fileStream 直接操作文件；如果值为 false，则通过缓冲区操作文件

1. 读取文件

使用 FileStream 的 readAllText 方法读取指定目录下的文件，代码如下：

```
//chapter15/io/02io/main.cj

from std import io.*

func readFile(filename: String): String {
    var res = ""

    //创建 FileStream 对象
    let fs = FileStream(filename)
    try {
        //打开文件
        if (fs.openFile()) {
            res = fs.readAllText()
        }
    } catch (e: Exception) {
        println(e)
    } finally {
        fs.close()                      //关闭文件
    }
    return res
}
```

下面调用上面的 readFile 方法，读取当前目录下的 abc.txt 文件，代码如下：

```
main() {
    let res = readFile("./abc.txt")
    println(res)
}
```

编译成功后的运行结果如下：

2021 年 10 月 22 日，在华为开发者大会 2021 上，HarmonyOS 3 开发者预览版正式发布。同时，华为表示，将发布自研鸿蒙编程语言。

2. 写文件

通过 FileStream 中的 write 方法，可以向指定文件写文本内容，通过 OpenMode 枚举类型设置不同的文件操作方式，可以对文件内容进行覆盖、追加，以及清除文件内容，代码如下：

```
//chapter15/io/03io/main.cj

from std import io.*
```

```
func writeFile(filename: String, content: String): Bool {
    //创建 FileStream 对象
    let fs = FileStream(filename, OpenMode.ForceCreate)
    try {
        //打开文件
        if (fs.openFile()) {
            fs.write(content)
            fs.flush()                  //清空缓冲区
        }
    } catch (e: Exception) {
        println(e)
        return false
    } finally {
        fs.close()                      //关闭文件
    }
    return true
}
```

调用 writeFile 函数，把一段文字保存到指定文件中，代码如下：

```
main() {
    var str =
        ###"
仓颉（Cangjie）
编程语言是华为首款面向应用层的自研编程语言，
兼具开发效率和运行性能，并且有极强的领域扩展能力。
仓颉编程语言是结合了现代编程语言技术的面向全场景应用开发的通用编程语言。
"###
    writeFile("./file.txt", str)
    0
}
```

15.5.3　Console

要实现从命令行中读取输入的内容，在仓颉语言中提供了 Console 类，该类中提供了标准输入单个字符、整行字符串和多行字符串的函数，以及标准输出字符串和带缓存的标准输出函数。

收集用户输入的个人信息，代码如下：

```
//chapter15/io/04io/main.cj

from std import io.*
```

```
main() {
    Console.write("请输入姓名: ")

    //读取一行
    var c = Console.readln()
    var r = c.getOrThrow()
    Console.write("你的姓名是: " + r)

    Console.write("请输入年龄: ")
    c = Console.readln()
    r = c.getOrThrow()

    /*
     * Console.stdOut 为 ConsoleWriteStream 类,
     * 它提供了允许额外一层缓存的 write 函数。
     */
    var a = Console.stdOut
    a.write("你输入的年龄是: " + r)
    a.close()
    return 0
}
```

输出的结果如下:

```
请输入姓名: Leo
你的姓名是: Leo
请输入年龄: 18
你输入的年龄是: 18
```

15.6 log 包

log 包提供了基础的日志打印功能,方便开发者进行统一的日志输出及管理。一般包含的功能有日期时间、不同的打印级别、日志输出(文件/终端)设置。log 包依赖 io 包中的文件流传输数据。

使用 log 包,首先需要导入,命令如下:

```
from std import log.
```

15.6.1 SimpleLogger

SimpleLogger 类提供了基础的日志打印功能,可进行统一的日志输出及管理。此类实现了 Logger 接口。

SimpleLogger 类提供的主要函数，代码如下：

```
public class SimpleLogger <: Logger {
    /* 调用函数 init()，打开默认文件 */
    public init()
    /*
    * 调用函数 init(name: String, level: LogLevel, output: io.FileStream)
    * 指定日志分类名称、日志级别、输出日志文件所用的文件流
    * 参数 name：日志分类名称
    * 参数 level：LogLevel 的参数级别
    * 参数 output：输出日志文件所用的文件流
    */
    public init(name: String, level: LogLevel, output: io.FileStream)
    /* 刷新当前流 */
    public func flush(): Unit
    /* 关闭当前流 */
    public func close(): Unit
}
```

打印 ALL 级别日志，代码如下：

```
//chapter15/logger/01log/main.cj

from std import log.*

main(): Int64 {
    let logger: SimpleLogger = SimpleLogger()
    logger.setLevel(LogLevel.ALL)
    logger.log(LogLevel.ALL, "日志级别为 ALL")
    logger.log(
        LogLevel.TRACE,
        "=" + logger.getLevel().toString() + "="
    )
    logger.log(LogLevel.OFF, "OFF 打印出来！")
    logger.log(LogLevel.ERROR, "error 打印出来！")
    logger.log(LogLevel.WARN, "warn 打印出来！")
    logger.log(LogLevel.INFO, "INFO 打印出来！")
    logger.log(LogLevel.Debug, "Debug 打印出来！")
    logger.log(LogLevel.TRACE, "trace 打印出来！")
    logger.log(LogLevel.ALL, "ALL 打印出来！")
    logger.flush()
    logger.close()
    0
}
```

输出的结果如下:

```
2022/06/29 01:25:29.109021 ALL Logger 日志级别为 ALL
2022/06/29 01:25:29.109262 TRACE Logger =====ALL===
2022/06/29 01:25:29.109398 ERROR Logger error 打印出来!
2022/06/29 01:25:29.109531 WARN Logger warn 打印出来!
2022/06/29 01:25:29.109678 INFO Logger INFO 打印出来!
2022/06/29 01:25:29.109812 Debug Logger Debug 打印出来!
2022/06/29 01:25:29.109940 TRACE Logger trace 打印出来!
2022/06/29 01:25:29.110073 ALL Logger ALL 打印出来!
```

15.6.2 根据日志级别输到文件中

把 ERROR 和 WARN 级别日志输到日志文件中,代码如下:

```
//chapter15/logger/02log/main.cj

from std import io.*
from std import log.*

main(): Int64 {
    try {
        let logger: SimpleLogger = SimpleLogger()
        logger.setLevel(LogLevel.ERROR)
        var s = FileStream("./stdout1.log",
            AccessMode.WriteOnly, OpenMode.Append)
        if (s.openFile()) {
            logger.setOutput(s)
            logger.log(LogLevel.ERROR,
            "============== 日志级别为 ERROR===============")
            logger.log(LogLevel.ERROR,
            "==" + logger.getLevel().toString() + "====")
            logger.log(LogLevel.OFF, "OFF 打印出来! ")
            logger.log(LogLevel.ERROR, "error 打印出来! ")
            logger.log(LogLevel.WARN, "warn 打印出来! ")
            logger.log(LogLevel.INFO, "INFO 打印出来! ")
            logger.log(LogLevel.Debug, "Debug 打印出来! ")
            logger.log(LogLevel.TRACE, "trace 打印出来! ")
            logger.log(LogLevel.ALL, "ALL 打印出来! ")
            logger.flush()
            logger.close()
            logger.setLevel(LogLevel.WARN)
        }
        s = FileStream("./stdout2.log",
```

```
                    AccessMode.WriteOnly, OpenMode.Append)
            if (s.openFile()) {
                logger.setOutput(s)
                logger.log(LogLevel.WARN,
                "============== 日志级别为 WARN===============")
                logger.log(LogLevel.WARN,
                "======" + logger.getLevel().toString() + "=====")
                logger.log(LogLevel.OFF, "OFF 打印出来！")
                logger.log(LogLevel.ERROR, "error 打印出来！")
                logger.log(LogLevel.WARN, "warn 打印出来！")
                logger.log(LogLevel.INFO, "INFO 打印出来！")
                logger.log(LogLevel.Debug, "Debug 打印出来！")
                logger.log(LogLevel.TRACE, "trace 打印出来！")
                logger.log(LogLevel.ALL, "ALL 打印出来！")
                logger.flush()
                logger.close()
            }
            ()
    } catch (e: IndexOutOfBoundsException) {
        print("RuntimeException: The file is closed, please open the file.")
        ()
    }
    0
}
```

运行后，在目录中生成了两个日志文件，如下所示：

```
.
├── main
├── stdout1.log
└── stdout2.log
```

日志效果如下：

```
2022/06/29 01:34:35.852620 ERROR Logger==日志级别为 ERROR====
2022/06/29 01:34:35.852835 ERROR Logger ======ERROR===
2022/06/29 01:34:35.852967 ERROR Logger error 打印出来！
```

15.7 JSON 包

JSON 是程序中非常有用的一个格式类型，JSON 包主要用于对 JSON 数据进行处理，实现 String、JsonValue 和 DataModel 之间的相互转换。数据转换时，涉及 String 转数值，需要依赖 convert 库。

目前 JSON 数据的转换暂不支持转义字符 \u,其他 JSON 支持的转义字符,如\n 和\r 等,调用 toString( )时会处理为 \n 和\r 等,如要获取原始值,则可调用 getValue( )获取。

使用时,首先需要导入该包,命令如下:

```
from encoding import json.*
```

15.7.1 JsonValue

JsonValue 类用于 JsonValue 和 String 数据之间的互相转换。

JsonValue 类的主要函数如下:

```
public abstract class JsonValue{
    /*
    * 将字符串数据解析为 JsonValue
    * 参数 s:传入字符串数据, s 暂不支持问号、中文和特殊字符
    * 返回值 JsonValue:返回转换后的 JsonValue
    */
    public static func fromStr(s: String): JsonValue
    /*
    * 将 JsonValue 转换为字符串
    * 返回值 String:返回转换后的字符串
    */
    public func toString(): String
    /*
    * 将 JsonValue 转换为 JSON 格式(带有空格换行符) 的字符串
    * 返回值 String:返回转换后的 JSON 格式字符串
    */
    public func toJsonString(): String
    /*
    * 将 JsonValue 转换为 Option<JsonNull>格式
    * 返回值 Option<JsonNull>:返回转换后的 Option<JsonNull>
    */
    func asNull(): Option<JsonNull>
    /*
    * 将 JsonValue 转换为 Option<JsonBool>格式
    * 返回值 Option<JsonBool>:返回转换后的 Option<JsonBool>
    */
    func asBool(): Option<JsonBool>
    /*
    * 将 JsonValue 转换为 Option<JsonInt>格式
    * 返回值 Option<JsonInt>:返回转换后的 Option<JsonInt>
    */
    func asInt(): Option<JsonInt>
```

```
    /*
     * 将 JsonValue 转换为 Option<JsonFloat>格式
     * 返回值 Option<JsonFloat>: 返回转换后的 Option<JsonFloat>
     */
    func asFloat(): Option<JsonFloat>
    /*
     * 将 JsonValue 转换为 Option<JsonString>格式
     * 返回值 Option<JsonString>: 返回转换后的 Option<JsonString>
     */
    func asString(): Option<JsonString>
    /*
     * 将 JsonValue 转换为 Option<JsonArray>格式
     * 返回值 Option<JsonArray>: 返回转换后的 Option<JsonArray>
     */
    func asArray(): Option<JsonArray>
    /*
     * 将 JsonValue 转换为 Option<JsonObject>格式
     * 返回值 Option<JsonObject>: 返回转换后的 Option<JsonObject>
     */
    func asObject(): Option<JsonObject>
}
```

实现 String 和 JsonValue 相互转换，代码如下：

```
//chapter15/json/01json/main.cj

from encoding import json.*

main() {
    //数组
    var str =
        ##"[true,"hello\"world",{"name":"Leo","tags":[100,false,{"height":
138}]},3422,22.341,false,[22,22.22,true,"ddd"],43]"##
    var jv: JsonValue = JsonValue.fromStr(str)
    var res = jv.toString()
    println(res)

    //格式化输出
    var prettyres = jv.toJsonString()
    println(prettyres)

    //json
    var strO = ##"{"name":"Tom","age":"18","version":"0.1.1"}"##
    var kO = JsonValue.fromStr(strO)
```

```
    var resO = kO.asObject().getOrThrow().get("name").toString()
    println(resO)


    0
}
```

输出的结果如下：

```
[true,"hello\"world",{"name":"Leo","tags":[100,false,{"height":138}]},342
2,22.341000,false,[22,22.220000,true,"ddd"],43]
[
  true,
  "hello\"world",
  {
    "name": "Leo",
    "tags": [
      100,
      false,
      {
        "height": 138
      }
    ]
  },
  3422,
  22.341000,
  false,
  [
    22,
    22.220000,
    true,
    "ddd"
  ],
  43
]
"Tom"
```

从 hello.json 文件中读取 JSON 数据，并以 JSON 格式返回，代码如下：

```
//chapter15/json/02json/main.cj

from std import io.*
from encoding import json.*

//从指定 JSON 文件中读取并返回 JSON 格式数据
func readJSONFile(fileName!: String = "hello.json") {
```

```
    var jsonData: JsonValue
    try (fs = FileStream(fileName)) {
        fs.openFile()
        var jsonstr = fs.readAllText()
        jsonData = JsonValue.fromStr(jsonstr)
    } catch (e: Exception) {
        println(e)
    }
    //将 JsonValue 转换为 JSON 格式(带有空格换行符)的字符串
    return jsonData.toJsonString()
}

main() {
    println(readJSONFile())
    0
}
```

输出的结果如下:

```
{
  "username": "emi",
  "age": 22,
  "mobile": {
    "tel": "123456",
    "cellphone": "98765"
  },
  "address": [
    {
      "city": "shanghai",
      "postcode": "201203"
    },
    {
      "city": "beijing",
      "postcode": "200000"
    }
  ]
}
```

可以使用 JsonValue 添加多种数据并转换成 String,下面是 JsonValue 添加多种数据并转换成 String 的示例:

```
//chapter15/json/03json/main.cj

from encoding import json.*
from std import collection.*
```

```
main() {
    var a: JsonValue = JsonNull()
    var b: JsonValue = JsonBool(true)
    var c: JsonValue = JsonBool(false)
    var d: JsonValue = JsonInt(7363)
    var e: JsonValue = JsonFloat(736423.546)
    var list: ArrayList<JsonValue> = ArrayList<JsonValue>()
    var list2: ArrayList<JsonValue> = ArrayList<JsonValue>()
    var map = JsonObject()
    var map1 = JsonObject()
    map1.put("a", JsonString("cangjie"))
    map1.put("b", b)
    map1.put("c", JsonString("go"))
    list2.add(b)
    list2.add(JsonInt(100))
    list2.add(map1)
    list2.add(JsonString("beijing"))
    list.add(b)
    list.add(a)
    list.add(map)
    list.add(c)
    list.add(JsonArray(list2))
    list.add(d)
    list.add(JsonString("shanghai"))
    list.add(e)
    var result: JsonValue = JsonArray(list)
    println(result.toString())
    println(result.toJsonString())
    0
}
```

输出的结果如下:

```
[true,null,{},false,[true,100,{"a":"cangjie","b":true,"c":"go"},"beijing"
],7363,"shanghai",736423.546000]
[
  true,
  null,
  {},
  false,
  [
    true,
    100,
```

```
  {
    "a": "cangjie",
    "b": true,
    "c": "go"
  },
  "beijing"
],
7363,
"shanghai",
736423.546000
]
```

15.7.2   JSON 中转义字符处理

JSON 中对转义字符的处理，当 String 转换为 JsonValue 时，转义字符"\"之后只能对应 JSON 支持的转义字符，如 n、t、r、b、f、\、"、/，使用 toString( )时，会对转义字符进行处理，不再用于实现相应的控制效果，代码如下：

```
//chapter15/json/04json/main.cj

from encoding import json.*

main() {
    var s1 = JsonValue.fromStr("\"\n\"").toString()
    var s2 = JsonValue.fromStr("\"\\n\"").toString()
    var s3 = JsonValue.fromStr("\"\r\"").toString()
    var s4 = JsonValue.fromStr("\"\\r\"").toString()
    var s5 = JsonValue.fromStr("\"\b\"").toString()
    var s6 = JsonValue.fromStr("\"\\b\"").toString()
    var s7 = JsonValue.fromStr("\"\f\"").toString()
    var s8 = JsonValue.fromStr("\"\\f\"").toString()
    var s9 = JsonValue.fromStr("\"\t\"").toString()
    var s10 = JsonValue.fromStr("\"\\t\"").toString()
    var s11 = JsonValue.fromStr("\"\\\"\"").toString()
    println(JsonString("a\nb\fc\td\be\r/6f\\g").toString())
    println(JsonString("\\\t\\").toString())
    println(JsonString("\"").toString())
    println(s1)
    println(s2)
    println(s3)
    println(s4)
    println(s5)
    println(s6)
```

```
        println(s7)
        println(s8)
        println(s9)
        println(s10)
        println(s11)
}
```

运行的结果如下：

```
"a\nb\fc\td\be\r/6f\\g"
"\\\t\\"
"\""
"\n"
"\n"
"\r"
"\r"
"\b"
"\b"
"\f"
"\f"
"\t"
"\t"
"\""
```

15.8　serialization 包

serialization 包通过实现 Serializable 接口来支持序列化和反序列化。

使用 serialization 包，首先需要导入，命令如下：

```
from serialization import serialization.*
```

15.8.1　Serializable

Serializable 接口用于规范序列化，Serializable 接口的主要函数如下：

```
public interface Serializable<T> {
    /*
    * 将自身序列化为 DataModel
    * 返回值 DataModel: 序列化 DataModel
    */
    func serialize(): DataModel
    /*
    * 将 DataModel 反序列化为对象
    * 返回值 T: 反序列化的对象
```

```
    */
    static func deserialize(dm: DataModel): T
}
```

支持实现 Serializable 接口的类型如下。

（1）基本数据类型：整数类型、浮点类型、布尔类型、字符类型、字符串类型。

（2）Collection 类型：Array、ArrayList、HashSet、HashMap、Option。

（3）用户自定义实现了 Serializable 的类型。

15.8.2　DataModel

此类为中间数据层。该类主要用于 DataModel 和 JsonValue 数据之间的互相转换。DataModel 类的主要函数如下：

```
public abstract class DataModel {
    /*
     * 将 JsonValue 数据解析为 DataModel
     * 参数 jv: JsonValue 类型
     * 返回值 DataModel: 转换为序列化 DataModel
     */
    public static func fromJson(jv: JsonValue): DataModel
    /*
     * 将 DataModel 转换为 JsonValue
     * 返回值 JsonValue: 返回转换后的 JsonValue
     */
    public func toJson(): JsonValue
}
```

具体例子如下：

```
//chapter15/serialization/01serial/main.cj

from serialization import serialization.*
from encoding import json.*

main() {
    var jsonStr = ##"{"name":"Tom","age":"18","version":"0.1.1"}"##
    var jv1: JsonValue = JsonValue.fromStr(jsonStr)

    //var str: String = jv.toString()
    //println(str)

    /* jv 为 JsonValue 数据 */
    var dm: DataModel = DataModel.fromJson(jv1)
```

```
    var jv2: JsonValue = dm.toJson()
    //获取 JSON 中的 name
    var name = jv2.asObject().getOrThrow().get("name").toString()
    println(name)                    //Tom

}
```

15.8.3　DataModelStruct

DataModelStruct 类为 DataModel 的子类，重点用来实现 class 对象到 DataModel 的转换。
该类的结构如下：

```
public class DataModelStruct <: DataModel {
    /*
    * 构造一个空参的 DataModelStruct
    * fields 默认为空的 ArrayList<Field>
    */
    public init()
    /*
    * 构造一个具有初始数据的 DataModelStruct
    * 参数 list: ArrayList<Field>类型
    */
    public init(list: ArrayList<Field>)
    /*
    * 获取 DataModelStruct 的数据集合
    * 返回值 ArrayList<Field>: 类型为 ArrayList<Field>的 fields 数据
    */
    public func getFields(): ArrayList<Field>
    /*
    * 将数据 fie 添加到 DataModelStruct 中
    * 参数 fie: Field 类型
    * 返回值 DataModelStruct: 得到新的 DataModelStruct
    */
    public func add(fie: Field): DataModelStruct
    /*
    * 获取 key 对应的数据
    * 参数 key: String 类型
    * 返回值类型为 DataModel, 如未查找到对应值, 则返回 DataModelNull
    */
    public func get(key: String): DataModel
}
```

Field 类用于存储 DataModelStruct 的元素，代码如下：

```
public class Field {
    /*
    * Field 的构造函数
    * 参数 name: name 字段值
    * 参数 data: data 字段值
    */
    public init(name: String, data: DataModel)
    /*
    * 获取 name 字段
    * 返回值类型为 String
    */
    public func getName(): String
    /*
    * 获取 data 字段
    * 返回值类型为 DataModel
    */
    public func getData(): DataModel
}
```

对 class 进行序列化和反序列化，要实现类的序列化和反序列化，首先需要让该类实现 serialize( )函数接口，代码如下：

```
class Abc <: Serializable<Abc>
```

实现 serialize( )函数时，使用 DataModelStruct( )对象添加即可，add 中调用全局函数 field，如 add(field("xx", xx))，现阶段泛型必须带上，后续编译器内核优化后，可省略，代码如下：

```
//chapter15/serialization/02serial/main.cj

from serialization import serialization.*
from std import math.*
from encoding import json.*

class Abc <: Serializable<Abc> {
    var name: String = "Abcde"
    var age: Int64 = 555
    var loc: Option<Location> = Option<Location>.None
    public func serialize(): DataModel {
        return DataModelStruct()
        .add(field<String>("name", name))
        .add(field<Int64>("age", age))
        .add(field<Option<Location>>("loc", loc))
    }
```

```
        static public func deserialize(dm: DataModel): Abc {
            var dms = match (dm) {
                case data: DataModelStruct => data
                case _ => throw Exception("this data is not DataModelStruct")
            }
            var result = Abc()
            result.name = String.deserialize(dms.get("name"))
            result.age = Int64.deserialize(dms.get("age"))
            result.loc = Option<Location>.deserialize(dms.get("loc"))
            return result
        }
}

class Location <: Serializable<Location> {
    var time: Int64 = 666
    var code: Char = 'T'
    public func serialize(): DataModel {
        return DataModelStruct()
        .add(field<Int64>("time", time))
        .add(field<Char>("code", code))
    }
    static public func deserialize(dm: DataModel): Location {
        var dms = match (dm) {
            case data: DataModelStruct => data
            case _ => throw Exception("this data is not DataModelStruct")
        }
        var result = Location()
        result.time = Int64.deserialize(dms.get("time"))
        result.code = Char.deserialize(dms.get("code"))
        return result
    }
}

main() {
    var dd = Abc()
    var aa: JsonValue = dd.serialize().toJson()
    var bb: JsonObject = (aa as JsonObject).getOrThrow()
    var v1 = (bb.get("name") as JsonString).getOrThrow()
    var v2 = (bb.get("age") as JsonInt).getOrThrow()
    var v3 = (bb.get("loc") as JsonNull).getOrThrow()
    println(v1.getValue())
    println(v2.getValue())
    println(v3.toString())
```

```
    println("===========")
    var aaa = ##"{"age": 123, "loc": { "code": "H", "time": 45 },
        "name":"Leo"}"##
    var bbb = JsonValue.fromStr(aaa)
    var ccc = (bbb as JsonObject).getOrThrow()
    var v4 = (ccc.get("name") as JsonString).getOrThrow()
    var v5 = (ccc.get("age") as JsonInt).getOrThrow()
    var v6 = (ccc.get("loc") as JsonObject).getOrThrow()
    var v7 = (v6.get("time") as JsonInt).getOrThrow()
    var v8 = (v6.get("code") as JsonString).getOrThrow()
    println(v4.getValue())
    println(v5.getValue())
    println(v7.getValue())
    println(v8.getValue())
    0
}
```

输出的结果如下：

```
Abcde
555
null
===========
Leo
123
45
H
```

15.8.4　HashSet 和 HashMap 序列化

与类的序列化和反序列化类似，也可以对 HashSet 和 HashMap 进行序列化，代码如下：

```
//chapter15/serialization/03serial/main.cj

from std import collection.*
from serialization import serialization.*
from encoding import json.*

class Values <: Hashable & Equatable<Values>& Serializable<Values> {
    var m_data: Int64
    init(m_data: Int64) {
        this.m_data = m_data
    }
    public func hashCode(): Int64 {
```

```
            return this.m_data
    }
    public operator func ==(right: Values): Bool {
        var a = (this.m_data == right.m_data)
        if (a) {
            return true
        } else {
            return false
        }
    }
    public operator func !=(right: Values): Bool {
        var a = (this.m_data != right.m_data)
        if (a) {
            return true
        } else {
            return false
        }
    }
    public func serialize(): DataModel {
        return DataModelStruct().add(field<Int64>("m_data", m_data))
    }
    static public func deserialize(dm: DataModel): Values {
        var dms: DataModelStruct = match (dm) {
            case data: DataModelStruct => data
            case _ => throw Exception("this data is not DataModelStruct")
        }
        var result = Values(0)
        result.m_data = Int64.deserialize(dms.get("m_data"))
        return result
    }
}
main() {
    var s: HashSet<Values> = HashSet<Values>([Values(3), Values(5), Values(7)])
    var seris: DataModel = s.serialize()
    println(seris.toJson().toJsonString())
    println("===========")
    var m: HashMap<String, Values> = HashMap<String, Values>(
        [
            ("1", Values(3)),
            ("2", Values(6)),
            ("3", Values(9))
        ]
    )
```

```
    var serim: DataModel = m.serialize()
    println(serim.toJson().toJsonString())
    0
}
```

输出的结果如下：

```
[
  {
    "m_data": 3
  },
  {
    "m_data": 5
  },
  {
    "m_data": 7
  }
]
===========
{
  "1": {
    "m_data": 3
  },
  "2": {
    "m_data": 6
  },
  "3": {
    "m_data": 9
  }
}
```

15.9 regex 包

正则表达式使用单个字符串来描述及匹配一系列符合某个句法规则的字符串搜索模式。在仓颉语言中提供了 regex 包，用来分析及处理文本，支持查找、分割、替换、验证等功能。

使用 regex 包，首先需要导入该包，命令如下：

```
from std import regex.*
```

15.9.1 regex

regex 用来指定编译类型和输入序列。当前正则表达式不支持 Lookahead 表达式，如(?=a)、(?!a)等；不支持部分指定的 greedy 或者 lazy 模式，如 k.*k，仅支持\r、\n、\\、\b、\0、\'、\"

等转义表达式；最大组定义个数为 64。

regex 支持的常用转义字符见表 15-5。

表 15-5　常用的转义字符

函　数　名	说　　　　明
\0	空字符(NUL)
?	代表一个问号
\	代表一个反斜线字符
\"	代表一个双引号字符
\'	代表一个单引号
\r	回车(CR)，将当前位置移到本行开头
\n	换行(LF)，将当前位置移到下一行开头
\\	反斜杠字符\
\\d+	表示多个数字，形如 12，44，6763，…
\W	匹配包括下画线的任何单词字符，等价于 [A-Z a-z 0-9_] \w：用于匹配字母、数字或下画线字符 \W：用于匹配所有与\w 不匹配的字符
*?	匹配零次或多次
+?	匹配一次或多次
??	匹配零次或一次

Regex 类提供的 API 见表 15-6。

表 15-6　Regex 类提供的 API

函　数　名	类型	说　　　　明
init(s: String)	构造函数	创建 Regex，匹配模式为普通模式 参数 s：入参是正则表达式
init(s: String, option: RegexOption)	构造函数	创建 Regex 参数 s：入参是正则表达式 参数 option：当前有 3 种模式可选，分别是普通模式、忽略大小写模式和多行文本模式
matcher(input: String): Matcher	函数	创建匹配器 参数 input：要匹配的字符串 返回值 Matcher：返回创建的匹配器
matches(input: String): Option<MatchData>	函数	创建匹配器，并将入参 input 与正则表达式进行完全匹配 参数 input：要匹配的字符串 返回值 Option<MatchData>：如果匹配到结果，则返回 Option<MatchData>，否则返回 Option<MatchData>.None
string( ): String	函数	返回正则的输入序列 返回值 input：返回输入序列

创建 Regex 正则类，并简单匹配大小写，使用 matches( )进行匹配，代码如下：

```
//chapter15/regex/01regex/src/main.cj

from std import regex.*

main() {
    let r1 = Regex("abc")

    //不忽略大小写
    match (r1.matches("aBc")) {
        case Some(r) => println(r.matchStr())
        case None => println("不匹配")
    }

    //忽略大小写
    let r2 = Regex("abc", RegexOption().ignoreCase())
    match (r2.matches("aBc")) {
        case Some(r) => println(r.matchStr())
        case None => println("None")
    }
    return 0
}
```

输出的结果如下：

```
不匹配
aBc
```

15.9.2　Matcher

Regex 的匹配器用于扫描输入序列并进行匹配，该类的函数见表 15-7。

表 15-7　Matcher 匹配器函数

函　数　名	说　　明
init(re: Regex, input: String)	创建 Matcher 参数 re：正则表达式 参数 input：要匹配的字符串
fullMatch( ): Option<MatchData>	对整个输入序列进行匹配 返回值 Option<MatchData>：全部匹配才会返回对应的 Option<MatchData>，否则返回 Option<MatchData>.None
matchStart( ): Option<MatchData>	对输入序列的头部进行匹配 返回值 Option<MatchData>：如果能匹配到返回结果，则解构后是 MatchData，否则 None

续表

函　数　名	说　　明
find( ): Option<MatchData>	自当前字符串偏移位置起，返回匹配到的第 1 个子序列，find 调用一次，当前偏移位置为最新一次匹配到的子序列后第 1 个字符位置，再次调用，find 从当前位置开始匹配 返回值 Option<MatchData>： 如果匹配到结果，则返回 Option<MatchData>，如果匹配不到结果，则返回 Option <MatchData>.None
find(index: Int64): Option <MatchData>	重置该匹配器索引位置，从 index 对应的位置处开始对输入序列进行匹配，返回匹配到的子序列 返回值 Option<MatchData>：Option<MatchData>为匹配到的子序列，如果未匹配到子序列，则解构后的结果为 None
findAll( ): Option<Array <MatchData>>	对整个输入序列进行匹配，找到所有匹配到的子序列 返回值 Option<Array<MatchData>>：如果至少找到一个子序列，则返回结果解构后生成一个包含所有可匹配子序列的 Array<MatchData>，否则解构后为 None
replace(replacement: String): String	自当前字符串偏移位置起，将匹配到的第 1 个子序列替换为目标字符串，并将当前索引位置设置到匹配子序列的下一个位置。返回替换后的字符串 参数 replacement：指定替换字符串 返回值 String：返回替换后的字符串
replace(replacement: String, index: Int64): String	从输入序列的 Index 位置起匹配正则，将匹配到的第 1 个子序列替换为目标字符串，返回替换后的字符串 参数 replacement：指定替换字符串 参数 index：匹配开始位置 返回值 String：返回替换后的字符串
replaceAll(replacement: String): String	将输入序列中所有与正则匹配的子序列替换为给定的目标字符串，返回替换后的字符串 参数 replacement：指定替换字符串 返回值 String：String 是替换后的字符串
replaceAll(replacement: String, limit: Int64): String	将输入序列中与正则匹配的前 limit 个子序列替换为给定的替换字符串，返回替换后的字符串 参数 limit：替换次数。如果 limit 等于 0，则返回原来的序列；如果 limit 为负数，则将尽可能多次地进行替换 参数 replacement：指定替换字符串 返回值 String：返回替换后的字符串
split( ): Array<String>	将给定的输入序列根据正则尽可能地分割成多个子序列 返回值 Array<String>：子序列数组
split(limit: Int64): Array<String>	将给定的输入序列根据正则尽可能地分割成多个子序列（最多分割成 limit 个子串） 参数 limit：传入最多分割的子串个数 返回值 Array<String>：如果 limit>0，则返回最多 limit 个子串；如果 limit<=0，则返回最大分割的子串

函 数 名	说 明
setRegion(beginIndex: Int64, endIndex: Int64): Matcher	设置匹配器可搜索区域的位置信息，具体位置由指定的 begin 和 end 决定 参数 beginIndex：区域开始位置 参数 endIndex：区域结束位置 返回值 Matcher：返回匹配器自身
region( ): Position	返回匹配器的区域设置 返回值 Position：返回匹配器的区域设置
resetRegion( ): Matcher	重置匹配器开始位置和结束位置 返回值 Matcher：返回匹配器自身
resetString(input: String): Matcher	重设匹配序列，并重置匹配器 参数 input：要匹配的字符串 返回值 Matcher：返回匹配器自身
getString( ): String	获取要匹配的字符串 返回值 String：返回匹配序列

使用 Regex 的 matcher 创建匹配器 Matcher 实例，使用 resetString 重新设置匹配序列，使用 fullMatch 和 matchStart 进行匹配，代码如下：

```
//chapter15/regex/02regex/src/main.cj

from std import regex.*

main() {

    let r = Regex("\\d+")
    //创建匹配器
    let m = r.matcher("13588123456")
    //对整个输入序列进行匹配
    let mdops1 = m.fullMatch()
    //重设匹配序列，并重置匹配器
    m.resetString("13588abc")
    //对输入序列的头部进行匹配
    let mdops2 = m.matchStart()
    m.resetString("abc13588123abc")
    let mdops3 = m.matchStart()
    match (mdops1) {
        case Some(op) => println(op.matchStr())  //13588123456
        case None => println("None")
    }
    match (mdops2) {
        case Some(op) => println(op.matchStr())  //13588
```

```
            case None => println("None")
        }
        match (mdops3) {
            case Some(op) => println(op.matchStr())
            case None => println("None")         //None
        }
        return 0
}
```

输出的结果如下:

```
13588123456
13588
None
```

Matcher 中提供了 replace 和 replaceAll 函数，下面是使用 replace 和 replaceAll 的示例，代码如下:

```
//chapter15/regex/02regex/src/main2.cj

from std import regex.*

main() {
    let r = Regex("\\d").matcher("1aba12aaa")
    println(r.replace("c"))
    println(r.replace("c", 2))
    println(r.replaceAll("c"))
    println(r.replaceAll("c", 2))
    println(r.replaceAll("c", -1))
    return 0
}
```

输出的结果如下:

```
caba12aaa
1abac2aaa
cabaccaaa
cabac2aaa
cabaccaaa
```

15.9.3　MatchData

MatchData 类用来存储正则表达式匹配结果，并提供对正则匹配结果进行查询的函数。
当前版本不支持访问捕获的组的字符串和 Position 信息。MatchData 类提供的函数见
表 15-8。

表 15-8　MatchData 类 API

函　数　名	说　明
matchStr( ): String	返回匹配到的子字符串 返回值 String：返回子字符串
matchStr(group: Int64): String	返回匹配到的指定捕获组的子字符串，当前版本暂不支持 参数 group：指定组 返回值 String：返回子字符串
matchPosition( ): Position	返回匹配到的子字符串在字符串中起始位置的索引和最后一个字符匹配后的偏移索引 返回值 Position：Position 中存储着位置信息
matchPosition(group: Int64): Position	返回匹配到的指定捕获组子字符串在字符串中的位置信息，当前版本暂不支持 参数 group：指定组 返回值 Position：Position 中使用变量 start 和 end 来表示开始位置和结束位置
groupNumber( ): Int64	返回捕获组的个数，当前版本暂不支持 返回值 Int64：返回捕获组的个数

代码如下：

```
//chapter15/regex/03regex/src/main.cj

from std import regex.*

main() {

    let r = Regex("a\\w*?a").matcher("1aba12aaa555")
    for (i in 0..2) {
        //自当前字符串偏移位置起，返回匹配到的第 1 个子序列
        //find 调用一次，当前偏移位置为最新一次匹配到的子序列后第 1 个字符位置
        //再次调用，find 从当前位置开始匹配
        let mdops = r.find()
        match (mdops) {
            case Some(d) =>
                //返回匹配到的子字符串
                println(d.matchStr())
                //返回匹配到的子字符串在字符串中起始位置的索引和
                //最后一个字符匹配后的偏移索引
                println(d.matchPosition().start)
                println(d.matchPosition().end)
            case None => println("None")
        }
    }
}
```

```
        return 0
    }
```

输出的结果如下：

```
aba
1
4
aa
6
8
```

15.9.4　RegexOption

RegexOption 类用于指定正则匹配的模式，默认的正则匹配实现为 NFA 模式。目前仅支持普通模式（NORMAL）和忽略大小写（IGNORECASE）模式。提供的 API 见表 15-9。

表 15-9　RegexOption 类 API

函 数 名	说　　　明
init( )	创建 RegexOption，匹配模式为普通模式（NORMAL）
ignoreCase( ): RegexOption	修改 RegexOption，修改匹配模式为忽略大小写（IGNORECASE） 返回值 RegexOption：返回修改后的 RegexOption
multiLine( ): RegexOption	修改 RegexOption，修改匹配模式为多行文本模式（MULTILINE），当前版本暂不支持 返回值 RegexOption：返回修改后的 RegexOption
toString( ): String	获取 RegexOption 当前表示的正则匹配模式 返回值 String：返回正则匹配模式

RegexOption 类可以获取当前正则匹配模式，代码如下：

```
//chapter15/regex/04regex/src/main.cj


from std import regex.*

main() {
    var a = RegexOption()
    println(a.toString())
    a = RegexOption().ignoreCase()
    println(a.toString())
    a = RegexOption().multiLine()
    println(a.toString())
    a = RegexOption().multiLine().ignoreCase()
    println(a.toString())
```

```
        return 0
    }
```

输出的结果如下：

```
NORMAL,NFA
IGNORECASE,NFA
MULTILINE,NFA
MULTILINE,IGNORECASE,NFA
```

15.10 url 包

该包提供 url 数据解析及处理接口。

使用该包，首先需要导入 url 包，命令如下：

```
from encoding import url.*
```

15.10.1 url 包主要接口

url 包提供了 3 个主要接口，见表 15-10。

表 15-10 url 包主要接口

名　　称	说　　明
URL 类	统一资源定位符（URL）
UserInfo 类	UserInfo 表示 URL 中的用户名和密码信息
Form 类	Form 以键-值对形式存储 HTTP 请求的参数，同一个 key 对应多个 value，value 以数组形式存储，但调用与获取等 API 时仅返回第 1 个值

15.10.2 URL

URL 类封装了和统一资源定位符（URL）相关的操作方法。

来看下面的例子，通过 URL 类的静态方法 parseRequestURI 对 URL 字符串进行解析，代码如下：

```
//chapter15/url/01url/src/main.cj

from encoding import url.*

main() {
    var urlstr = "http://www.51cto.com/news/?query=cangjie"
    let s = URL.parseRequestURI(urlstr).getOrThrow()
    println(s.requestURI())          //输出: /news/?query=cangjie
    return 0
```

```
}
```

parseRequestURI 静态方法会将原始字符串解析成 URL 对象，如果用于 HTTP 请求，必须用绝对路径，requestURI 函数返回 path?query 或者 opaque?query 的形式的字符串。

输出的结果如下：

```
/news/?query=cangjie
```

15.10.3 Form

Form 以键-值对形式存储 HTTP 请求的参数，同一个 key 对应多个 value，value 以数组形式存储，但调用与获取等 API 时仅返回第 1 个值。

下面的例子，创建一个 Form 类，并通过 get 获取 key 对应映射的 value，代码如下：

```
//chapter15/url/02form/src/main.cj

from encoding import url.*

main(): Int64 {
    var s = Form("name=张三&age=13&code=2&code=3&&")
    //并通过 get 获取 key 对应映射的 value
    println(s.get("name").getOrThrow())
    println(s.get("code").getOrThrow())
    return 0
}
```

输出的结果如下：

```
张三
2
```

使用 Form 中的 add、set 和 clone 方法，代码如下：

```
//chapter15/url/03form/src/main.cj

from encoding import url.*

main(): Int64 {
    var f = Form()
    f.add("name", "Leo")
    f.add("age", "20")
    println(f.get("name").getOrThrow())
    f.set("sex", "female")
    println(f.get("sex").getOrThrow())
```

```
    /*
     * 克隆 Form
     * 返回值：Form 类型，克隆的新 Form 实例
     */
    let clone_f = f.clone()
    clone_f.add("addr", "北京")
    println(clone_f.get("addr").getOrThrow())
    println(f.get("addr") ?? "没有地址")
    0
}
```

输出的结果如下：

```
Leo
female
北京
没有地址
```

15.11   本章小结

　　本章介绍了部分在仓颉语言中常用的标准包和工具包的使用，仓颉的标准包会随着仓颉的版本一起发布，所以标准包的内容会在不断变化中。

第 16 章

单 元 测 试

单元测试是软件工程中降低开发成本及提高软件质量的常用方式之一。对于程序开发人员来讲，编写单元测试，帮助开发人员在开发阶段检查代码的功能是否正确，养成单元测试的习惯，不但可以提高代码的质量，还可以提升自己的编程技巧。

仓颉语言 unittest 包使用元编程语法来支持单元测试功能，用于编写和运行可重复的测试用例，组装结构化的测试夹。

16.1　什么是单元测试

单元测试（Unit Testing）是指程序开发人员对自己开发的软件中的最小可测试单元进行检查和验证。单元测试是在软件开发过程中要进行的最低级别的测试活动，软件的独立单元将在与程序的其他部分相隔离的情况下进行测试。

从软件测试的过程看，单元测试可以很好地验证和测试详细设计的目标是否达成，如图 16-1 所示。

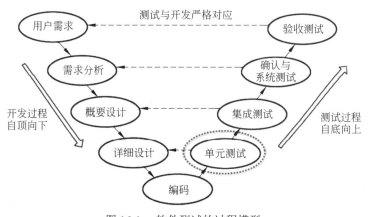

图 16-1　软件测试的过程模型

16.2　修饰器宏介绍

为了方便编写测试代码，仓颉语言提供了基于元编程语法的测试宏，这些宏可以用在单元测试代码中对需要测试的代码进行标注，具体的宏如表 16-1 所示。

表 16-1　unittest 包中提供的单元测试宏

宏 名 称	说 明
@Test	@Test 声明测试类，修饰 Top-Level 类或者 Top-Level 的函数（此时也会宏展开为测试类）： （1）测试类兼容继承或不继承 Test。 （2）测试类兼容无 @TestCase 修饰函数，此时测试用例为 0
@TestCase	@TestCase 声明测试函数，托管于测试类： （1）只在@Test 修饰的 class 内部生效，修饰非测试类成员函数时无效。 （2）函数名无要求，符合函数名 identifier 定义即可。 （3）函数类型必须是 ( )->unit
@Skip[expr]	@Skip[expr]修饰已经被@TestCase 修饰的函数： （1）expr 暂时只支持 true，表达式为 true 时，跳过该测试，其他均为 false。 （2）默认 expr 为 true，即 @Skip[true] = = @Skip
@Bench[times: Int64]	@Bench[times: Int64]修饰已经被@TestCase 修饰的函数，times 为用例执行次数，以该宏修饰的用例默认不执行，仅在--bench 的运行参数下执行
@Assert	@Assert 声明 Assert 断言，测试函数内部使用，如果断言失败，则停止用例： （1）@Assert(leftExpr, rightExpr)比较 leftExpr 和 rightExpr 是否相同。 （2）@Assert(condition: Bool)比较 condition 是否 true @Assert(condition: Bool) = = @Assert(condition: Bool, true)
@Expect	@Expect 声明 Expect 断言，测试函数内部使用，如果断言失败，则继续执行用例： （1）@Expect(leftExpr, rightExpr)，比较 leftExpr 和 rightExpr 是否相同。 （2）@Expect(condition: Bool)，比较 condition 是否为 true @Expect(condition: Bool) = =@Expect(condition: Bool, true)

16.3　编译与运行测试

仓颉编译器 cjc 提供了--test 编译选项来自动组织源码中的测试用例及生成可执行程序的入口函数。该参数的作用如下：

（1）测试用例编译，配合 unittest 库使用。

（2）条件编译，测试代码应放在以 _test.cj 结尾的文件中，如果包编译时未使用--test 选项，则忽略该文件。

使用方法如下：

```
#编译单个文件
```

```
cjc test.cj -o test --test
```

上面的 cjc 命令后添加了参数：--test，输出名为 test 的可执行程序。test.cj 是含有测试用例的仓颉文件。

通过上面的命令，把测试用例文件编译好后，可以运行 test 可执行文件，命令如下：

```
#运行 cjc 编译的可执行文件 test，添加参数选项
#--filter 后有=和无=均支持
./test --bench --filter MyTest.*Test,-stringTest
```

上面的执行测试命令的参数说明见表 16-2。

表 16-2　测试运行参数说明

参数名称	参数说明
--bench	用 @bench 宏修饰的用例默认不执行，在使用 --bench 的情况下只执行 @bench 宏修饰的用例
--filter	如果希望以测试类和测试用例过滤出测试的子集，则可以使用"--filter= 测试类名.测试用例名"的形式来筛选匹配的用例。 例如： （1）--filter=* 匹配所有测试类。 （2）--filter=*.* 匹配所有测试类的所有测试用例（结果和*相同）。 （3）--filter=*.*Test,*case* 匹配所有测试类以 Test 结尾及名字中带有\`case\`的测试用例。 （4）--filter=MyTest*.*Test,\`*case*\`,-myTest 匹配所有以 MyTest 开头且测试类中以 Test 结尾及名字中带有\`case\`和除名为\`myTest\`的测试用例

执行上面的命令后，结果如下：

```
-------------------------------------------------------------------
TP: default, time elapsed: 0 millis, Result:
Summary:
    TOTAL: 0, SKIPPED: 0, PASS: 0, FAILED: 0, ERROR: 0
-------------------------------------------------------------------
```

上面介绍的是单个文件编译和测试，可以在现有模块中添加测试文件，如在下面的模块中，每个代码文件都有一个同名的_test.cj 文件，目录如下：

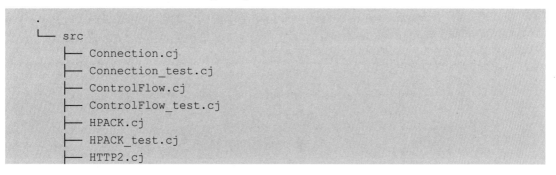

```
.
└─ src
    ├── Connection.cj
    ├── Connection_test.cj
    ├── ControlFlow.cj
    ├── ControlFlow_test.cj
    ├── HPACK.cj
    ├── HPACK_test.cj
    ├── HTTP2.cj
```

```
        └── HTTP2_test.cj
```

在上面的根目录下，执行下面的命令：

```
cjc ./src/* --test
```

上面的命令会对目录 src 下的所有_test.cj 文件进行编译，执行命令后，默认会在根目录下生成一个 main 的可执行程序。

打开命令行，输入./main 查看运行结果：

```
./main
```

16.4 修饰类的使用

unittest 包提供了用于测试的修饰器，下面介绍这些装饰器的用法。

16.4.1 @Test 修饰器

@Test 修饰类，展开的测试类使用@TestCase 的功能及@Expect（同样用法的@Assert）的断言用法。

创建 test1.cj 文件，代码如下：

```
//test1.cj

from std import unittest.*
from std import unittest.testmacro.*

//用户测试功能
func concat(s1: String, s2: String): String {
    return s1 + s2
}

//简单用例
@Test
public class Test1{
    @TestCase
    func sayhi(): Unit {
        //期望 concat("1", "2")的运行结果为 "12"
        @Assert(concat("1", "2"), "12")
    }
}

main() {
    let t= Test1()
```

```
        t.execute()
        t.printResult()
        0
}
```

编译命令如下：

```
#编译生成 test1
cjc test1.cj -o test1 --test

#运行输出测试用例的测试结果
./test1 --bench --filter MyTest.*Test,-stringTest
```

执行的结果如下：

```
----------------------------------------------------------------
TP: default, time elapsed: 0 millis, Result:
Summary:
    TOTAL: 0, SKIPPED: 0, PASS: 0, FAILED: 0, ERROR: 0
----------------------------------------------------------------
```

@Test 修饰类，展开的测试类使用@Bench、@TestCase 和@Skip 的功能，代码如下：

```
//test2.cj

from std import unittest.*
from std import unittest.testmacro.*

@Test
public class Test2 {
    //无 @TestCase 修饰非测试函数
    func sayhi1(): Unit {
        println("hi1")
    }

    //函数修饰宏功能无顺序
    @Bench[10]
    @TestCase
    //跳过
    @Skip
    func sayhi2(): Unit {
        println("hi2")
    }
    @Bench[10]
    @TestCase
```

```
    //不跳过
    @Skip[false]
    func sayhi3() : Unit{
        println("hi3")
    }
}
```

创建 main 函数，代码如下：

```
main() {
    let t = Test2()
    t.execute()
    t.printResult()
    0
}
```

执行编译命令，代码如下：

```
cjc test2.cj -o test2 --test

#运行 test2
./test2
```

运行 test2 文件，执行的结果如下：

```
-----------------------------------------------------------
TP: default, time elapsed: 0 millis, Result:
Summary:
    TOTAL: 0, SKIPPED: 0, PASS: 0, FAILED: 0, ERROR: 0
-----------------------------------------------------------
```

16.4.2 @Test 修饰 Top-level 函数的使用

@Test 修饰 Top-level 函数，适用于简单用例的测试。

展开的测试类为了防止类名冲突，展开的类名为在函数名前加上 TestCase_前缀，此处函数内部的 @Skip、@TestCase 和@Bench 的修饰函数的功能将不再适用，但@Assert 和 @Expect 在函数内部展开，并且仍然有效，代码如下：

```
//test3.cj

from std import unittest.*
from std import unittest.testmacro.*

//用户测试功能
func concat(s1: String, s2: String): String {
```

```
    return s1 + s2
}

@Test
func TestDemo() :Unit{
    var s = "0"
    for (i in 1..10000) {
        s = s.concat(i.toString())
    }
    @Assert(concat("c", "j"), "jc")
}

main() {
    let t = TestDemo()
    t.execute()
    t.printResult()
    0
}
```

执行编译命令，命令如下：

```
cjc test3.cj -o test3 --test

#运行 test3
./test3
```

运行 test3 文件，执行的结果如下：

```
-------------------------------------------------------------------
TP: default, time elapsed: 117 millis, Result:
    TCS: TestCase_ttt, time elapsed: 117 millis, RESULT:
    [ FAIL ] CASE: ttt (117019μs)
    |ASSERTION| LEFT EXPRESSION |LEFT VALUE|RIGHT EXPRESSION|RIGHT VALUE|
MESSAGE |
    | ASSERT |concat ( c , j ) |   cj   |     jc     |   jc   |
        |
    Summary:
    TOTAL: 1, SKIPPED: 0, PASS: 0, FAILED: 1, ERROR: 0
-------------------------------------------------------------------
```

16.5 自定义逻辑函数的使用

用户可以通过重写 afterAll、afterEach、beforeAll 和 beforeEach 在测试函数调用前后处理自定义的逻辑，代码如下：

```
//test4.cj

from std import unittest.*
from std import unittest.testmacro.*

@Test
public class Test4 {
    @TestCase
    func func1(): Unit {
        println("func1")
    }

    @TestCase
    func func2(): Unit {
        println("func2")
    }
    @TestCase
    func func3(): Unit {
        println("func3")
    }
    protected override func afterAll(): Unit {
        println("afterAll")
    }
    protected override func afterEach(): Unit {
        println("afterEach")
    }
    protected override func beforeAll(): Unit {
        println("beforeAll")
    }
    protected override func beforeEach(): Unit {
        println("beforeEach")
    }
}
main() {
    let t1 = Test4()
    t1.execute()
    t1.printResult()
    0
}
```

执行的结果如下：

```
-----------------------------------------------------------------
TP: default, time elapsed: 0 millis, Result:
    TCS: Test4, time elapsed: 0 millis, RESULT:
    [ PASS ] CASE: func1 (7μs)
    [ PASS ] CASE: func2 (12μs)
    [ PASS ] CASE: func3 (1μs)
Summary:
    TOTAL: 3, SKIPPED: 0, PASS: 3, FAILED: 0, ERROR: 0
-----------------------------------------------------------------
```

16.6　模块测试和包测试

TestSuite 结构化的测试夹用法适用于模块测试和包测试，不建议用户直接使用，可以通过 --test 编译选项进行测试，代码如下：

```
//test5.cj

from std import unittest.*
from std import unittest.testmacro.*

@Test
public class Demo {
    @TestCase
    func sayhi(): Unit {
        println("hi demo")
        let s = Array<Int64>([])
        s[1]
        println("hi demo")
    }
}
@Test
func Show(): Unit {
    var s = "0"
    for (i in 1..10000) {
        s = s.concat(i.toString())
    }
    0
}

main() {
    let a = TestModule("a")
    let b = TestPackage("b")
    let c = TestPackage("c")
```

```
    a.add(c)
    b.add(TestCase_Show())
    a.add(b)
    c.add(Demo())
    a.execute()
    a.printResult()
    0
}
```

执行的编译命令如下：

```
cjc test5.cj -o test5 --test
```

运行 test5，执行的结果如下：

```
hi demo
-----------------------------------------------------------------------
TP: default, time elapsed: 78 millis, Result:
    TCS: Demo, time elapsed: 0 millis, RESULT:
    [ ERROR ] CASE: sayhi (224μs)
    REASON: An exception has occurred:IndexOutOfBoundsException
        at default.default::(std/core::Int64[]::)[](Int64)(std/core/
Array.cj:69)
        at default.default::(Demo::)sayhi()(/home/xlw/cj_blog/unitesting/
src/test5.cj:4)
        at .default::lambda.0(/home/xlw/cj_blog/unitesting/src/test5.cj:4)
        at std/unittest.std/unittest::(TestCases::)execute()(/devcloud/
workspace/j_HNYOPFUE/cangjie/libs/std/unittest/TestCase.cj:78)
        at std/unittest.std/unittest::(UT::)run(std/unittest::UTestRunner)
(/devcloud/workspace/j_HNYOPFUE/cangjie/libs/std/unittest/TestRunner.cj:192)
        at std/unittest.std/unittest::(UTestRunner::)doRun()(/devcloud/
workspace/j_HNYOPFUE/cangjie/libs/std/unittest/TestRunner.cj:76)
        at std/unittest.std/unittest::(UT::)run(std/unittest::UTestRunner)
(/devcloud/workspace/j_HNYOPFUE/cangjie/libs/std/unittest/TestRunner.cj:198)
        at std/unittest.std/unittest::(UTestRunner::)doRun()(/devcloud/
workspace/j_HNYOPFUE/cangjie/libs/std/unittest/TestRunner.cj:73)
        at std/unittest.std/unittest::entryMain(std/unittest::TestPackage)
(/devcloud/workspace/j_HNYOPFUE/cangjie/libs/std/unittest/EntryMain.cj:11
    TCS: TestCase_Show, time elapsed: 78 millis, RESULT:
    [ PASS ] CASE: Show (78078μs)
    Summary:
    TOTAL: 2, SKIPPED: 0, PASS: 1, FAILED: 0, ERROR: 1
-----------------------------------------------------------------------
```

16.7　本章小结

　　本章介绍了在仓颉语言中的单元测试包的使用。单元测试是由程序员自己来完成的，编写单元测试并执行单元测试是为了验证代码的行为和最初的设计和期望是否一致。

高级篇

第 17 章

跨语言互操作

外部功能接口（Foreign Function Interfaces，FFI）是一种机制，通过该机制，可以用一种编程语言写的程序调用另外一种编程语言编写的函数，如图 17-1 所示。

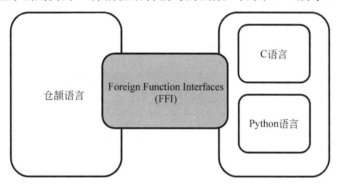

图 17-1　仓颉跨语言交互（FFI）

FFI 有两种调用方式：第一种是在当前正在使用的语言（Host）中，调用由其他语言（Guest）提供的库；第二种内涵与第一种方向相反，即使用当前语言写库，供其他语言调用。仓颉语言具备两种调用的能力。

仓颉语言提供的 FFI 调用机制，目前主要支持对 C 语言和 Python 语言进行调用，以及 C 语言和 Python 语言对仓颉语言进行调用。

17.1　与 C 语言互操作

为了兼容已有的 C 语言生态，仓颉语言支持调用 C 语言的函数，也支持 C 语言调用仓颉的函数。

17.1.1　仓颉调用 C 函数

在仓颉语言中要调用 C 的函数，需要在仓颉语言中用@c 和 foreign 关键字声明这个函数，但@c 在修饰 foreign 声明时，可以省略。

下面举一个简单的调用例子。我们要调用 C 语言中定义的 getRandom 函数，该函数返回一个随机数，代码如下：

```
//native_c/hello.c

#include <stdio.h>
#include <stdlib.h>

int getRandom() {
    int i;
    i = rand();
    return i;
}
```

接下来，在仓颉代码中引用上面的代码，代码如下：

```
//main.cj

//首先需要导入 ffi.c
from std import ffi.c.*

//引用 C 函数 getRandom()
foreign func getRandom(): Int32

main(): Unit {
    //调用函数
    let r = unsafe { getRandom() }
    println("random number ${r}")
}
```

在上面的代码中，需要注意以下几点：

（1）foreign 修饰函数声明，代表该函数为外部函数。被 foreign 修饰的函数只能有函数声明，不能有函数实现。

（2）foreign 声明的函数，参数和返回类型必须符合 C 和仓颉数据类型之间的映射关系。

（3）由于 C 侧函数很可能含有不安全操作，所以调用 foreign 修饰的函数需要被 unsafe 块包裹，否则会发生编译错误。

（4）@c 修饰的 foreign 关键字只能用来修饰函数声明，不可用来修饰其他声明，否则会发生编译错误。

编写好仓颉代码后，接下来需要分两步进行编译，命令如下：

```
#第1步，使用 gcc 编译 C 程序代码
gcc -c hello.c -o hello.o
#第2步，合并编译
```

```
cjc main.cj hello.o
```

上面的编译命令，首先需要把 C 文件 hello.c 编译成指定文件名 hello.o 的中间目标文件，然后使用 cjc 命令合并编译。

输出的结果如下：

```
random number 1804289383
```

在上面的例子中，使用 cjc 命令进行编译，也可以使用 CPM 工具进行编译。下面介绍如何使用 CPM 构建工具进行编译。

第 1 步，在 hello.c 的目录中执行下面的命令，把 hello.c 编译成 so 库：

```
gcc -shared -fPIC hello.c -o libhello.so
```

第 2 步，修改该项目的 module.json 文件，配置 foreign_requires 字段，代码如下：

```
"foreign_requires": {
    "hello": {
        "path": "./native_c",
        "export": []
    }
},
```

在上面的配置中，配置项 hello 要和 hello.c 的文件名同名，path 是指 hello.c 编译出的 libhello.so 库的目录路径。

第 3 步，在项目的根目录下，执行 cpm build 命令，编译成功后，在根目录中会生成一个 bin 目录，将 native_c 目录中的 libhello.so 复制到 bin 中，然后进入 bin 目录，在命令行中运行 ./main 文件，执行的结果如下：

```
./main
random number 1804289383
```

接下来，再来举另外一个例子，通过 FFI 获取用户通过键盘敲入的字符。

C 语言接口的代码如下：

```
#include <stdlib.h>
#include <stdio.h>

//不用回车获取一个键盘按键值
char getKeyCode() {
    system("stty raw");
    char ch = getchar();
    system("stty -raw");
    return ch;
}
```

在仓颉端调用，代码如下：

```
from std import ffi.c.*

//FFI
foreign func getKeyCode(): Char

main() {
    //读取用户通过键盘敲入的字符
    while (true) {
        //调用 C 语言函数,获取用户通过键盘敲入的字符
        let chr = unsafe {
            getKeyCode()
        }
        println("keyCode:${chr}")
    }
}
```

在上面的代码中，通过 foreign 关键字将 getKeyCode 函数声明为外部函数，下面使用该函数时需要在 unsafe 包裹调用。

17.1.2 仓颉与 C 类型映射

仓颉语言与 C 语言支持基本数据类型的映射，总体原则如下：

（1）仓颉的类型不包含指向托管内存的引用类型。

（2）仓颉的类型和 C 的类型具有同样的内存布局。

例如，一些基本的类型映射关系见表 17-1。

表 17-1　类型映射

仓颉类型	C 类型	大小/B	仓颉类型	C 类型	大小/B
Unit	void	0	UInt32	uint32_t	4
Bool	bool	1	Int64	int64_t	8
UInt8	char	1	UInt64	uint64_t	8
Int8	int8_t	1	IntNative	—	platform dependent
UInt8	uint8_t	1	UIntNative	—	platform dependent
Int16	int16_t	2	Float32	float	4
UInt16	uint16_t	2	Float64	double	8
Int32	int32_t	4			

仓颉语言也支持与 C 语言的结构体和指针类型的映射。

1. 结构体映射

对于结构体类型，仓颉语言用@c 修饰的结构体来对应。例如 C 语言里面有这样的一个

结构体，代码如下：

```
typedef struct
{
    long long x;
    long long y;
    long long z;
} Point3D;
```

那么它对应的仓颉类型可以这样定义，代码如下：

```
@c
Struct Point3D {
    var x: Int64
    var y: Int64
    var z: Int64
    public init(x: Int64, y: Int64,z:Int64) {
        this.x = x
        this.y = y
        this.z = z
    }
}
```

如果 C 语言里有这样一个函数：

```
Point3D addPoint(Point3D p1, Point3D p2)
{
    return p1;
}
```

那么在仓颉语言里可以这样声明这个函数：

```
foreign func addPoint(p1: Point3D, p2: Point3D): Point3D
```

完整的调用代码如下：

```
from std import ffi.c.*

@c
record Point3D {
    var x: Int64
    var y: Int64
    var z: Int64
    public init(x: Int64, y: Int64,z:Int64) {
        this.x = x
        this.y = y
        this.z = z
```

```
    }
}

foreign func addPoint(p1: Point3D, p2: Point3D): Point3D

main(): Unit {
    let p = unsafe {
        var b1 = Point3D(2, 3, 4)
        var b2 = Point3D(2, 3, 4)
        addPoint(b1, b2)
    }
    println("Point3D X: ${p.x}")
}
```

2. 指针类型映射

对于指针类型，仓颉语言提供了 CPointer<T> 类型来对应 C 侧的指针类型。

例如对于 malloc 函数，在 C 语言里的签名如下：

```
void* malloc(size_t size);
```

那么在仓颉语言中，它可以声明如下：

```
foreign func malloc(size: UIntNative) : CPointer<Unit>
```

17.1.3　C 调用仓颉函数

仓颉语言提供了 CFunc 类型来对应 C 侧的函数指针类型。C 侧的函数指针可以传递到仓颉，仓颉也可以构造出对应 C 的函数指针的变量并传递到 C 侧。

假设一个 C 的库 API，定义如下：

```
typedef void (*callback)(int);
void set_callback(callback cb);
```

相应地，在仓颉里面这个函数可以声明如下：

```
foreign func set_callback(cb: CFunc<(Int32) -> Unit>): Unit
```

CFunc 类型的变量可以从 C 侧传递过来，也可以在仓颉侧构造出来。在仓颉侧构造 CFunc 类型有两种方法，一种是用@c 修饰函数，另外一种是标记为 CFunc 类型的闭包。

@c 修饰的函数，表明它的函数签名满足 C 的调用规则，定义还是写在仓颉这边，而 foreign 修饰的函数定义在 C 侧。

注意：foreign 修饰的函数与@c 修饰的函数，这两种 CFunc 的命名不建议使用 CJ_（不区分大小写）作为前缀，否则可能与标准库及运行时等编译器内部符号出现冲突，从而导致未定义行为。

代码如下：

```
@c
func myCallback(s: Int32): Unit {
    println("handle ${s} in callback")
}
main() {
    //参数是由@c 限定的函数
    unsafe { set_callback(myCallback) }
    //参数是 CFunc 类型的 lambda
    let f: CFunc<(Int32) -> Unit> = { i => "handle ${i} in callback" }
    unsafe { set_callback(f) }
}
```

假设 C 函数编译出来的库是 libmyfunc.so，那么需要使用的编译命令如下：

```
cjc -ld-options="-lcangjie-ffic -L. -lcTest" test.cj -o test.out
```

使仓颉编译器连接这个库，最终就能生成想要的可执行程序。

17.1.4 通过 FFI 操作 SQLite 数据库

目前仓颉语言没有原生 SQLite 数据库驱动，所以可以使用 SQLite 官方提供的 C 语言驱动库来编写数据库操作，然后通过仓颉的 FFI 机制实现在仓颉语言代码中对 SQLite 的操作。

SQLite 是一个开源的嵌入式关系数据库，实现自包容、零配置、支持事务的 SQL 数据库引擎。其特点是高度便携、使用方便、结构紧凑、高效、可靠；足够小，大致 3 万行 C 代码，250KB 大小。

通过 FFI 操作 SQLite 数据的步骤如下：

1. 安装 sqlite3（Ubuntu）

在 Ubuntu 中安装和测试 sqlite3 的步骤如下。

1）安装 sqlite3

需要安装 sqlite3 和 libsqlite3-dev，命令如下：

```
sudo apt-get install sqlite3
sudo apt-get install libsqlite3-dev
```

2）安装 sqlite3 可视化工具 sqlitebrowser

为了方便可视化地查看和管理 sqlite3，可以选择性地安装 sqlitebrowser，命令如下：

```
sudo apt-get install sqlitebrowser
```

3）创建数据库

安装好 sqlite3 后，创建 sqlite 数据库，打开命令行，在命令行输入的命令如下：

```
sqlite3 abc.db
```

4）查看数据库

进入 sqlite，查看 abc.db 数据的位置，在终端命令行中输入的命令如下：

```
.database
```

或者，使用 sqlitebrowser IDE 工具可视化打开数据库文件，命令如下：

```
sudo sqlitebrowser abc.db
```

执行上面的命令后，sqlitebrowser 窗口的效果如图 17-2 所示。

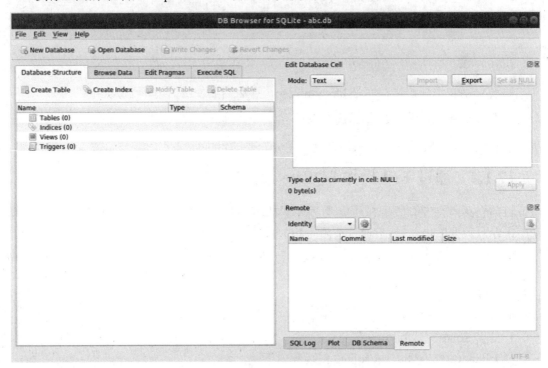

图 17-2　sqlitebrowser 可视化工具

2. 下载 sqlite3 C 语言驱动

安装好 sqlite 数据库后，接下来需要下载 sqlite3 C 语言驱动。打开 SQLite 官方网站 sqlite.org 下载 C 语言驱动库即可，如图 17-3 所示。

3. 写 C 语言端函数接口

下载完成 SQLite 的 C 驱动后，把代码文件复制到仓颉项目中，这里复制到 sqlitec 目录中，如图 17-4 所示。

在 sqlitec 目录中，创建 sqlite_db.c 文件，在 sqlite_db.c 文件中定义操作 sqlite 数据的函数，代码如下：

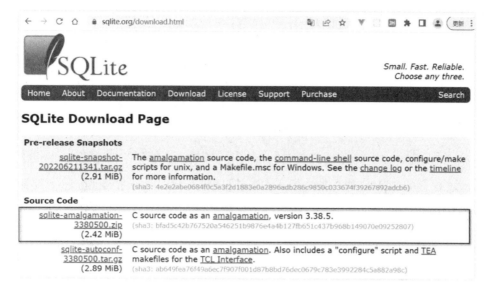

图 17-3 SQLite C 语言驱动下载

```
∨ 📁 sqlitec
    ⚠ CMakeLists.txt
    C shell.c
    C sqlite3.c
    h sqlite3.h
    h sqlite3ext.h
```

图 17-4 SQLite C 语言驱动程序

```c
#include <stdio.h>
#include "sqlite3.h"

sqlite3 *db;

//打开 sqlite 数据库
void cj_sqlite_open(char *path)
{
    sqlite3_open(path, &db);
    printf("%s\n",path);
    printf("%s\n","sqlite 连接成功");
}

//执行 sqlite sql
void cj_sqlite_exec(char *sql)
{
    sqlite3_exec(db, sql, 0, 0, 0);
    sql = NULL;
```

```
        printf("%s\n","sqlite sql 执行成功");
}


//关闭 sqlite
void cj_sqlite_close()
{
        sqlite3_close(db);
        printf("%s\n","db 关闭");
}
```

创建好 C 端的 SQLite 操作接口后，在当前目录下，使用 gcc 把 sqlite_db.c 编译生成为 so 库，执行的命令如下：

```
gcc -shared -fPIC sqlite3.c sqlite_db.c -lpthread -ldl -lm -o libsqlite_db.so
-Wl,-rpath $(pwd)
```

执行完上面的命令后，编译生成的 libsqlite_db.so 库存放在当前的目录中，目录结构如下：

```
.
├── CMakeLists.txt
├── libsqlite_db.so
├── shell.c
├── sqlite3.c
├── sqlite3ext.h
├── sqlite3.h
└── sqlite_db.c
```

4. 编写仓颉语言端函数
在 src 目录中创建 sqlitecj 包，编写仓颉端函数，代码如下：

```
package sqlitecj

from std import ffi.c.*

//对应 sqlitec/sqlite_db.c 文件中定义的函数接口
foreign func cj_sqlite_open(path: CString): Unit
foreign func cj_sqlite_exec(sql: CString): Unit
foreign func cj_sqlite_close(): Unit

public func sqlite_open(path: CString) {
        unsafe {
                cj_sqlite_open(path)
        }
}
```

```
public func sqllite_exec(sql: CString) {
    unsafe {
        cj_sqlite_exec(sql)
    }
}

public func sqlite_close() {
    unsafe {
        cj_sqlite_close()
    }
}
```

在上面的代码中，定义了 3 个 foreign 修饰的函数，这 3 个函数就是在 sqlite_db.c 文件中定义的函数，在仓颉语言中直接使用 foreign 函数就可以实现 C 语言代码调用了。

5. 修改 module.json 文件

修改该项目的 module.json 文件，配置 foreign_requires 字段，代码如下：

```
"foreign_requires": {
    "sqlite_db": {
        "path": "./sqlitec",
        "export": []
    }
},
```

在上面的代码中，配置项 sqlite_db 要和 sqlitec/sqlite_db.c 的文件名相同，path 是编译出的 libsqlite_db.so 库的目录位置。

6. 编程 FFI 测试代码

在 src 目录中，创建 main.cj 文件，目录结构如下：

```
.
├── main.cj
└── sqlitecj
    └── sqlite_db.cj
```

在 main.cj 文件中，调用 sqlitecj 包中的 sqlite3 数据库的操作函数，实现简单的增、删、改、查功能，代码如下：

```
import sqlitecj.*
from std import ffi.c.CString

main() {
    //创建 demo.db3 数据库
    var path = CString("./demo.db3")
```

```
    sqlite_open(path);

    //创建 users 表，表结构为 name(text 类型)，isadmin(boolean 类型)
    var sql = CString("CREATE TABLE users (name TEXT, isadmin BOOLEAN);");
    sqllite_exec(sql);

    //添加数据
    var sql2 = CString("insert into users values('Gavin',true)");
    sqllite_exec(sql2);

    //删除数据
    var sql3 = CString("DELETE FROM users WHERE name='Gavin'");
    sqllite_exec(sql3);

    //更新数据
    var sql4 = CString("UPDATE users SET isadmin=true WHERE name='Gavin'");
    sqllite_exec(sql4);

    //关闭数据库
    sqlite_close();
}
```

7. 编译测试

最后，在项目目录中执行 cpm build 命令，执行成功后，默认在当前项目的根目录中生成 bin 目录，进入 bin 目录，在命令行中运行./main 文件，运行结果如下：

```
./main: error while loading shared libraries: libsqlite_db.so: cannot open
shared object file: No such file or directory
```

上面的错误提示的原因是在 bin 目录中没有找到 libsqlite_db.so，此时需要把 sqlitec 目录中的 libsqlite_db.so 库复制到 bin 目录中，然后重新运行./main，结果如下：

```
./main
./demo.db3
sqlite 连接成功
sql 执行成功
sql 执行成功
sql 执行成功
sql 执行成功
db 关闭
```

执行./main 后，在当前目录中可以查看创建好的 sqlite3 数据库文件 demo.db3，目录结构如下：

```
.
├── demo.db3
├── libsqlite_db.so
└── main
```

下面通过 sqlitebrowser 工具打开数据库查看数据，效果如图 17-5 所示。

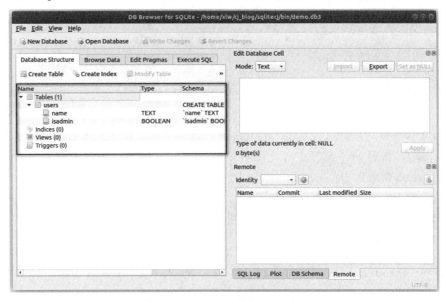

图 17-5　SQLite 查询 users 表

17.1.5　通过 FFI 操作 MongoDB 数据库

MongoDB 是一个基于分布式文件存储的数据库，由 C++ 语言编写，旨在为 Web 应用提供可扩展的高性能数据存储解决方案。

1. 安装 MongoDB（Ubuntu）

下载 MongoDB 社区版，如图 17-6 所示，选择一个稳定版本，这里选择手动下载。

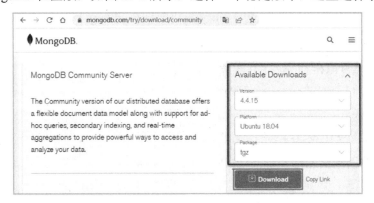

图 17-6　下载 MongoDB 社区版

下载并解压后，在 MongoDB 目录下创建两个文件夹，命令如下：

```
mkdir data logs #data 文件夹用于存放数据，logs 文件夹用于存放日志
```

启动 MongoDB 服务器端，命令如下：

```
bin/mongod
    --dbpath data
    --logpath logs/mongo.log
    --port  27017
    --bind_ip=0.0.0.0
    --fork
```

2. 下载编译安装 MongoDB C 语言驱动

MongoDB C 驱动程序（也称为 libmongoc）是一个库，用于 C 程序中操作 MongoDB。克隆仓库，然后编译当前主分支或特定的发布分支标签。克隆完成后，编译并安装 mongo-c-driver，命令如下：

```
$ git clone https://github.com/MongoDB/mongo-c-driver.git
$ cd mongo-c-driver
$ git checkout x.y.z  #To build a particular release
$ mkdir cmake-build
$ cd cmake-build
$ cmake -DENABLE_AUTOMATIC_INIT_AND_CLEANUP=OFF ..
$ make
$ sudo make install
```

3. 添加动态链接库地址

添加动态链接库地址，并刷新 ldconfig，命令如下：

```
#1: 打开 ld.so.conf 文件
sudo vim /etc/ld.so.conf
#2: 增加下面的路径
/usr/local/lib
#3: 保存并退出后，执行刷新动态链接库
sudo /sbin/ldconfig -v
```

4. 编写 C 语言操作 MongoDB 程序

在 C 程序中包含 libmongoc，代码如下：

```
#include <mongoc/mongoc.h>
#include <bson/bson.h>
```

接下来，编程测试连接 MongoDB 的程序，代码如下：

```
//test.c
#include <bson/bson.h>
```

```
#include <mongoc/mongoc.h>

int main(int argc, char *argv[])
{
    mongoc_client_t *client;
    mongoc_database_t *database;
    mongoc_collection_t *collection;
    bson_t *command,
        reply,
        *insert;
    bson_error_t error;
    char *str;
    bool retval;

    //初始化 libmongoc
    mongoc_init();

    //创建一个新的 client 实例
    client = mongoc_client_new("MongoDB://localhost:27017");

    //获取数据库 db_test 和集合 coll_test 的句柄
    database = mongoc_client_get_database(client, "db_test");
    collection = mongoc_client_get_collection(client,
                "db_name", "coll_test");

    //执行命令操作(ping)
    command = BCON_NEW("ping", BCON_INT32(1));
    retval = mongoc_client_command_simple(client,
            "admin", command, NULL, &reply, &error);
    if (!retval)
    {
        fprintf(stderr, "%s\n", error.message);
        return EXIT_FAILURE;
    }
    //获取 JSON 格式的结果
    str = bson_as_json(&reply, NULL);
    printf("%s\n", str);                  //打印输出
    //插入操作命令
    insert = BCON_NEW("lang", BCON_UTF8("cangjie"));
    if (!mongoc_collection_insert(collection,
        MONGOC_INSERT_NONE, insert, NULL, &error))
    {
        fprintf(stderr, "%s\n", error.message);
```

```
    }
    //释放资源
    bson_destroy(insert);
    bson_destroy(&reply);
    bson_destroy(command);
    bson_free(str);

    //释放拥有的句柄并清理 libmongoc
    mongoc_collection_destroy(collection);
    mongoc_database_destroy(database);
    mongoc_client_destroy(client);
    mongoc_cleanup();
    return 0;
}
```

5. 编译 C 语言测试程序

通过手动指定 mongo 驱动和 bson 库的位置进行编译，命令如下：

```
gcc -o test test.c \
    -I/usr/local/include/libbson-1.0 -I/usr/local/include/libmongoc-1.0 \
    -lmongoc-1.0 -lbson-1.0
 ./test
{ "ok" : 1.000000 }
```

6. 编写 C 语言端函数接口

在 src 同级目录中，创建 mongoc 目录，在 mongoc 中创建 mongo.c 代码文件，代码如下：

```
#include <bson/bson.h>
#include <mongoc/mongoc.h>

mongoc_client_t *client;
mongoc_database_t *database;
mongoc_collection_t *collection;
bson_t *command, reply, *insert;
bson_error_t error;
char *str;
bool retval;

void cj_mongo_open(char *path)
{
    //初始化 libmongoc
    mongoc_init();
    //创建一个新的 client 实例
    client = mongoc_client_new(path);
```

```
    //获取数据库 db_test 和集合 coll_test 的句柄
    database = mongoc_client_get_database(client, "db_name");
    collection = mongoc_client_get_collection(client,
                    "db_test", "coll_test");
}


void cj_mongo_ping()
{
    //执行命令操作(ping)
    command = BCON_NEW("ping", BCON_INT32(1));
    retval = mongoc_client_command_simple(client, "admin",
                                          command, NULL, &reply, &error);
    if (!retval)
    {
        fprintf(stderr, "%s\n", error.message);
        //return EXIT_FAILURE;
    }
}


void cj_mongo_exec(char *sql)
{
    cj_mongo_ping();
    //获取 JSON 格式的结果
    str = bson_as_json(&reply, NULL);
    //打印输出
    printf("%s\n", str);
    //插入操作命令
    insert = BCON_NEW("test", BCON_UTF8("cangjie"));
    if (!mongoc_collection_insert(collection,
                            MONGOC_INSERT_NONE, insert, NULL, &error))
    {
        fprintf(stderr, "%s\n", error.message);
    }
}


void cj_mongo_close()
{
    //释放资源
    bson_destroy(insert);
    bson_destroy(&reply);
    bson_destroy(command);
    bson_free(str);
    //释放拥有的句柄并清理 libmongoc
```

```
        mongoc_collection_destroy(collection);
        mongoc_database_destroy(database);
        mongoc_client_destroy(client);
        mongoc_cleanup();
    }
```

将 mongo.c 代码编译成 libmongo.so 库，命令如下：

```
gcc    \
    -shared    \
    -fPIC mongo.c -o libmongo.so    \
    -I/usr/local/include/libmongoc-1.0    \
    -I/usr/local/include/libbson-1.0    \
    -lmongoc-1.0 \
    -lbson-1.0
```

7. 编写仓颉语言端函数接口

在 src 目录中创建 mongocj 目录，并创建 mongo_db.cj 代码文件，代码如下：

```
package mongocj

from std import ffi.c.*

foreign func cj_mongo_open(path: CString): Unit
foreign func cj_mongo_exec(sql: CString): Unit
foreign func cj_mongo_close(): Unit

public func mongo_open(path: CString) {
    unsafe {
        cj_mongo_open(path)
    }
}

public func mongo_exec(sql: CString) {
    unsafe {
        cj_mongo_exec(sql)
    }
}

public func mongo_close() {
    unsafe {
        cj_mongo_close()
    }
}
```

8. 测试调用

在 main.cj 文件中调用 mongocj 接口函数，代码如下：

```
import mongocj.*
from std import ffi.c.CString

main() {
    var dbURL = CString("MongoDB://localhost:27017")
    mongo_open(dbURL)
    mongo_exec(CString(""))
    mongo_close()
}
```

执行 cpm build 命令，并将 libmongo.so 库复制到 bin 目录中，进入 bin 目录执行 ./main，执行结果如下：

```
./main
{ "ok" : 1.0 }
```

进入 MongoDB 客户端查询数据库，命令如下：

```
> show dbs
admin     0.000GB
config    0.000GB
db_test   0.000GB
local     0.000GB
```

进入 db_test 数据库，查看 coll_test 表是否创建成功，结果如下：

```
> show collections
coll_test
> db.coll_test.find()
{ "_id" : ObjectId("62d92b108b30b3153b005b61"), "test" : "cangjie" }
```

17.2 与 Python 语言互操作

和 C 语言互操作类似，为了兼容 Python 语言强大的计算和 AI 生态，仓颉语言支持与 Python 语言进行互操作（调用）。

Python 的互操作通过 std 模块中的 ffi.python 库为用户提供能力，使用前需要先导入，命令如下：

```
from std import ffi.python.*
```

目前 Python 互操作仅支持在 Linux 平台使用，并且仅支持仓颉编译器的 lvmgc 后端。

17.2.1 编译 Python 源码获取动态库

ffi.python 库需要依赖 Python 的官方动态链接库：libpython3.x.so，推荐版本：3.9.2，目前仓颉语言仅支持读取 Python 3.0 以上版本。

1. 下载 Python 3.9.2 源码

在 Python 官网的下载界面下载 Python 3.9.2 的源代码，下载命令如下：

```
sudo wget https://www.python.org/ftp/python/3.9.2/Python-3.9.2.tar.xz
```

如果之前没有安装过编译组件，则需先执行的命令如下：

```
sudo apt-get install build-essential
```

解压并进入该目录，后续的所有命令均在该目录中执行：

```
#解压
tar -xzf Python-3.9.2.tar.gz

#进入该目录
cd Python-3.9.2/
```

2. 检查依赖与配置编译

从 Python 源码编译获取链接动态库，命令如下：

```
#在 Python 源码路径下执行
$ ./configure --enable-shared --with-system-ffi --prefix=/usr/local/python3 --enable-optimizations
```

执行这步时后面最好加上--enable-optimizations，这样便会自动安装 pip3 及优化配置。

执行上面的命令并经过一系列检查后，如果无错误，则会自动生成 Makefile 文件，这样便可进行下一步的编译了。

3. 编译与安装

接下来，就可以开始编译了。编译耗时较长，可以使用 -j 选项指定参与编译的 CPU 核心数，例如此机器为 6 核 CPU，命令如下：

```
#编译，-j 后面的数字为参与编译的 CPU 核心数，可根据个人机器的配置进行调整
sudo make -j 6

#安装二进制文件
sudo make altinstall
```

4. 链接动态库

由于编译配置中有 --enable-shared 选项，此时直接使用命令 python3.9 会提示无法找到 libpython3.9.so.1.0 的错误。解决此问题只需找到该 so 文件，复制到 /usr/lib/ 目录下，命令如下：

```
#找到 libpython 的位置
$ whereis libpython3.9.so.1.0
libpython3.9.so.1: /usr/local/lib/libpython3.9.so.1.0

#在/usr/lib/ 下创建 libpython 的符号链接
$ sudo ln -s /usr/local/lib/libpython3.9.so.1.0 /usr/lib/
```

17.2.2　Python 的动态库查找策略

Python 的动态库按照以下方式进行自动查找。使用指定的环境变量，命令如下：

```
$ export PYTHON_DYNLIB=".../libpython3.9.so"
```

如果环境变量未指定，则需从可执行文件的依赖中查找。需要保证可执行文件 python3 可正常执行（所在路径已添加到 PATH 环境变量中），通过对 python3 可执行文件的动态库依赖进行查询。

非动态库依赖的 Python 可执行文件无法使用（源码编译未使用--enable-shared 编译的 Python 可执行文件，不会对动态库依赖）。

```
$ ldd $(which python3)
...
libpython3.9d.so.1.0=>/usr/local/lib/libpython3.9d.so.1.0 (0x00007f499102f000)
...
```

如果无法找到可执行文件依赖，则可尝试从系统默认动态库查询路径中查找，命令如下：

```
["/lib", "/usr/lib", "/usr/local/lib"]
```

所在路径下查询的动态库名称必须满足 libpythonX.Y.so 的命名方式，其中 X 和 Y 分别为主版本号及次版本号，并且支持的后缀有 d.so、m.so、dm.so 和 so，支持的版本高于 python3.0 且低于或等于 python3.10，如下所示：

```
libpython3.9.so
libpython3.9d.so
libpython3.9m.so
libpython3.9dm.so
```

17.2.3　Python 库的导入和加载

Python 库提供了以下 4 种方法，使用这些方法可以对 Python 库进行加载和卸载，代码如下：

```
public class PythonBuiltins {
    public func load(loglevel!: LogLevel = LogLevel.WARN): Unit
    public func load(path: String,
```

```
                              loglevel!: LogLevel = LogLevel.WARN): Unit
    public func isLoad(): Bool
    public func unload(): Unit
}
public let Python = PythonBuiltins()
```

上面的 4 种方法的详细说明见表 17-2。

表 17-2　PythonBuiltins 类方法说明

函 数 名	函数说明
load(loglevel)	load( )函数使用重载的方式实现，同时支持无参加载和指定动态库路径加载，提供可选参数配置 PythonLogger 的打印等级，如果不配置，则会将 PYLOG 重置为 warn 打印等级。 load( )函数进行了 Python 相关的准备工作，在进行 Python 互操作前必须调用，其中动态库查询方式参见动态库的加载策略
load(path: String)	load(path: String)函数需要用户配置动态库路径 path，path 指定到动态库文件（如 /usr/lib/libpython3.9.so），不可以配置为目录或者非动态库文件。 load 函数失败时会抛出 PythonException 异常，如果程序仍然需要继续执行，则需要注意 try... catch
unload( )	在进行完 Python 互操作时调用，否则会造成相关资源泄露。 加载和卸载操作仅需要调用一次，并且一一对应，多次调用仅第 1 次生效
isload( )	isload( ) 函数用于判断 Python 库是否被加载

Python 库提供的接口不能保证并发安全，当对 Python 进行异步调用时（系统线程 ID 不一致）会抛出 PythonException 异常。

在 Python 初始化时，GIL 全局解释器锁基于当前所在 OS 线程被锁定，如果执行的代码所在的 Cangjie 线程（包括 main 函数所在 Cangjie 线程）在 OS 线程上发生调度（OS 线程 ID 发生变化），则 Python 内部再次尝试检查 GIL 时会对线程状态进行校验，如果发现 GIL 状态中保存的 OS 线程 ID 与当前执行的 OS 线程 ID 不一致，则此时会触发内部错误，从而导致程序崩溃。

1. load 与 unload

在进行完 Python 互操作时调用，否则会造成相关资源泄露，加载和卸载操作仅需要调用一次，并且一一对应，多次调用仅第 1 次生效，代码如下：

```
from std import ffi.python.*

main(): Int64 {

    //加载和卸载操作仅需要调用一次
    //并且一一对应，多次调用仅第 1 次生效
    Python.load()
    Python.unload()
```

```
Python.load("/usr/lib/libpython3.9.so")
//打印加载的 Python 版本
var version = Python.GetVersion()
println("${version}")                     //3.9.2
Python.unload()

return 0
}
```

2. isLoad 函数

isload( )函数用于判断 Python 库是否被加载，代码如下：

```
from std import ffi.python.*

main(): Int64 {
    print("${Python.isLoad()}\n")        //false
    Python.load()
    print("${Python.isLoad()}\n")        //true
    Python.unload()
    return 0
}
```

17.2.4 PythonBuiltins 内建函数类

PythonBuiltins 内建函数类中提供了 Python 库的导入和加载 Python 模块的方法，下面逐一介绍这些常用的内建函数类的用法。

1. Import( )函数

Import 函数接受一个 String 类型入参，即模块名，并且返回一个 PyModule 类型的对象，语法格式如下：

```
public func Import(module: String): PyModule
```

Import 函数的异常情况：

（1）Import 函数需要保证 load 函数已被调用，否则返回的 PyModule 类型对象不可用（isAvaliable( )为 false）。

（2）如果找不到对应的模块，则仅会报错，并且返回的 PyModule 类型对象不可用（isAvaliable( )为 false）。

下面通过代码介绍 Import 函数的用法。

首先，在当前目录中创建一个 test.py 文件，代码如下：

```
//test.py
```

```
def hello() :
    print("Hello World!")

hello()
```

同级目录下创建仓颉文件 main.cj，代码如下：

```
from std import ffi.python.*

main(): Int64 {

    Python.load()
    //导入 Python 系统模块 sys
    var sys = Python.Import("sys")
    if (sys.isAvailable()) {
        print("Import sys success\n")
    }

    //导入当前文件夹下的 test.py 文件
    var test = Python.Import("test")
    if (test.isAvailable()) {
        print("Import test success\n")
    }

    //导入一个错误模块
    var xxxx = Python.Import("xxxx")
    if (!xxxx.isAvailable()) {
        print("Import xxxx failed\n")
    }
    Python.unload()

    return 0
}
```

执行结果如下：

```
Import sys success
Import test success
ModuleNotFoundError: No module named 'xxxx'
Import xxxx failed
```

2. Eval( )函数
Eval( )函数用于创建一个 Python 数据类型，语法格式如下：

```
public func Eval(cmd: String, module!: String = "__main__"): PyObj
```

Eval( )接受一个 String 类型的命令 cmd，并返回该指令的结果的 PyObj 形式。

Eval( )接受一个 String 类型的指定域，默认域为"__main__"。

Eval( )函数的异常情况有以下两种：

（1）Eval( )接口需要保证 load 函数已被调用，否则返回的 PyObj 类型对象不可用（isAvaliable( )为 false）。

（2）Eval( )如果接收的命令执行失败，则在 Python 侧会进行报错，并且返回的 PyObj 类型对象不可用（isAvaliable( )为 false）。

下面使用示例进行说明，代码如下：

```
from std import ffi.python.*

main(): Int64 {
    Python.load()

    //创建一个 Python 数据类型
    var a = Python.Eval("'hello'")
    if (a.isAvailable()) {
        Python["print"]([a])
    }

    var b = Python.Eval("x = 100")

    //Eval 表达式需要有一个返回值
    if (!b.isAvailable()) {
        print("b is unavailable.\n")
    }
    Python.unload()
    return 0
}
```

执行结果如下：

```
hello
  File "<string>", line 1
    x = 100
      ^
SyntaxError: invalid syntax
b is unavailable.
```

3. index[ ]运算符重载

[ ]函数提供了其他 Python 的内置函数调用能力，[ ]函数入参接受 String 类型的内建函数名，返回类型为 PyObj，语法格式如下：

```
from std import ffi.python.*
```

```
main(): Int64 {
    Python.load()
    if (Python["type"].isAvailable()) {
        print("找到: type\n")
    }
    if (!Python["type1"].isAvailable()) {
        print("没有找到: type1\n")
    }
    Python.unload()
    return 0
}
```

[ ]函数需要保证 load 函数已被调用,否则返回的 PyObj 类型对象不可用(isAvaliable( )为 false)。如果指定的函数名未找到,则会报错,并且返回的 PyObj 类型对象不可用(isAvaliable( )为 false)。

执行结果如下:

```
找到: type
WARN: Dict key "type1" not found!
没有找到: type1
```

17.2.5   仓颉与 Python 类型映射

由于 Python 与仓颉互操作基于 CAPI 开发,Python 与 C 的数据类型映射统一通过 PyObject 结构体指针完成,并且具有针对不同数据类型的一系列接口。对比 C 语言,仓颉具有面向对象的编程优势,因此可以将 PyObject 结构体指针统一封装为父类,并且被不同的数据类型进行继承。

1. 类型映射表
仓颉类型到 Python 类型映射见表 17-3。

表 17-3   仓颉类型与 Python 类型映射表

仓 颉 类 型	Python 类型
Bool	PyBool
UInt8/Int8/Int16/UInt16/Int32/UInt32/Int64/UInt64	PyLong
Float32/Float64	PyFloat
Char/String	PyString
Array< PyObj >	PyTuple
Array	PyList
HashMap	PyDict
HashSet	PySet

Python 类型到仓颉类型映射见表 17-4。

表 17-4 Python 类型与仓颉类型映射表

Python 类型	仓颉类型	Python 类型	仓颉类型
PyBool	Bool	PyTuple	-
PyLong	Int64/UInt64	PyList	Array
PyFloat	Float64	PyDict	HashMap
PyString	String	PySet	HashSet

2. Python FFI 库泛型约束的接口 PyFFIType

由于部分类引入了泛型，为了对用户在泛型使用过程中进行约束，所以引入了抽象接口 PyFFIType，语法格式如下：

```
public interface PyFFIType { }
```

该接口无抽象成员函数，其仅被 PyObj 和 CjObj 实现或继承，该接口不允许在包外进行实现，如果用户自定义类并实现该接口，则可能发生未定义行为。

3. PyObj 类

与 Python 库中的结构体 PyObject 对应，对外提供细分数据类型通用的接口，如成员变量访问、函数访问、到仓颉字符串转换等。

PyObj 不对外提供创建的构造函数，该类不能在包外进行继承，如果用户自定义类并实现该接口，则可能发生未定义行为。

创建 test01.py 文件，代码如下：

```
a = 10
def function():
    print("a =", a)
def function02(b, c = 1):
    print("function02 被调用！")
    print("b =", b)
    print("c =", c)
```

同级目录下创建仓颉文件 main.cj，代码如下：

```
from std import ffi.python.*
from std import collection.*

main(): Int64 {
    Python.load()

    //创建不可用的值
    var a = Python.Eval("a = 10")        //语法错误：无效语法
    print("${a.isAvailable()}\n")        //false
```

```
    //无法调用不可调用的值 b
    var b = Python.Eval("10")
    b()                                      //TypeError：int 对象不可调用

    //导入同级目录下的 test01.py 文件
    var test = Python.Import("test01")

    //get[]获取 a 的值
    var p_a = test["a"]
    print("${p_a}\n")                        //10

    //set[]将 a 的值设置为 20
    test["a"] = Python.Eval("20")
    test["function"]()                       //a=20

    //使用命名参数调用 function02
    test["function02"]([1], HashMap<String, PyObj>([("c", 2.toPyObj())]))

    //如果将 test01 中的 a 设置为不可用的值，则 a 将被删除
    test["a"] = a
    test["function"]()                       //名称错误：未定义名称 a
    Python.unload()

    0
}
```

4. CjObj 接口

CjObj 接口被所有基础数据类型实现并完成 toPyObj 扩展，分别支持转换为与之对应的 Python 数据类型。

CjObj 接口的接口原型及类型扩展如下：

```
public interface CjObj <: PyFFIType {
    func toPyObj(): PyObj
}
extend Bool <: CjObj {
    public func toPyObj(): PyBool {}
}
extend Char <: CjObj {
    public func toPyObj(): PyString {}
}
extend Int8 <: CjObj {
    public func toPyObj(): PyLong {}
```

```
}
extend UInt8 <: CjObj {
    public func toPyObj(): PyLong {}
}
extend Int16 <: CjObj {
    public func toPyObj(): PyLong {}
}
extend UInt16 <: CjObj {
    public func toPyObj(): PyLong {}
}
extend Int32 <: CjObj {
    public func toPyObj(): PyLong {}
}
extend UInt32 <: CjObj {
    public func toPyObj(): PyLong {}
}
extend Int64 <: CjObj {
    public func toPyObj(): PyLong {}
}
extend UInt64 <: CjObj {
    public func toPyObj(): PyLong {}
}
extend Float32 <: CjObj {
    public func toPyObj(): PyFloat {}
}
extend Float64 <: CjObj {
    public func toPyObj(): PyFloat {}
}
extend String <: CjObj {
    public func toPyObj(): PyString {}
}
extend Array<T> <: CjObj where T <: PyFFIType {
    public func toPyObj(): PyList<T> {}
}
extend HashMap<K, V> <: CjObj where K <: Hashable & Equatable<K> & PyFFIType {
    public func toPyObj(): PyDict<K, V> {}
}
extend HashSet<T> <: CjObj where T <: Hashable, T <: Equatable<T> & PyFFIType {
    public func toPyObj(): PySet<T> {}
}
```

5. PyBool 与 Bool 的映射

PyBool 类继承自 PyObj 类，PyBool 具有所有父类拥有的接口，PyBool 仅允许用户使用仓颉的 Bool 类型进行构造，toCjObj 接口将 PyBool 转换为仓颉数据类型 Bool。

下面通过例子介绍其用法，代码如下：

```
from std import ffi.python.*

main(): Int64 {
    Python.load()

    //创建 PyBool
    var a = PyBool(true)          //a 的类型是 PyBool
    var b = Python.Eval("True")   //b 的类型是 PyObj，需要与 PyBool 匹配
    var c = true.toPyObj()        //c 的类型是 PyBool，与 a 相同
    println("${a}")
    if (a.toCjObj()) {
        println("success")
    }
    if (b is PyBool) {
        println("b is PyBool")
    }
    Python.unload()
    0
}
```

执行结果如下：

```
True
success
b is PyBool
```

6. PyLong 与整型的映射

PyLong 类继承自 PyObj 类，PyLong 具有所有父类拥有的接口，PyLong 支持来自所有仓颉整数类型的入参构造。

当 PyLong 类型向仓颉类型转换时会被统一转换为 8 字节类型，不支持转换为更低字节类型。PyLong 与整型的映射代码如下：

```
from std import ffi.python.*

main(): Int64 {
    Python.load()

    //创建 PyLong
    var a = PyLong(10)            //a 的类型是 PyLong
    var b = Python.Eval("10")     //b 的类型为 PyObj，需要与 PyLong 匹配
    var c = 10.toPyObj()          //c 的类型是 PyLong，与 a 相同
```

```
    println("${a}")
    if (a.toCjObj() == 10 && a.toUInt64() == 10) {
        println("success")
    }
    if (b is PyLong) {
        println("b is PyLong")
    }
    Python.unload()
    0
}
```

输出的结果如下：

```
10
success
b is PyLong
```

7. PyFloat 与浮点的映射

PyFloat 类继承自 PyObj 类，PyFloat 具有所有父类拥有的接口，PyBool 支持使用仓颉 Float32 / Float64 类型的数据进行构造，toCjObj 接口为了保证精度，将 PyFloat 转换为仓颉 数据类型 Float64，代码如下：

```
from std import ffi.python.*

main(): Int64 {
    Python.load()

    //创建 PyLong
    var a = PyFloat(3.14)           //a 的类型是 PyFloat
    var b = Python.Eval("3.14")     //b 的类型是 PyObj，需要与 PyFloat 匹配
    var c = 3.14.toPyObj()          //c 的类型是 PyFloat，与 a 相同
    print("${a}\n")
    if (a.toCjObj() == 3.14) {
        print("a.toCjObj() == 3.14 相等\n")
    }
    if (b is PyFloat) {
        print("b 是 PyFloat\n")
    }
    Python.unload()
    0
}
```

输出的结果如下：

```
3.14
a.toCjObj() == 3.14 相等
b 是 PyFloat
```

8. PyString 与字符、字符串的映射

PyString 类继承自 PyObj 类，PyString 具有所有父类拥有的接口，PyString 支持使用仓颉语言的 Char / String 类型的数据进行构造，toCjObj / toString 接口可将 PyString 转换为仓颉数据类型 String，代码如下：

```
from std import ffi.python.*

main(): Int64 {
    Python.load()

    //创建 PyString
    var a = PyString("hello python")        //a 的类型是 PyString
    var b = Python.Eval("\"Hello Python\"") //b 的类型为 PyObj,需要与 PyString
                                            //匹配
    var c = "hello python".toPyObj()        //c 的类型是 PyString,与 a 相同
    println("${a}")
    if (a.toCjObj() == "hello python") {
        println("a.toCjObj() == \"hello python\"相等")
    }
    if (b is PyString) {
        println("b 是 PyString")
    }
    Python.unload()
    0
}
```

输出的结果如下：

```
hello python
a.toCjObj() == "Hello Python" 相等
b is PyString
```

9. PyTuple 类型

PyTuple 与 Python 中的元组类型一致，即 Python 代码中使用 (...) 的变量，PyTuple 类继承自 PyObj 类，PyTuple 具有所有父类拥有的接口。

PyTuple 支持使用仓颉 Array 进行构造，Array 的元素类型必须为 PyObj（Python 的不同数据类型均可以使用 PyObj 传递，即兼容 Tuple 中不同元素的不同数据类型），当成员中包含不可用对象时，会抛出异常，代码如下：

```
from std import ffi.python.*

main(): Int64 {
    Python.load()

    //创建 PyTuple
    var a = PyTuple(["Array".toPyObj(), 'a'.toPyObj(), 1.toPyObj(),
1.1.toPyObj()])
    var b = match (Python.Eval("('Array', 'a', 1, 1.1)")) {
        case val: PyTuple => val
        case _ => throw PythonException()
    }

    //大小的使用
    println(a.size())                //4

    //切片的使用
    println(a.slice(1, 2))           //('a',)此打印与 Python 代码 a[1:2]相同
    println(a.slice(-1, 20))         //('Array', 'a', 1, 1.1)
    Python.unload()
    return 0
}
```

10. PyList 与 Array 的映射

PyList 类与 Python 中的列表类型一致，即 Python 代码中使用 [...] 的变量，PyList 类继承自 PyObj 类，PyList 具有所有父类拥有的接口，该类由于对仓颉的 Array 进行映射，因此该类引入了泛型 T，T 类型约束为 PyFFIType 接口的子类。

PyList 类可以通过仓颉的 Array 类型进行构造，Array 的成员类型同样被约束为 PyFFIType 接口的子类，代码如下：

```
from std import ffi.python.*

main(): Int64 {
    Python.load()

    //创建 PyList
    var a = PyList<Int64>([1, 2, 3])
    var b = match (Python.Eval("[1, 2, 3]")) {
        case val: PyList<PyObj> => val
        case _ => throw PythonException()
    }
    var c = [1, 2, 3].toPyObj()

    //[]的用法
    println(a["__add__"]([b]))       //[1, 2, 3, 1, 2, 3]
```

```
    a[1]
    b[1]
    a[2] = 13
    b[2] = 15.toPyObj()

    //toCjObj 的用法
    var cjArr = a.toCjObj()
    for (v in cjArr) {
        print("${v} ")                 //1 2 13
    }
    print("\n")

    //size 的用法
    println(a.size())                  //3

    //insert 的用法
    a.insert(1, 4)                     //[1, 4, 2, 13]
    a.insert(-100, 5)                  //[5, 1, 4, 2, 13]
    a.insert(100, 6)                   //[5, 1, 4, 2, 13, 6]
    b.insert(1, 4.toPyObj())           //[1, 4, 2, 15]

    //append 的用法
    a.append(7)                        //[5, 1, 4, 2, 13, 6, 7]
    b.append(5.toPyObj())              //[1, 4, 2, 15, 5]

    //slice 的用法
    a.slice(1, 2)                      //[1]
    a.slice(-100, 100)                 //[5, 1, 4, 2, 13, 6, 7]
    b.slice(-100, 100)                 //[1, 4, 2, 15, 5]

    return 0
}
```

11. PyDict 与 HashMap 的映射

PyDict 与 Python 的字典类型一致，即 Python 代码中使用{ a: b }的变量，PyDict 类继承自 PyObj 类，PyDict 具有所有父类拥有的接口，由于对仓颉的 HashMap 进行映射，因此该类引入了泛型 <K, V>，其中 K 类型被约束为 PyFFIType 接口的子类，并且可被 Hash 计算及重载了 == 与 != 运算符，代码如下：

```
from std import ffi.python.*
from std import collection.*

main(): Int64 {
```

```
    Python.load()

//创建 PyDict
//key 的类型为 CjObj
    var a = PyDict(HashMap<Int64, Int64>([(1, 1), (2, 2)]))
    var b = PyDict(
    HashMap<PyObj, Int64>([(Python.Eval("1"), 1), (Python.Eval("2"), 2)]))
    var c = match (Python.Eval("{'pydict': 1, 'hashmap': 2, 3: 3, 3.1: 4}")){
        //Python 端返回 PyDict<PyObj, PyObj>
        case val: PyDict<PyObj, PyObj> => val
        case _ => throw PythonException()
    }
    var d = HashMap<Int64, Int64>([(1, 1), (2, 2)]).toPyObj()

    //getItem 的用法
    println(a.getItem(1))                   //1
    println(b.getItem(1.toPyObj()))         //1

    //setItem 的用法
    a.setItem(1, 10)
    b.setItem(1.toPyObj(), 10)
    println(a.getItem(1))                   //10
    println(b.getItem(1.toPyObj()))         //10

    //toCjObj 的用法
    var hashA = a.toCjObj()
    for ((k, v) in hashA) {
        print("${k}: ${v}, ")               //1: 10, 2: 2,
    }
    print("\n")
    var hashB = b.toCjObj()
    for ((k, v) in hashB) {
        print("${k}: ${v}, ")               //1: 10, 2: 2,
    }
    print("\n")

    //contains 的用法
    println(a.contains(1))                  //true
    println(a.contains(3))                  //false
    println(b.contains(1.toPyObj()))        //true

    //copy 的用法
    println(a.copy())                       //{1: 10, 2: 2}
```

```
        //del 的用法
        a.del(1)                        //删除键-值对（1:1）

        //size 的用法
        println(a.size())               //1

        //empty 的用法
        a.empty()                       //清除 dict 中的所有元素
        Python.unload()

        return 0
}
```

12. PySet 与 HashSet 的映射

PySet 对应的是 Python 中的集合的数据类型，当元素插入时会使用 Python 内部的哈希算法对集合元素进行排序（并不一定按照严格升序进行排序，一些方法可能因此每次的运行结果不一致）。

PySet 类继承自 PyObj 类，PySet 具有所有父类拥有的接口，由于对仓颉的 HashSet 进行映射，因此该类引入了泛型 T，T 类型被约束为 PyFFIType 接口的子类，并且可被哈希计算及重载了 == 与 != 运算符，代码如下：

```
from std import ffi.python.*
from std import collection.*

main(): Int64 {
    Python.load()

    //创建 PySet
    var a = PySet<Int64>(HashSet<Int64>([1, 2, 3]))
    var b = match (Python.Eval("{'PySet', 'HashSet', 1, 1.1, True}")) {
        case val: PySet<PyObj> => val
        case _ => throw PythonException()
    }
    var c = HashSet<Int64>([1, 2, 3]).toPyObj()

    //toCjObj 的用法
    var cja = a.toCjObj()
    println(a.size())                           //0

    //contains 的用法
    println(b.contains("PySet".toPyObj()))  //true
```

```
//add 的用法
a.add(2)
println(a.size())                //1
a.add(2)                         //插入相同的值,不执行任何操作
println(a.size())                //1
a.add(1)                         //插入 1

//pop 的用法
println(a.pop())                 //1.弹出第 1 个元素
println(a.size())                //1

//del 的用法
c.del(2)
println(c.contains(2))           //false

//empty 的用法
println(c.size())                //2
c.empty()
println(c.size())                //0
Python.unload()
return 0
}
```

17.2.6　仓颉与 Python 的注册回调

Python 互操作库支持简单的函数注册及 Python 对仓颉函数调用。

Python 回调仓颉代码需要通过 C 作为介质进行调用,并且使用了 Python 的第三方库 ctypes 及 _ctypes。

1. 类型映射

仓颉类型、C 类型与 Python 类型对照见表 17-5。

表 17-5　仓颉类型、C 类型与 Python 类型映射表

仓 颉 类 型	C 类 型	Python 类型
Bool	bool	PyBool
Char	wchar	PyString
Int8	Byte	PyLong
UInt8	uByte/char	PyLong
Int16	short	PyLong
UInt16	ushort	PyLong
Int32	int	PyLong
UInt32	int	PyLong

续表

仓 颉 类 型	C 类 型	Python 类型
Int64	longlong	PyLong
UInt64	ulonglong	PyLong
Float32	float	PyFloat
Float64	double	PyFloat
[unsupport CPointer as param] CPointer<T>	pointer	ctypes.pointer
[unsupport CString as param] CString	cpointer	ctypes.c_char_p
[unsupport CString as param] CString	wcpointer	ctypes.c_wchar_p
Unit	void	-

基础类型映射需要注意以下几点：

（1）仓颉类型是在仓颉侧修饰的变量类型，如果无特殊说明，则支持将该类型参数传递给 Python 代码，并且支持从 Python 传递给仓颉。

（2）CType 为仓颉侧对应的 PyCFunc 接口配置类型，详细见类原型及示例展示。

（3）Python 类型是在仓颉侧的类型映射，无指针类型映射，不支持从仓颉侧调用 Python 带有指针的函数。

（4）cpointer 与 wcpointer 同样都映射到 CString，两者的区别为 cpointer 为 C 中的字符串，wcpointer 仅为字符指针，即使传递多个字符，也只取第 1 个字符。

（5）类型不匹配将会导致不可预测的结果。

2. PyCFunc 类原型

PyCFunc 是基于 Python 互操作库和 Python 第三方库（ctype 和_ctype）的一个 PyObj 子类型，该类型可以直接传递给 Python 侧使用。PyCFunc 为用户提供了注册仓颉的 CFunc 函数后传给 Python 侧，并且支持由 Python 回调 CFunc 函数的能力。

PyCFunc 继承自 PyObj，可以使用父类的部分接口（如果是不支持的接口，则会相应地报错）。该类可以直接传递给 Python 侧使用，也可以在仓颉侧直接调用；该类支持类似 JS 的链式调用，PyCFunc 类函数见表 17-6。

表 17-6　PyCFunc 类

函　　数	说　　明
init	允许外部用户构造，必须提供函数指针作为第 1 个参数（仓颉侧需要将 CFunc 类型转换为 CPointer<Unit> 类型），后面两个可选参数分别为入参类型的数组、返回值类型。这里特别申明，如果传入的指针并非函数指针，则会导致函数调用时程序崩溃（库层面无法进行拦截）
setArgTypes	函数用于配置参数，支持的参数见 CType 枚举
setRetTypes	返回值类型，支持的参数见 CType 枚举
() 操作符	父类中的()操作符，支持在仓颉侧调用该注册的 CFunc 函数

3. 仓颉与 Python 互操作示例

仓颉语言与 Python 语言的互操作，仓颉语言作为宿主语言可以直接调用 Python 函数，但是 Python 回调仓颉代码需要通过 C 作为介质进行调用，并且使用了 Python 的第三方库 ctypes 及_ctypes。

仓颉语言与 Python 语言的互操作性如下：

（1）仓颉调用 Python，仓颉语言通过 FFI 直接调用 Python 函数。

（2）当 Python 函数回调仓颉函数时，仓颉函数首先需要通过 C 语言转换成 CFunc 函数，再通过 PyCFunc 注册仓颉的 CFunc 函数后传给 Python 侧，PyCFunc 支持由 Python 回调 CFunc 函数。

下面的例子将演示如何实现 Python 函数回调仓颉函数，如图 17-7 所示。

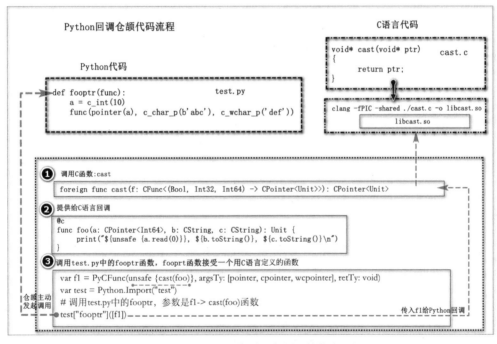

图 17-7　Python 函数回调仓颉函数的流程图

（1）假如现在有 Python 代码文件 test.py，函数定义如下：

```
#test.py

from ctypes import *

def foo(func):
    func(True, 10, 40)

#func 是传入的仓颉函数
```

```
def fooptr(func):
    a = c_int(10)
    #调用仓颉函数
    func(pointer(a), c_char_p(b'abc'), c_wchar_p('def'))
```

（2）定义仓颉函数，提供给上面 fooptr 函数作为参数调用，代码如下：

```
@c
func foo(a: CPointer<Int64>, b: CString, c: CString): Unit {
    print("${unsafe {a.read(0)}}, ${b.toString()}, ${c.toString()}\n")
}
```

（3）仓颉函数 foo 需要转换成 CFun 函数。

下面创建 cast.c 文件，定义 cast 函数，用于指针类型转换，代码如下：

```
#cast.c

void *cast(void *ptr)
{
    return ptr;
}
```

将 cast.c 文件编译为 libcast.so 库，命令如下：

```
$ gcc -fPIC -shared ./cast.c -o libcast.so
```

（4）构造 PyCFunc 类对象。

代码如下：

```
//chapter17/pyfficj/src/main.cj

from std import ffi.python.*
from std import ffi.c.*

var x = Python.load()

#调用 C 端的函数
foreign func cast(f: CFunc<(CPointer<Int64>, CString, CString) -> Unit>):
CPointer<Unit>

#供 Python 端函数回调
@c
func foo(a: CPointer<Int64>, b: CString, c: CString): Unit {
    print("${unsafe {a.read(0)}}, ${b.toString()}, ${c.toString()}\n")
}
```

```
main(): Int64 {

    #构造 PyCFunc 对象
    var f1 = PyCFunc(
        unsafe {cast(foo)},
        argsTy: [pointer, cpointer, wcpointer],
        retTy: void
    )

    //导入 test.py
    var test = Python.Import("test")

    //调用 test.py 文件中的函数 fooptr, 把 f1 作为参数传递给 Python 调用
    test["fooptr"]([f1])
    return 0
}
```

（5）编译项目并运行。

在项目根目录下，执行 cpm build 命令，将 libcast.so 和 test.py 文件复制到 bin 目录中，bin 目录的结构如下：

```
.
├── libcast.so
├── main
└── test.py
```

执行./main 命令，执行结果如下：

```
10, abc, d
```

17.3 本章小结

本章介绍了仓颉语言的 FFI 库的使用。FFI 是一种跨语言调用机制，通过该机制，可以用一种编程语言写的程序调用另外一种编程语言编写的函数。仓颉语言支持 C 语言和 Python 语言与仓颉语言之间的相互调用，通过 FFI 库，开发者可以快速在仓颉项目中集成很多用 C 语言和 Python 语言编写的流行库。

第 18 章

并 发 编 程

随着硬件的发展，越来越多的计算机开始使用多核处理器，为了充分发挥多核的优势，并发编程也变得越来越重要。现如今，一台 Web 服务器会一次处理成千上万个网络请求。手机中安装的 App 在渲染用户画面的同时还会在后台执行各种计算任务和网络请求。

本章介绍在仓颉语言中的并发编程，仓颉编程语言给开发者提供一个友好、高效、统一的并发编程环境，让开发者无须关心操作系统线程、用户态线程等概念上的差异，同时屏蔽底层实现细节，在仓颉语言中只提供了一个仓颉线程的概念。

仓颉线程采用的是 M:N 线程模型，因此本质上它是一种用户态的轻量级线程，支持抢占，并且相比操作系统线程内存资源占用更小。

18.1　并发与并行

并发一般由 CPU 内核通过时间片或者中断来控制，当遇到 IO 阻塞或者时间片用完时会交出线程的使用权，从而实现在一个内核上处理多个任务。

举例说明，如图 18-1 所示，并发如同两个队列交替使用一台咖啡机。

图 18-1　并发流程

并行是指多个处理器或者多核处理器同时执行多个任务，同一时间有多个任务在调度，因此，一个内核是无法实现并行的，因为同一时间只有一个任务在调度。

举例说明，并行如同两个队列同时使用两台咖啡机，效率更高，如图 18-2 所示。

在操作系统中，多进程、多线程及协程都属于并发范畴，可以实现程序的并发执行，至于是否支持并行，则要看程序运行系统是否是多核的，以及编写程序的语言是否可以利用CPU 的多核特性。

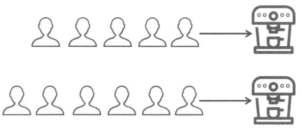

图 18-2 并行流程

18.2 线程和多线程模型

线程一般指操作系统进行调度的最小单位，拥有少量的资源，如寄存器和栈。线程的特点是共享地址空间，从而高效地共享数据。多线程的价值是更好地发挥多核处理器的功能。

多线程模型主要分为以下 3 种：

（1）N:1 模型：多个用户级线程映射到一个内核级线程。每个用户进程只对应一个内核级线程，如图 18-3 所示。

优点是用户级线程的切换在用户空间即可完成，不需要切换到核心态，线程管理的系统开销小，效率高；但是这种模型的缺点是当一个用户线程阻塞后，整个进程就会都阻塞，并发度不高。

（2）1:1 模型：1 个内核空间线程运行一个用户空间线程，如图 18-4 所示，充分利用了多核系统的优势，但是上下文切换非常慢，因为每次调度都会在用户态和内核态之间切换。

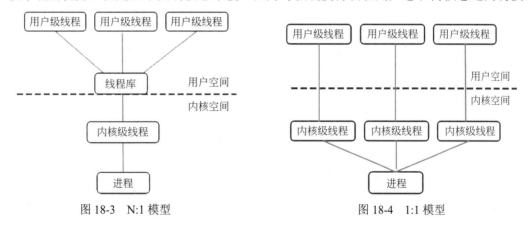

图 18-3　N:1 模型　　　　　　　　　　图 18-4　1:1 模型

（3）M:N 模型：将 N 个用户级线程映射到 M 个内核级线程上，要求 M≤N，如图 18-5 所示，每个用户线程对应多个内核空间线程，同时也可以一个内核空间线程对应多个用户空间线程。

仓颉线程采用的是 M:N 线程模型，仓颉线程本质上是一种用户态的轻量级线程，支持抢占，并且相比操作系统线程内存资源占用更小。

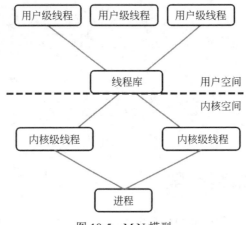

图 18-5 M:N 模型

当开发者希望并发执行某一段代码时，只需创建一个仓颉线程。

18.3 创建一个仓颉线程

在仓颉语言中，要创建一个新的线程，可以使用关键字 spawn 并传递一个无形参的 Lambda 表达式，在 Lambda 表达式中编写在新线程中执行的代码。

主线程和新线程均会尝试打印信息，代码如下：

```
main(): Int64 {
    //创建一个新的仓颉线程
    spawn { =>
        for (i in 0..10) {
            println("新的线程，编号：${i}")
            sleep(100 * 1000 * 1000)        //睡眠100ms
        }
    }
    //主线程
    for (i in 0..5) {
        println("主线程执行，编号：${i}")
        sleep(100 * 1000 * 1000)            //睡眠100ms
    }
    return 0
}
```

在上面的例子中，新线程会在主线程结束时一起停止，无论这个新线程是否已完成运行。上方示例的输出每次可能略有不同，有可能会输出类似如下的内容，输出的结果如下：

```
主线程执行，编号：0
新的线程，编号：0
```

```
新的线程, 编号: 1
主线程执行, 编号: 1
新的线程, 编号: 2
主线程执行, 编号: 2
新的线程, 编号: 3
主线程执行, 编号: 3
新的线程, 编号: 4
主线程执行, 编号: 4
新的线程, 编号: 5
```

sleep( )函数会让当前线程睡眠指定的时长,之后再恢复执行,其时间单位为纳秒。

18.4 等待线程结束并获取返回值

在上面的例子中,新创建的线程会由于主线程结束而提前结束,在缺乏顺序保证的情况下,甚至可能会出现新创建的线程还来不及得到执行就退出了。

可以通过 spawn 表达式的返回值来等待线程执行结束。spawn 表达式的返回类型是Future<T>,其中 T 是类型变元,其类型与 Lambda 表达式的返回类型一致。当调用 Future<T>的 getResult( )成员函数时,它将等待它的线程执行完成。

使用 Future<T>在 main 中等待新创建的线程执行完成,代码如下:

```
main(): Int64 {
    let fut: Future<Unit> = spawn {
        => for (i in 0..10) {
            println("新线程: ${i}")
            sleep(100 * 1000 * 1000)      //睡眠 100ms
        }
    }
    for (i in 0..5) {
        println("主线程: ${i}")
        sleep(100 * 1000 * 1000)          //睡眠 100ms
    }
    //阻塞当前线程执行, 等待子线程执行完成
    fut.getResult()
    return 0
}
```

调用 Future<T>实例的 getResult( )会阻塞当前运行的线程,直到 Future<T>实例所代表的线程运行结束,因此,上面的示例执行后,有可能会输出类似如下的内容:

```
主线程: 0
新线程: 0
主线程: 1
```

```
新线程: 1
新线程: 2
主线程: 2
新线程: 3
主线程: 3
主线程: 4
新线程: 4
新线程: 5
新线程: 6
新线程: 7
新线程: 8
新线程: 9
```

两个线程交替输出，但主线程由于调用了 getResult( )而阻塞等待，直到新创建的线程执行结束。

如果将 fut.getResult( )移动到 main 的 for 循环之前，则会出现什么结果呢？代码如下：

```
main(): Int64 {
    let fut: Future<Unit> = spawn {
        => for (i in 0..10) {
            println("新线程: ${i}")
            sleep(100 * 1000 * 1000)      //睡眠 100ms
        }
    }

    //阻塞当前线程执行，等待子线程执行完成
    fut.getResult()

    for (i in 0..5) {
        println("主线程: ${i}")
        sleep(100 * 1000 * 1000)          //睡眠 100ms
    }

    return 0
}
```

主线程将等待新创建的线程执行完成，然后执行 for 循环，因此打印将不再交错，运行结果如下：

```
新线程: 0
新线程: 1
新线程: 2
新线程: 3
新线程: 4
```

```
新线程: 5
新线程: 6
新线程: 7
新线程: 8
新线程: 9
主线程: 0
主线程: 1
主线程: 2
主线程: 3
主线程: 4
```

getResult( )的调用位置会影响线程是否能同时运行,Future<T>除了可以用于阻塞等待线程执行结束以外,还可以获取线程执行的结果。

18.4.1 getResult 函数返回值

getResult( ): Result<T>函数阻塞等待线程执行结束,并返回执行结果,如果该线程已经结束,则直接返回执行结果,代码如下:

```
main(): Int64 {
    let fut: Future<Int64> = spawn {
        sleep(1000 * 1000 * 1000)         //睡眠1s
        return 1
    }

    //阻塞等待线程结束,并获取返回结果
    let res: Result<Int64> = fut.getResult()
    match (res) {
        case Ok(val) => println("阻塞线程执行完成, 返回 = ${val}")
        case Err(_) => println("出错了! ")
    }
    return 0
}
```

输出的结果如下:

```
阻塞线程执行完成, 返回 = 1
```

18.4.2 设置阻塞结果返回的时间

getResult(ns: Int64): Result<T>函数可以阻塞等待该 Future<T>所代表的线程执行结束,并返回执行结果,当达到超时时间 ns 时,如果该线程还没有执行结束,则会返回 GetResultTimeOutException。如果 ns $\leq$ 0,其行为与 getResult( )相同,代码如下:

```
main(): Int64 {
    let fut: Future<Int64> = spawn {
        sleep(1000 * 1000 * 1000)          //睡眠 1s
        return 1
    }

    //阻塞等待 1ms
    let res: Result<Int64> = fut.getResult(1000 * 1000)
    match (res) {
        case Ok(val) => println("阻塞线程执行完成, 返回 = ${val}")
        case Err(_) => println("出错了! ")
    }
    return 0
}
```

输出的结果如下:

```
出错了!
```

18.5   线程睡眠指定时长

sleep 函数会阻塞当前运行的线程, 该线程会主动睡眠一段时间, 之后再恢复执行, 其时间单位为纳秒。函数原型如下:

```
func sleep(ns: Int64)               //ns 为纳秒
```

注意: 如果 ns ≤ 0, 则当前线程只会让出执行资源, 并不会进入睡眠。

以下是使用 sleep 的示例, 代码如下:

```
main(): Int64 {
    println("Hello")
    sleep(1000 * 1000 * 1000)    //睡眠 1s
    println("World")
    return 0
}
```

输出的结果如下:

```
Hello
World
```

18.6   线程的同步机制

在并发编程中, 如果缺少同步机制来保护多个线程共享的变量, 则很容易出现数据竞争问题（Data Race）。仓颉编程语言提供 3 种常见的同步机制来确保数据的线程安全，即原子操作、互斥锁和条件变量。

18.6.1 原子操作

仓颉语言提供了整数类型、Bool 类型和引用类型的原子操作。

1. 导入同步机制模块

同步操作需要导入系统包 sync，代码如下：

```
from std import sync.*
```

2. 整数类型原子操作

其中整数类型包括 Int8、Int16、Int32、Int64、UInt8、UInt16、UInt32、UInt64。
整数类型的原子操作支持基本的读写、交换及算术运算操作，见表 18-1。

表 18-1　整数类型的原子操作

操　　作	功　　能
load	读取
store	写入
swap	交换，返回交换前的值
compareAndSwap	比较再交换，如果交换成功，则返回 true，否则返回 false
fetchAdd	加法，返回执行加操作之前的值
fetchSub	减法，返回执行减操作之前的值
fetchAnd	与，返回执行与操作之前的值
fetchOr	或，返回执行或操作之前的值
fetchXor	异或，返回执行异或操作之前的值

以 Int8 类型为例，对应的原子操作类型声明的代码如下：

```
class AtomicInt8 {
    public func load(): Int8
    public func store(val: Int8)
    public func swap(val: Int8): Int8
    public func compareAndSwap(old: Int8, new: Int8): Bool
    public func fetchAdd(val: Int8): Int8
    public func fetchSub(val: Int8): Int8
    public func fetchAnd(val: Int8): Int8
    public func fetchOr(val: Int8): Int8
    public func fetchXor(val: Int8): Int8
}
```

类似地，其他整数类型对应的原子操作类型的代码如下：

```
class AtomicInt16 {…}
class AtomicInt32 {…}
class AtomicInt64 {…}
class AtomicUInt8 {…}
class AtomicUInt16 {…}
class AtomicUInt32 {…}
class AtomicUInt64 {…}
```

在多线程程序中，可使用原子操作实现计数，代码如下：

```
from std import sync.*
from std import collection.*

let count = AtomicInt64(0)

main(): Int64 {
    let list = ArrayList<Future<Int64>>()

    //创建 1000 个线程
    for (i in 0..1000) {
        let fut = spawn {
            //将睡眠时长设置为 1ms
            sleep(1 * 1000 * 1000)
            count.fetchAdd(1)
        }
        list.add(fut)
    }

    //等待所有线程结束
    for (f in list) {
        f.getResult()
    }
    let val = count.load()
    println("count = ${val}")
    return 0
}
```

输出的结果如下：

```
count = 1000
```

3. Bool 和引用类型原子操作

Bool 类型和引用类型的原子操作只提供读写和交换操作，见表 18-2。

表 18-2 Bool 类型的原子操作

操　作	功　能
load	读取
store	写入
swap	交换，返回交换前的值
compareAndSwap	比较再交换，如果交换成功，则返回 true，否则返回 false

注意：引用类型原子操作只对引用类型有效。

原子引用类型是 AtomicReference，以下是使用 Bool 类型、引用类型原子操作的一些正确示例，代码如下：

```
from std import sync.*

class A {}

main() {
    var obj = AtomicBool(true)

    //x1: true, 类型是 Bool
    var x1 = obj.load()
    println(x1)
    var t1 = A()
    var obj2 = AtomicReference(t1)

    //x2 和 t1 是同一个对象
    var x2 = obj2.load()

    //x2 和 t1 是同一个对象, y1: true
    var y1 = obj2.compareAndSwap(x2, t1)
    println(y1)
    var t2 = A()

    //x 和 t1 不是同一个对象, CAS 失败, y2: false
    var y2 = obj2.compareAndSwap(t2, A())
    println(y2)

    //CAS 成功, y2: true
    y2 = obj2.compareAndSwap(t1, A())
    println(y2)
}
```

编译成功后执行上述代码，输出的结果如下：

```
true
true
false
true
```

18.6.2　可重入互斥锁

可重入互斥锁的作用是对临界区加以保护，使任意时刻最多只有一个线程能够执行临界区的代码。当一个线程试图获取一个已被其他线程持有的锁时，该线程会被阻塞，直到锁被释放，该线程才会被唤醒，可重入是指线程获取该锁后可再次获得该锁。

ReentrantMutex 是内置的互斥锁，开发者需要保证不继承它。

当使用可重入互斥锁时，必须牢记以下两条规则：

（1）在访问共享数据之前，必须尝试获取锁。

（2）处理完共享数据后，必须进行解锁，以便其他线程可以获得锁。

ReentrantMutex 提供的主要成员函数如下：

```
class ReentrantMutex {
    //创建一个 ReentrantMutex
    public init()
    //锁定 mutex
    public func lock(): Unit
    //解锁
    public func unlock(): Unit
    //尝试锁定 mutex
    public func tryLock(): Bool
}
```

下面的示例介绍了如何使用 ReentrantMutex 来保护对全局共享变量 count 的访问，对 count 的操作属于临界区，代码如下：

```
from std import sync.*
from std import collection.*

var count: Int64 = 0
let mtx = ReentrantMutex()
main(): Int64 {
    let list = ArrayList<Future<Unit>>()

    //创建 1000 个线程
    for (i in 0..1000) {
        let fut = spawn {
            //将睡眠时长设置为 1ms
            sleep(1 * 1000 * 1000)
```

```
            mtx.lock()
            count++
            mtx.unlock()
        }
        list.add(fut)
    }

    //等待所有的线程结束
    for (f in list) {
        f.getResult()
    }
    println("count = ${count}")
    return 0
}
```

输出的结果应如下：

```
count = 1000
```

ReentrantMutex 在设计上是一个可重入锁，也就是说，在某个线程已经持有一个
ReentrantMutex 锁的情况下，当再次尝试获取同一个 ReentrantMutex 锁时永远可以立即获得
该 ReentrantMutex 锁。注意：虽然 ReentrantMutex 是一个可重入锁，但是调用 unlock( )的次
数必须和调用 lock( )的次数相同，这样才能成功释放该锁。

ReentrantMutex 可重入，代码如下：

```
from std import sync.*

var count: Int64 = 0
let mtx = ReentrantMutex()
func foo() {
    mtx.lock()
    count += 10
    bar()
    mtx.unlock()
}
func bar() {
    mtx.lock()
    count += 100
    mtx.unlock()
}
main(): Int64 {
    let fut = spawn {
        //将睡眠时长设置为1ms
        sleep(1 * 1000 * 1000)
```

```
        foo()
    }
    foo()
    fut.getResult()
    println("count = ${count}")
    return 0
}
```

输出的结果应如下：

```
count = 220
```

在上面的示例中，无论是主线程还是新创建的线程，如果在 foo( )中已经获得了锁，当继续调用 bar( )函数时，在 bar( )函数中由于是对同一个 ReentrantMutex 进行加锁，因此也能立即获得该锁，而不会出现死锁。

18.6.3   Monitor

Monitor 是一个内置的数据结构，它绑定了互斥锁和单个与之相关的条件变量（也就是等待队列）。Monitor 可以使线程阻塞并等待来自另一个线程的信号以恢复执行。这是一种利用共享变量进行线程同步的机制，主要提供的方法如下：

```
public class Monitor <: ReentrantMutex {
    //创建一个 monitor
    public init()
    //等待信号，阻塞当前线程
    //超时的默认值为无限超时，即 0
    public func wait(timeout!: UInt64 = INFINITE_TIMEOUT): Bool
    //唤醒一个等待监视器的线程（如果有）
    public func notify(): Unit
    //唤醒所有在监视器上等待的线程（如果有）
    public func notifyAll(): Unit
}
```

在调用 Monitor 对象的 wait、notify 或 notifyAll 方法前，需要确保当前线程已经持有对应的 Monitor 锁。

wait 方法包含的动作如下：

（1）将当前线程添加到该 Monitor 对应的等待队列中。

（2）阻塞当前线程，同时完全释放该 Monitor 锁，并记录锁的重入次数。

（3）等待某个其他线程使用同一个 Monitor 实例的 notify 或 notifyAll 方法向该线程发出信号。

（4）当前线程被唤醒后，会自动尝试重新获取 Monitor 锁，并且持有锁的重入状态与第2 步记录的重入次数相同，但是如果在尝试获取 Monitor 锁时失败，则当前线程会阻塞在该

Monitor 锁上。

注意：wait 方法接受一个可选参数 timeout。

需要注意的是，业界很多常用的常规操作系统不保证调度的实时性，因此无法保证一个线程会被阻塞"精确的 N 纳秒"，可能会观察到与系统相关的不精确情况。

此外，当前语言规范明确允许实现虚假唤醒。在这种情况下，wait 返回值是由实现决定的，可能为 true 或 false，因此鼓励开发者始终将 wait 包在一个循环中，代码如下：

```
synchronized (obj) {
    while (<condition is not true>) {
        obj.wait()
    }
}
```

以下是使用 Monitor 的一个正确示例，代码如下：

```
from std import sync.*

var mon = Monitor()
var flag: Bool = true
main(): Int64 {
    let fut = spawn {
        mon.lock()
        while (flag) {
            println("New thread: before wait")
            mon.wait()
            println("New thread: after wait")
        }
        mon.unlock()
    }

    //睡眠 10ms, 以确保新线程可以执行
    sleep(10 * 1000 * 1000)
    mon.lock()
    println("Main thread: set flag")
    flag = false
    mon.unlock()
    mon.lock()
    println("Main thread: notify")
    mon.notifyAll()
    mon.unlock()

    //等待新线程完成
    fut.getResult()
```

```
        return 0
    }
```

Monitor 对象执行 wait 时，必须在锁的保护下进行，否则 wait 中释放锁的操作会抛出异常。

18.6.4　MultiConditionMonitor

MultiConditionMonitor 是一个内置的数据结构，它绑定了互斥锁和一组与之相关的动态创建的条件变量。该类应仅当在 Monitor 类不足以满足复杂的线程间同步的场景下使用。

MultiConditionMonitor 主要提供的方法如下：

（1）newCondition( )：ConditionID 用于创建一个新的条件变量并与当前对象关联，返回一个特定的 ConditionID 标识符。

（2）wait(id: ConditionID, timeout!:UInt64 = INFINITE_TIMEOUT)：Bool 用于等待信号，阻塞当前线程。

（3）notify(id: ConditionID)：Unit 用于唤醒一个在 Monitor 上等待的线程（如果有）。

（4）notifyAll(id: ConditionID)：Unit 用于唤醒所有在 Monitor 上等待的线程（如果有）。

初始化时，MultiConditionMonitor 没有与之相关的 ConditionID 实例，每次调用 newCondition 都会创建一个新的条件变量并与当前对象关联，并返回以下类型作为唯一标识符，代码如下：

```
public record ConditionID {
    private init() { … }
    //构造函数故意是私有的，以防止
    //在 MultiConditionMonitor 之外创建此类
}
```

需要注意，使用者不可以将一个 MultiConditionMonitor 实例返回的 ConditionID 传给其他实例，或者手动创建 ConditionID（例如使用 unsafe）。由于 ConditionID 所包含的数据（例如内部数组的索引、内部队列的直接地址或任何其他类型数据等）和创建它的 MultiConditionMonitor 相关，所以将"外部"conditionID 传入 MultiConditionMonitor 中会导致 IllegalSynchronizationStateException。

以下使用 MultiConditionMonitor 实现一个长度固定的有界 FIFO 队列，当队列为空时，get( )会被阻塞；当队列已满时，put( )会被阻塞，代码如下：

```
from std import sync.*

class BoundedQueue {
    //创建两个 Conditions 的 MultiConditionMonitor
    let m: MultiConditionMonitor = MultiConditionMonitor()
    var notFull: ConditionID
```

```
var notEmpty: ConditionID
var count: Int64
var head: Int64                    //写 index
var tail: Int64                    //读 index

//队列长度是100
let items: Array<Object> = Array<Object>(100, {i => Object()})
init() {
    count = 0
    head = 0
    tail = 0
    synchronized(m) {
        notFull = m.newCondition()
        notEmpty = m.newCondition()
    }
}

//插入对象, 如果队列已满, 则阻止当前线程
public func put(x: Object) {
    //获取 mutex
    synchronized(m) {
        while (count == 100) {
            //如果队列已满, 则等待"队列未满"事件
            m.wait(notFull)
        }
        items[head] = x
        head++
        if (head == 100) {
            head = 0
        }
        count++
        m.notify(notEmpty)
    } //释放 mutex
}

//弹出一个对象, 如果队列为空, 则阻止当前线程
public func get(): Object {
    //获取 mutex
    synchronized(m) {
        while (count == 0) {
            //如果队列为空, 则等待"queue notEmpty"事件
            m.wait(notEmpty)
        }
```

```
            let x: Object = items[tail]

            tail++
            if (tail == 100) {
                tail = 0
            }
            count--
            m.notify(notFull)
            return x
        } //释放 mutex
    }
}
```

18.6.5　synchronized 关键字

互斥锁 ReentrantMutex 提供了一种便利灵活的加锁方式，同时因为它的灵活性，也可能引起忘了解锁，或者在持有互斥锁的情况下抛出异常不能自动释放持有的锁的问题，因此，仓颉编程语言提供一个 synchronized 关键字，搭配 ReentrantMutex 一起使用，可以在其后跟随的作用域内自动进行加锁解锁操作，用来解决类似的问题。

使用 synchronized 关键字来保护共享数据，代码如下：

```
from std import sync.*
from std import collection.*

var count: Int64 = 0
let mtx = ReentrantMutex()
main(): Int64 {
    let list = ArrayList<Future<Unit>>()

    //创建 1000 线程
    for (i in 0..1000) {
        let fut = spawn {
            sleep(1 * 1000 * 1000)              //睡眠 1ms

            //使用 synchronized(mtx) 代替 mtx.lock() 和 mtx.unlock()
            synchronized(mtx) {
                count++
            }
        }
        list.add(fut)
    }

    //等待所有线程执行完成
```

```
    for (f in list) {
        f.getResult()
    }
    println("count = ${count}")
    return 0
}
```

输出的结果应如下：

```
count = 1000
```

通过在 synchronized 后面加上一个 ReentrantMutex 实例，对其后面修饰的代码块进行保护，使任意时刻最多只有一个线程可以执行被保护的代码：

（1）一个线程在进入 synchronized 修饰的代码块之前，会自动获取 ReentrantMutex 实例对应的锁，如果无法获取锁，则当前线程被阻塞。

（2）一个线程在退出 synchronized 修饰的代码块之前，会自动释放该 ReentrantMutex 实例的锁；对于控制转移表达式（如 break、continue、return、throw），在导致程序的执行跳出 synchronized 代码块时，也会自动释放 synchronized 表达式对应的锁。

在 synchronized 代码块中出现 break 语句的情况，代码如下：

```
from std import sync.*
from std import collection.*

var count: Int64 = 0
var mtx: ReentrantMutex = ReentrantMutex()
main(): Int64 {
    let list = ArrayList<Future<Unit>>()
    for (i in 0..10) {
        let fut = spawn {
            while (true) {
                synchronized(mtx) {
                    count = count + 1
                    break
                    println("in thread")
                }
            }
        }
        list.add(fut)
    }

    //等待所有线程结束
    for (f in list) {
        f.getResult()
```

```
    }
    synchronized(mtx) {
        println("in main, count = ${count}")
    }

    return 0
}
```

输出的结果应如下：

```
in main, count = 10
```

实际上 in thread 这行不会被打印，因为 break 语句实际上会让程序在执行时跳出 while
循环。

18.7 本章小结

本章详细介绍了仓颉语言提供的并发编程能力，仓颉编程语言给开发者提供了一个友好、
高效、统一的并发编程环境，让开发者无须关心操作系统线程、用户态线程等概念上的差异，
同时屏蔽底层实现细节。在仓颉语言中只提供了一个仓颉线程的概念，开发者只需操作仓颉
线程便可以完成并发处理。

第 19 章

元 编 程

元编程是计算机编程中的一个重要概念，它可以很大程度地简化和复用代码。元编程几乎是现代编程语言的必备能力之一，在数值计算、编译器设计和实现、领域专用语言设计、框架开发等领域有广泛应用。

普通的编程是通过直接编写程序，经编译器编译，产生目标代码，并用于运行时执行。与普通的编程不同，元编程是经过编译器推导得到的程序，再进一步通过编译器编译，产生最终的目标代码，如图 19-1 所示。

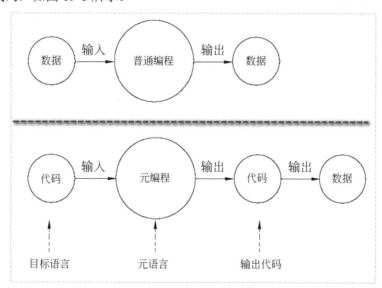

图 19-1　普通编程与元编程

元编程是一种将计算机程序（代码）当作数据的编程技术，从而修改、更新、替换已有的程序。例如可以将一些计算过程从运行时挪到编译时，并在编译期进行代码生成。

仓颉语言提供的元编程能力支持代码复用，操作语法树，编译期求值，甚至自定义文法等功能。

19.1　宏

宏是大部分编程语言具有的特性之一，它是一个将输入的字符串映射成其他字符串的过程，这个映射的过程也被称作宏展开。

仓颉语言实现元编程的主要方式是使用宏。仓颉的宏是语法宏，其定义形式上类似于函数，也和函数一样可以被调用。与函数的不同点如下：

（1）宏定义所在的 package 需使用 macro package 声明。

（2）宏定义需要使用关键字 macro。

（3）宏定义的输入和输出类型必须是 Tokens。

（4）宏调用需要使用@。

从输入代码序列到输出新的代码序列的这个映射过程称为宏展开。

宏在仓颉代码编译时进行展开，一直展开到目标代码中没有宏为止。宏展开的过程会实际执行宏定义体，即宏是在编译期完成求值的，展开后的结果重新作用于仓颉的语法树，继续后面的编译和执行流程。

19.1.1　宏的定义

仓颉宏的定义需要放在由 macro package 声明的包中，被 macro package 限定的包仅允许宏定义外部可见，其他声明包内可见，创建如下代码包结构：

```
.
└── p1
    └── f.cj
├── main.cj
```

在 p1 包中，定义宏 Test，代码如下：

```
macro package p1   //编译 p1.cjo 携带 macro 属性

from std import ast.*

//macro Test 外部可见
public macro Test(input: Tokens): Tokens {
    println("I'm in macro body")
    return input
}
```

在上面的代码中，定义了名为 Test 的宏后，在需要使用它的包中导入，调用宏使用 @Test( )，代码如下：

```
//导入宏
import p1.*
```

```
main(): Int64 {
    println("I'm in function body")
    let a: Int64 = @Test(1 + 2)
    println("a = ${a}")
    return 0
}
```

执行 cpm build 命令，运行编译，结果如下：

```
$ ./bin/main
I'm in function body
a = 3
```

19.1.2 宏的导入

如果有两个宏定义的包 p1 和 p2，并且 p1 和 p2 中都定义了一个宏，名称都是 Foo，我们在使用宏的文件中同时导入了 p1 和 p2，则此时需要在导入宏时使用别名，代码如下：

```
//f1.cj
macro package p1
from std import ast.*

public macro Foo(input: Tokens) {
    return input
}

//f2.cj
macro package p2
from std import ast.*

public macro Foo(input: Tokens) {
    return input
}

//main.cj
import p1.Foo as Foo1
import p2.Foo as Foo2

@Foo1
class A{}

@Foo2
class B{}
```

```
main() {
    let a = A()
    let b = B()
    0
}
```

在上面的代码中，如果开发者在 main.cj 文件中直接使用@Foo，而不使用别名，则编译器会报错，提示 ambigious match。

除了上面的别名用法外，也支持对包名使用别名，代码如下：

```
import p0.* as p1.*
@p1.Foo
class A{}
```

仓颉的宏系统分为两种：非属性宏和属性宏。

（1）非属性宏只有一个入参，其输入是被宏修饰的代码。

（2）属性宏有两个入参，其增加的属性入参赋予开发者向仓颉宏传入额外信息的能力。

19.1.3 非属性宏

非属性宏只有一个入参，参数输入是被宏修饰的代码。非属性宏的定义格式如图 19-2 所示。

图 19-2 非属性宏格式

宏的调用格式如下：

```
@MacroName(…)
```

上面的宏调用的括号是可以省略的，宏的定义在以下的宏调用时可省略括号，代码如下：

```
//函数前使用
@MacroName func name() {}
//Record 前使用
@MacroName record name {}
//类前使用
@MacroName class name {}
```

```
//变量前使用
@MacroName var a = 1
//枚举前
@MacroName enum e {}
//接口
@MacroName interface i {}
//扩展
@MacroName extend e <: i {}
//属性前
@MacroName prop var i: Int64 {}
//宏调用前
@MacroName @AnotherMacro(input)
@MacroName {_ => return "Hello"}
```

可省略括号的宏调用还必须满足以下条件：

（1）如果参数是声明，则该宏调用只能出现在该声明允许出现的位置。

（2）如果参数是 Lambda 表达式，则该宏调用只能出现在该表达式允许出现的位置。

宏展开过程作用于仓颉语法树，宏展开后，编译器会继续执行后续的编译操作，因此，用户需要保证宏展开后的代码依然是合法的仓颉代码，否则可能引发编译问题。

下面看一个使用宏处理函数的例子，这个 LogMacro 宏的作用是给 MyFunc 增加 Log 参数，并在 counter++前后插入一段代码，代码如下：

```
macro package p1

from std import ast.*

public macro LogMacro(input: Tokens): Tokens {
    println("----Logmacro 内部----")
    println(input)
    return quote(
        func MyFunc(log: Log) {
            log.start(100)
            counter++
            log.end()
        }
    )
}
```

下面在调用 LogMacro 宏时，宏输入是一个函数声明，因此可以省略括号，代码如下：

```
import p1.*                          //导入 LogMacro 宏


record Log {
```

```
    public init() {}
    public func start(id: Int32) {
        println("Log start ${id}")
    }
    public func end() {
        println("Log end")
    }
}

var counter = 0

@LogMacro
func MyFunc() {
    println("MyFunc func body")
}

main(): Int64 {
    println("I'm in function body")
    let log = Log()
    MyFunc(log)
    println("MyFunc called: ${counter} times")
    return 0
}
```

MyFunc 会在 main 函数中调用，它接受的实参也是在 main 中定义的，从而形成了一段合法的仓颉程序。运行时打印的信息如下：

```
$ ./bin/main
I'm in function body
start 100
end
MyFunc called: 1 times
```

19.1.4 属性宏

和非属性宏相比，属性宏的定义会增加一个 Tokens 类型的输入，这个增加的入参可以让开发者向宏输入额外的信息。

属性宏的语法格式如图 19-3 所示。

例如开发者可能希望在不同的调用场景下使用不同的宏展开策略，在此场景下可以通过这个属性入参进行标记位设置。同时，这个属性入参也可以传入任意 Tokens，这些 Tokens 可以与被宏修饰的代码进行组合拼接等。

下面是一个简单的属性宏定义的例子，代码如下：

图 19-3 属性宏格式

```
macro package p1

from std import ast.*

public macro Foo(attrTokens: Tokens, inputTokens: Tokens): Tokens {
    return attrTokens + inputTokens
}
```

在上面的代码中，属性宏的入参数量为两个，入参类型为 Tokens，在宏定义内，可以对 attrTokens 和 inputTokens 进行一系列组合和拼接等变换操作，最后返回新的 Tokens。

带属性的宏与不带属性的宏的调用类似，属性宏在调用时新增的入参 attrTokens 通过[ ] 传入，其调用格式的代码如下：

```
import p1.*                      //导入 LogMacro 宏

//attrTokens: [1+]
//inputTokens: (2+3)
var a: Int64 = @Foo[1+](2+3)

@Foo[public]
record Data {
    var count: Int64 = 100
}

main() {
    //宏 Foo 调用，当参数是 2+3 时，与[]内的属性 1+进行拼接
    //经过宏展开后，得到 var a: Int64 = 1+2+3
    println(a)                   //输出 6

    //宏 Foo 调用，当参数是 record Data 时
    //与[]内的属性 public 进行拼接，经过宏展开后，得到
    """
    public record Data {
        var count: Int64 = 100
```

```
      }
    """
  }
```

上面的属性宏的展开规则如下：

当变量 *a* 修饰的宏 Foo 被调用且参数是 2+3 时，与[ ]内的属性 1+进行拼接，经过宏展开后，得到的代码如下：

```
var a: Int64 = 1+2+3
```

当结构体 record 修饰的宏 Foo 被调用且参数是 record Data 时，与[ ]内的属性 public 进行拼接，经过宏展开后，得到的代码如下：

```
public record Data {
  var count: Int64 = 100
}
```

关于属性宏，需要注意以下几点：

（1）带属性的宏与不带属性的宏相比，能修饰的 AST 是相同的，可以理解为带属性的宏对可传入参数做了增强。

（2）要求属性宏调用时，[ ]内的中括号必须匹配，并且不能为空。中括号内只允许对中括号的转义 \[或 \]，该转义中括号不计入匹配规则，其他字符会被作为 Token，不能进行转义，代码如下：

```
@Foo[[miss one](2+3)     //Illegal
@Foo[[matched]](2+3)     //Legal
@Foo[](2+3)              //Illegal, empty in []
@Foo[\[](2+3)            //Legal, use escape for [
@Foo[\(](2+3)            //Illegal, only \[ allowed in []
```

（3）宏的定义和调用的类型要保持一致：如果宏定义有两个入参，即为属性宏定义，则调用时必须加上[ ]，并且内容不为空；如果宏定义有一个入参，即为非属性宏定义，则调用时不能使用[ ]。

19.1.5　嵌套宏

仓颉语言不支持宏定义的嵌套；有条件地支持在宏定义和宏调用中进行宏调用。

1. 在宏定义内调用宏

下面是一个在宏定义中包含其他宏调用的例子，宏定义的目录结构如下：

```
.
├── main.cj
├── pkg1
│     └── p.cj
```

```
└── pkg2
     └── p.cj
```

首先，在 pkg1 中定义宏，代码如下：

```
macro package pkg1

from std import ast.*

public macro M(input: Tokens): Tokens {
    return input
}
```

在 pkg2 中定义了两个宏，并在宏内部调用 pkg1 中定义的宏，代码如下：

```
//file pkg2.cj
macro package pkg2

//导入 pkg1 中的宏
import macro pkg1.*

from std import ast.*

//macro 定义
public macro Foo1(input: Tokens): Tokens {
    var a = @M(1 + 2)
    return input
}

//属性宏定义
public macro Foo2(attr: Tokens, input: Tokens): Tokens {
    var a = @M(1 + 2)
    return attr + input
}
```

在 main.cj 文件中调用 pkg1 和 pkg2 中定义的宏，代码如下：

```
import pkg1.*
import pkg2.*

main(): Int64 {
    @Foo1(1 + 2)           //输出 3
    @Foo2[2 + ](1)         //输出 3
    @M(1 + 2)              //输出 3
    return 0
}
```

```
}
```

注意，按照宏定义约束，宏定义必须在宏调用之前先编译，上述 3 个文件的编译顺序必须是：pkg1 -> pkg2 ->main.cj，代码如下：

```
public macro Foo1(input: Tokens): Tokens {
    var a = @M(1 + 2)
    return input
}
```

以上代码会先被展开成如下代码，再进行编译：

```
public macro Foo1(input: Tokens): Tokens {
    var a = 1 + 2
    return input
}
```

由于展开宏调用时需要连接相关宏定义，而在编译宏定义时不需要连接相关文件，因此，在展开宏定义体内的宏调用时，编译器会给出连接文件多余的警告。

2. 宏调用在宏调用中

嵌套宏的常见场景是在宏修饰的代码块中出现了宏调用。下面创建一个具体的例子，代码如下：

```
src
    ├── main.cj
    ├── pkg1
    │    └── f.cj
    ├── pkg2
    │    └── f.cj
    └── pkg3
         └── f.cj
```

创建 pkg1 包，代码如下：

```
//file pkg1.cj
macro package pkg1

from std import ast.*

public macro Foo(input: Tokens): Tokens {
    return input
}
public macro Bar(input: Tokens): Tokens {
    return input
}
```

创建 pkg2 包，代码如下：

```
//file pkg2.cj
macro package pkg2

from std import ast.*

public macro AddToMul(inputTokens: Tokens): Tokens {
    var expr: BinaryExpr = ParseBinaryExpr(inputTokens)
    var op0: Expr = expr.getLeftExpr()
    var op1: Expr = expr.getRightExpr()
    return quote(($(op0)) * ($(op1)))
}
```

创建 pkg3 包，代码如下：

```
package pkg3

import pkg1.*
import pkg2.*

@Foo
public record Data {
    let a = 2
    let b = @AddToMul(2+3)
    @Bar
    public func getA() {
        return a
    }
    public func getB() {
        return b
    }
}
```

在 main.cj 文件中调用，代码如下：

```
import pkg3.*

main(): Int64 {
    let data = Data()
    var a = data.getA()            //a = 2
    var b = data.getB()            //b = 6
    println("a: ${a}, b: ${b}")    //a: 2, b: 6
    return 0
}
```

宏 Foo 修饰了 record Data，而在 record Data 内，出现了宏调用 AddToMul 和 Bar。在这种嵌套场景下，代码变换的规则是：将嵌套内层的宏（AddToMul 和 Bar）展开后，再去展开外层的宏（Foo）。允许出现多层宏嵌套，代码变换的规则总是由内向外去依次展开宏。

嵌套宏可以出现在带括号和不带括号的宏调用中，二者可以组合，但用户需要保证没有歧义，并且明确宏的展开顺序，代码如下：

```
var a = @Foo(@Foo1(2 * 3)+@Foo2(1 + 3))

//Foo2 首先展开，Foo1 后面展开
@Foo1
@Foo2[attr:record]
//属性宏可以用在嵌套宏中
record Data {
    @Foo3
    @Foo4[123]

    //Bar2、Bar1、Foo4 和 Foo3 依次展开
    var a = @Bar1(@Bar2(2 + 3) + 3)

    public func getA() {
        return @Foo(a + 2)
    }
}
```

在嵌套场景下，当存在多个宏时，有时不同宏间需要共享一些信息，往往通过在宏定义文件里定义某些全局变量的方式实现。不同的宏均可以访问、修改这些变量，其访问顺序与宏调用展开的顺序一致。

19.2 Tokens

仓颉语言的元编程是基于语法实现的。编译器在语法分析的阶段可以完成编写或操作目标程序的工作，用于操作目标程序的程序称为元程序。元程序的输入和输出都是词法单元（token）。

在仓颉语言中提供了 Token 类型、Tokens 类型和 quote 表达式，其中，Token 类型是单个词法单元的类型，Tokens 类型是多个词法单元组成的结构的类型，quote 表达式是构造 Tokens 实例的一种表达式。

19.2.1 Token 类型

Token 是元编程提供给用户可操作的词法单元，含义上等同编译器中词法分析器输出的

token。一个 Token 类型中包括的信息有 Token 类型（TokenKind）、构成 Token 的字符串、
Token 的位置，如图 19-4 所示。

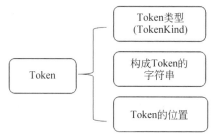

图 19-4　Token（词法单元）的组成部分

Token 结构体的结构如下：

```
public record Token {
    /* 令牌类型 */
    public let kind: TokenKind
    /* 令牌值 */
    public let value: String
    /* 令牌位置信息 */
    public let pos: Position
    /* 使用默认构造函数创建令牌 */
    public init()
    /*
    * 创建一个新的令牌，使用 TokenKind
    * 参数 k: TokenKind 类型
    */
    public init(k: TokenKind)
    /*
    * 创建一个新的令牌，使用 TokenKind 类型作为 k，使用 String 类型作为 v
    * 参数 k: TokenKind 类型
    * 参数 v: String 类型
    */
    public init(k: TokenKind, v: String)
    /*
    * 判断两个 Token 对象是否相等
    * 参数 r: Token
    * 返回值 Bool: 当两个令牌的种类 ID、值、位置相同时，返回 true; 反之，返回 false
    */
    operator func ==(r: Token): Bool
    /*
    * 判断两个 Token 对象是否不等
    * 参数 r: Token
```

```
        * 返回值 Bool：当两个令牌的种类 ID、值、位置相同时，返回 false；反之，返回 true
        */
        operator func !=(r: Token): Bool
        /*
        * 使用当前 Token 添加多个 Token 以获取新的 Tokens
        * 参数 r: Token
        * 返回值 Tokens：获得相应的 Tokens
        */
        operator func +(r: Tokens): Tokens
        /* 打印此令牌的信息 */
        func dump(): Unit
}
```

1. Token 类型（TokenKind）

TokenKind 是用于表示 Token 类型的枚举类型，用于表示各种 Token，使用 TokenKind 的构造器可以构造出仓颉所有的 Token，代码如下：

```
public enum TokenKind {
    | DOT
    | COMMA
    | LPAREN
    | RPAREN
    | LSQUARE
    | RSQUARE
    ...
}
```

如 Token(TokenKind.ADD)，该 Token 表示"+"号。TokenKind、Token 类型是由仓颉标准库 ast 包提供的，使用时需要导入，代码如下：

```
from std import ast.TokenKind
from std import ast.Token
```

2. 构造 Token

Token 的构造函数如下：

```
Token() //返回一个合法的 Token
Token(k: TokenKind)
Token(k: TokenKind, v: String)
```

创建一个合法的 Token，代码如下：

```
let tk1 = Token(TokenKind.FUNC)
let tk2 = Token(TokenKind.IDENTIFIER, "foo")
```

19.2.2 Tokens 类型

Tokens 类型是用仓颉编写元程序必须的输入输出类型。存在以下 3 种构造 Tokens 实例的方式，代码如下：

```
Tokens()
Tokens(tokArr: Array<Token>)
Tokens(tokArrList: ArrayList<Token>)
```

除了以上构造 Tokens 的方式外，还有 quote 表达式可以构造 Tokens，详见 19.2.3 节。简单来讲，Tokens 可以理解为由词素（Token）组成的数组，同时 Tokens 类型支持的方法见表 19-1。

表 19-1　Tokens 类型支持的方法

操　　作	说　　明
size( )	返回 Tokens 中所包含 Token 的数目
get(index: Int64)	用于获取指定下标的 Token 元素
[ ]	返回下标索引指定的 Token
+	拼接两个 Tokens 或者拼接 Tokens 和 Token
dump( )	打印包含的所有 Token，供调试使用

判断 size 和 kind 宏所修饰的对象的类型，代码如下：

```
public macro DemoMacro(input: Tokens): Tokens {
    if (input.size() < 4) {
        throw Exception("只能用于 class、record、enum")
    }
    match (input[0].kind) {
        case CLASS | RECORD | ENUM => ()
        case _ => throw Exception("只能用于 class、record、enum")
    }
    return input
}
```

在下面的例子中包含了 Tokens 操作的用法，代码如下：

```
from std import ast.*

main() {
    //这里 quote 的作用是
    //将 1+2 这行代码转换成由 '1' '+'和'2'这 3 个 Token 组成的 Tokens
    let ts1: Tokens = quote(1 + 2)        //'1', '+', '2'
    let ts2: Tokens = quote(3)            //3
```

```
//1.ts 包含 5 个 Token: '1' '+' '2' '+' 和 '3'
let ts: Tokens = ts1 + Token(TokenKind.ADD) + ts2
println("ts.size() = ${ts.size()}")

//2.打印包含的所有 Token，供调试使用
println("ts.dump():")
ts.dump()

//3.用于获取指定下标的 Token 元素
let index0 = ts.get(0)
println("ts.get(0): ${index0.value}")

//4.返回下标索引指定的 Token
let index1 = ts[1]
println("ts[1]: ${index1.value}")
    0
}
```

返回的结果如下：

```
ts.size() = 5
ts.dump():
description: integer_literal, token_id: 150, token_literal_value: 1, fileID:
1, line: 4, column: 29
  description: add, token_id: 12, token_literal_value: +, fileID: 1, line: 4,
column: 31
  description: integer_literal, token_id: 150, token_literal_value: 2, fileID:
1, line: 4, column: 33
  description: add, token_id: 12, token_literal_value: +, fileID: 0, line: 0,
column: 0
  description: integer_literal, token_id: 150, token_literal_value: 3, fileID:
1, line: 5, column: 29
  ts.get(0): 1
  ts[1]: +
```

19.2.3 quote 表达式

quote 表达式可以将代码表示为 Tokens 对象。在 19.2.2 节的例子中，我们使用了 quote 表达式，代码如下：

```
let ts1: Tokens = quote(1 + 2)
```

这里 quote 的作用是：将 1 + 2 这行代码转换成由 '1' '+' 和 '2' 这 3 个 Token 组成的 Tokens。在 quote 表达式中，仓颉语言支持代码插值操作，使用插值运算符$表示。这里的

插值表达式类似于某种占位符，会被最终替换成相应的值，即 toTokens 后的结果。

需要注意的是，插值运算符修饰的表达式必须实现 ast 库中的 toTokens 接口，否则无法正常给出插值结果并给出报错信息。

下面是一个 quote 和插值的示例，在这个例子中，展示了将二元表达式(1+2)转换为 Tokens 对象，然后调用 ast 库提供的 Parse 接口将其变成 AST 类型，即 BinaryExpr，通过 quote 和插值可以将这个 AST 类型变成 Tokens 对象，代码如下：

```
from std import ast.*
from std import ast.*

main() {
    let tokens: Tokens = quote(1 + 2)

    var ast: BinaryExpr = ParseBinaryExpr(tokens)
    let a = quote($ast)
    let b = quote($(ast))
    let c = quote($ast.getLeftExpr())
    let d = quote($(ast.getLeftExpr()))
    println("$ast.getLeftExpr():")
    c.dump()
    println("===================")
    println("$(ast.getLeftExpr()):")
    d.dump()
    return 0
}
```

其中，BinaryExpr 和 ParseBinaryExpr 是 ast 库提供的类型和成员函数。上述用例的输出结果如下：

```
$ast.getLeftExpr():
description: integer_literal, token_id: 152, token_literal_value: 1, fileID:
1, line: 4, column: 30
  description: add, token_id: 12, token_literal_value: +, fileID: 1, line: 4,
column: 32
  description: integer_literal, token_id: 152, token_literal_value: 2, fileID:
1, line: 4, column: 34
  description: dot, token_id: 0, token_literal_value: ., fileID: 1, line: 10,
column: 21
  description: identifier, token_id: 151, token_literal_value: getLeftExpr,
fileID: 1, line: 10, column: 22
  description: l_paren, token_id: 2, token_literal_value: (, fileID: 1, line:
10, column: 33
  description: r_paren, token_id: 3, token_literal_value: ), fileID: 1, line:
```

```
10, column: 34
====================
$(ast.getLeftExpr()):
description: integer_literal, token_id: 152, token_literal_value: 1, fileID:
1, line: 4, column: 30
```

19.3 元编程案例

19.2 节介绍了元编程的相关使用方法，下面通过两个案例介绍元编程的实际用法。

19.3.1 使用宏优化递归

下面介绍利用元编程解决具体问题的例子，为了提高递归性能，利用仓颉宏为某些需要递归计算的函数进行记忆优化。

在下面的代码中，memorize 使用了属性宏，这样可以让用户传入标记位（@memorize[true] 里的 true 就是标记位），选择是否进行记忆优化，代码如下：

```
macro package memory

from std import ast.*

func checkBooleanAttr(attr: Tokens): Bool {
    //true or false
    if (attr.size() != 1 || attr[0].kind != TokenKind.BOOL_LITERAL) {
        throw IllegalArgumentException("宏的属性不正确 true|false")
    }
    return attr[0].value == "true"
}

public macro memoize(attr: Tokens, input: Tokens): Tokens {
    let memorized: Bool = checkBooleanAttr(attr)

    //no memorization
    if (!memorized) {
        return input
    }

    //优化
    let fd = ParseFuncDecl(input)
    return quote(
        var memoMap = HashMap<Int64, Int64>()
        func $(fd.getIdentifier())(n: Int64): Int64 {
```

```
                    if (memoMap.contains(n)) {
                        return memoMap.get(n).getOrThrow()
                    }
                    if (n == 0 || n == 1) {
                        return n
                    }
                    let ret = Fib(n-1) + Fib(n-2)
                    memoMap.put(n, ret)
                    return ret
                }
        )
}
```

在上面的代码中，使用了 Tokens 作为入参和返回值的类型，同时返回了一个 quote 表达式。其使用了 ParseFuncDecl 方法，它们都是在标准库 ast 包中定义的，使用时需要导入 ast 包。

memorize 宏定义的入参和返回值类型都是 Tokens，即表示一段代码块，对于宏来讲代码即数据。在宏定义内部，若不进行优化，则将输入的代码原样返回；若进行优化，则重新构造一段代码，这段代码里有函数 Fib 前添加的记录函数入参-函数值的 HashMap 变量，Fib 函数也被重新设计，增加了查表优化功能。这段代码放在 quote 表达式里，表示要将其转换为 Tokens 返回。

宏调用 @memorize[true] 修饰后的 Fib 函数最终会在编译期被展开为如下代码：

```
var memoMap: HashMap<Int64, Int64> = HashMap<Int64, Int64>()
    func Fib(n: Int64): Int64 {
        if (memoMap.contains(n)) {
            return memoMap.get(n).getOrThrow()
        }
        if (n == 0 || n == 1) {
            return n
        }
    let ret = Fib(n-1) + Fib(n-2)
    memoMap.put(n, ret)
    return ret
}
```

可以看到，memorize 宏的主要作用是在编译期做一些代码生成的工作，让源程序执行效率更高，并且优化细节不直接暴露在宏调用处，代码简洁，可读性高。

我们在使用时，先编译好宏定义文件，再编译宏调用文件。宏定义编译一次后，可被多个宏调用文件使用。若只是宏调用文件发生变动，宏定义不变，则无须重新编译宏定义文件。

这里需要注意，宏 memorize 目前只能修饰 Fib 函数，函数名可以不同，但是不能用来修饰参数列表和返回值类型不同的函数，即 memorize 宏目前并不是通用的。开发者可以针对自己的需求，去写一个更通用的版本，例如解析函数的参数列表获取入参，解析返回值类型，根据这些信息去构造 HashMap，另外需要解析函数体获取最后的函数返回值，这些信息均可以通过 ast 包提供的 API 获取。

定义好 memorize 宏后，测试一下效果，代码如下：

```
import memory.*
from std import time.*
from std import collection.*

@memorize[true]
func Fib(n: Int64): Int64 {
    if (n == 0 || n == 1) {
        return n
    }
    return Fib(n - 1) + Fib(n - 2)
}
```

```
main() {
    println("Fibonacci:")
    let start1 = Time.now().nanosecond()
    let f1 = Fib(20)
    let end1 = Time.now().nanosecond()
    println("Fib(20): ${f1}")
    println("execution time: ${(end1 - start1)/1000} us")
    let start2 = Time.now().nanosecond()
    let f2 = Fib(15)
    let end2 = Time.now().nanosecond()
    println("Fib(15): ${f2}")
    println("execution time: ${(end2 - start2)/1000} us")
    let start3 = Time.now().nanosecond()
    let f3 = Fib(22)
    let end3 = Time.now().nanosecond()
    println("Fib(22): ${f3}")
    println("execution time: ${(end3 - start3)/1000} us")
    0
}
```

由以上运行结果可以看出，使用 @memorize[true] 时，Fib(15)和 Fib(22) 的计算时间显著减少，特别是 Fib(22) 的计算耗时，使用记忆优化后时长由 1487μs 减少到 16μs。

19.3.2 使用宏打印任意类型

实现一个打印类，结构体属性的宏，代码如下：

```
macro package pkg1

from std import ast.*
from std import collection.*

func isExists<T>(iter: Tokens, f: (Token) -> Bool): Bool {
    for (i in 0..iter.size()) {
        if (f(iter[i])) {
            return true
        }
    }
    false
}


//获取元程序信息
func getTokenInfo(inputs: Tokens): (Token, Array<Decl>) {
    let decl = ParseDecl(inputs)
    if (decl.isRecordDecl()) {
        let decl = decl.asRecordDecl()
        (decl.getIdentifier(), decl.getBody())
    } else if (decl.isClassDecl()) {
        let decl = decl.asClassDecl()
        (decl.getIdentifier(), decl.getBody())
    } else {
        throw IllegalArgumentException("@Printable 不支持${inputs}")
    }
}

public macro Printable(inputs: Tokens): Tokens {
    //(获取名字,获取的 Body)
    let info = getTokenInfo(inputs)
    let id = info[0]                 //对象的类型，如 class
    let field_decls = info[1]        //获取的 Body

    var id_str = Token(TokenKind.STRING_LITERAL, id.value)
    var fields = Tokens()
    var i = 0
    //变量 Body
    for (field in field_decls) {
        i += 1
        if (field.isVarDecl()) {
            let var_decl = field.asVarDecl()
            let is_private = isExists<Token>(var_decl.getModifiers(), {
```

```
                    t => match (t.kind) {
                        case PRIVATE => true
                        case _  => false
                        }
                })
            //这里只处理 public
            if (!is_private) {
                let fid = var_decl.getIdentifier()
                let fid_str = Token(TokenKind.STRING_LITERAL, fid.value)
                if (i > 1) {
                    fields = fields + quote(ret = ret + ", ";)
                }
                fields = fields + quote(
                    ret = ret + $(fid_str) + " = " + this.$(fid).toString();
                )
            }
        }
    }
    //返回 {} 格式
    inputs + quote(
        extend $(id) <: ToString {
            public func toString(): String {
                var ret: String = ""
                ret = ret + $(id_str) + " {"
                $(fields)
                ret + "}"
            }
        }
    )
}
```

导入 Printable 宏，实现打印 User 结构体的属性信息，代码如下：

```
import pkg1.*
from std import collection.*
from std import ast.*

@Printable
public struct User {
    var name: String
    var age: Int32
    private var sex: String

    init(name: String, age: Int32, sex: String) {
```

```
        this.name = name
        this.age = age
        this.sex = sex
    }

}

main() {
    let u = User("Leo", 20, "female")
    println("${u}")
    0
}
```

使用 cpm build 命令，编译当前模块，执行./bin/main，打印结果如下：

```
./bin/main
User {name = Leo, age = 20}
```

19.4   本章小结

本章介绍了仓颉语言的元编程的基础语法和使用元编程解决一些现实的程序问题，现代的编程语言基本拥有元编程的特性，仓颉语言提供的元编程能力能够很好地支持代码复用，操作语法树，编译期求值，甚至自定义文法等功能。

第 20 章

网 络 编 程

网络编程是仓颉语言的重要组成部分，仓颉语言提供了开发多种网络协议的编程接口，包括 HTTP、TCP 和 UDP 协议的应用开发，本章详细介绍仓颉语言的网络编程开发。

在介绍仓颉网络编程之前，首先熟悉网络编程中的几个重要概念：网络参考模型、网络协议及 Socket 编程模型。

20.1 网络参考模型

网络参考模型，通常是指 OSI/RM 参考模型和 TCP/IP 参考模型两类，本节详细介绍这两种网络参考模型的特点和差异。

20.1.1 OSI/RM 参考模型

20 世纪 80 年代初，为了解决厂商之间各自为战的混乱局面，1981 年，国际标准化组织（ISO）和国际电报电话咨询委员会（CCITT）共同发起了一个国际通信协议标准，即开放系统互联参考模型（Open System Interconnection Reference Model，OSI/RM）。该网络参考模型设计的初衷是为了让各大厂商生成的设备都遵循一个共同的标准协议，如果所有厂商都遵循该协议标准，则生产出的设备就可以互联互通了。

开放式系统互联模型，即通常所讲的 OSI 参考模型，该模型标准定义了网络互联的七层框架，即物理层、数据链路层、网络层、传输层、会话层、表示层和应用层。该框架详细规定了每层的功能，以及实现开放系统环境中的互连性、互操作性和应用的可移植性。

OSI 参考模型划分的七层框架由高到低依次为应用层（Application）、表现层（Presentation）、会话层（Session）、传输层（Transport）、网络层（Network）、数据链路层（Data Link）和物理层（Physical），见表 20-1。

表 20-1 OSI 七层模型

层级	层名称	英 文 全 称	常 见 协 议
7	应用层	Application Layer	HTTP、FTP、SMTP、POP3、TELENT、NNTP IMAP4、FINGER

续表

层级	层名称	英 文 全 称	常 见 协 议
6	表现层	Presentation Layer	LPP、NBSSP
5	会话层	Session Layer	SSL、TLS、DAP、LDAP
4	传输层	Transport Layer	TCP、UDP
3	网络层	Network Layer	IP、ICMP、RIP、IGMP、OSPF
2	数据链路层	Data Link Layer	以太网、网卡、交换机、PPTP、L2TP、ARP、ATMP
1	物理层	Physical Layer	物理线路、光纤、中继器、集线器、双绞线

如今，OSI 七层模型被广泛应用，我们在解决网络体系结构中经常使用 ISO/OSI 七层模型，如交换机、集线器、路由器等网络设备的设计都是参照 OSI 模型设计的。

20.1.2　TCP/IP 参考模型

和 OSI 网络参考模型不同，在实际的网络标准中，使用最多的是 TCP/IP 标准，该协议标准是从实践中提炼出来的，所以也是实际的行业标准。

1969 年，美国国防部（U.S. Department of Defense）开发的 ARPAnet（中文翻译为阿帕网）正式启动。ARPAnet 是世界上最早使用分组交换的计算机网络之一，该网络通过包交换系统把通信的数据格式化为带有目标机器地址的数据包，然后发送到网络上，由下一台机器接收。

说明：数据包一词是由 Donald Davies 在 1965 年创造的，用于描述通过网络在计算机之间传输的数据，数据包是计算机网络传输的对象。

阿帕网的数据传输采用的是一种名为 NCP（Network Control Protocol，NCP）的网络协议，如图 20-1 所示，但是随着阿帕网的节点接入增多，以及对网络需求的提高，由于 NCP 协议只能满足在相同的操作系统环境中进行通信，所以 NCP 协议也逐渐不能满足 ARPAnet 的发展需求了。

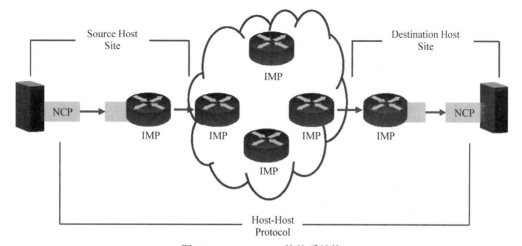

图 20-1　ARPANET 的体系结构

说明：IMP 接口信息处理机是按照 ARPA 网络的术语把转发节点通称为接口信息处理机（Interface Message Processor，IMP）。

为了解决 NCP 协议无法实现不同计算机网络之间互相通信的问题，美国高级研究计划署（ARPA）启动了第 2 代网络协议的设计计划。该计划的重点是解决不同的计算机网络之间的互联互通问题。

如是，时任美国斯坦福大学的助理教授 Vinton G. Cerf 博士和他的同事 Robert Kahn 共同承担了第 2 代网络协议的设计工作。1974 年，Vinton G. Cerf 和 Robert Kahn 在 IEEE 期刊上共同发表了题为《关于分组交换的网络通信协议》的论文，正式提出 TCP/IP 协议，该协议后来被作为支持 ARPAnet 的首选方案。

1983 年，美国国防部高级研究计划局正式采用 TCP/IP 协议取代 NCP 协议。同时为了推广 TCP/IP 协议集，美国国防部资助 BBN 公司（BBN Technologies，现为雷神公司的子公司）参与 ARPAnet 与 Internet 的最初研发，在 UNIX 操作系统上实现 TCP/IP 协议集，同时资助 Berkeley 公司（Berkeley Computer Corporation）将 TCP/IP 协议集写进 UNIX 操作系统。

1985 年，TCP/IP 成为 UNIX 操作系统的组成部分。此后所有的操作系统都逐渐支持 TCP/IP 协议，该协议也逐渐成为业界的实际网络协议标准。

从定义的角度，TCP/IP（Transmission Control Protocol/Internet Protocol，传输控制协议/网际协议）是指能够在多个不同网络间实现信息传输的协议簇。TCP/IP 协议不仅是 TCP 和 IP 两个协议，而是一个由 FTP、SMTP、TCP、UDP、IP 等协议构成的协议簇，只是因为在 TCP/IP 协议中 TCP 协议和 IP 协议最具代表性，所以被称为 TCP/IP 协议。

1. TCP/IP 四层

和 OSI 分层模型不同，TCP/IP 标准的分层模型将网络通信分为四层，分别是网络接口层、网络层、传输层、应用层，如图 20-2 所示。

TCP/IP 分层模型各层的作用如下。

1）应用层

应用层协议有文件传输协议、简单邮件传输协议、超文本传输协议等。FTP 协议能够在两台机器之间传输文件，SMTP 协议用来发送电子邮件，POP3 协议用来接收电子邮件，HTTP 协议用访问 Web 网络。TCP/IP 模型中没有表示层和会话层，具体的连网实践证明会话层和表示层对于多数的应用程序没有用处。

2）传输层

TCP/IP 模型的传输层同样也提供端到端的通信服务。TCP/IP 体系的传输层里包含两个协议，即 TCP 协议和 UDP 协议。

3）互联网层

互联网层相当于 OSI 参考模型中的网络层，它的职责是将传输层交给它的数据送到目的地，中间可能会跨越多个网络，互联网层要为数据找到一条正确的路。

4）网络接口层

网络接口层相当于 OSI 参考模型中的数据链路层和物理层。TCP/IP 模型没有明确描述网络接口层，只是指出主机要使用某种协议与具体的网络连接，能够传递 IP 数据报。

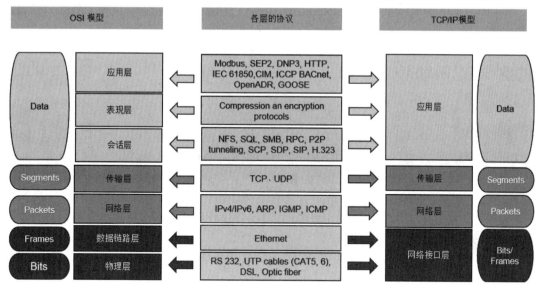

图 20-2　OSI 模型 vs TCP/IP 分层模型

2. TCP/IP 网络通信

利用 TCP/IP 协议簇进行网络通信时，会通过分层顺序与对方进行通信。发送端从应用层往下走，接收端则从网络接口层往上走，如图 20-3 所示。

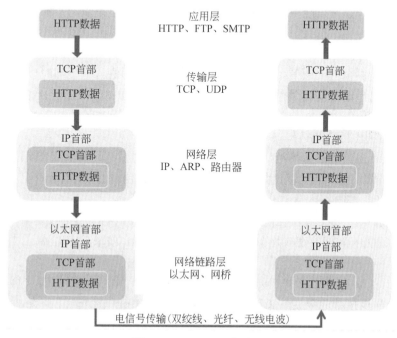

图 20-3　TCP/IP 通信流程

发送端在层与层之间传输数据时，每经过一层时会被打上一个该层所属的首部信息。反之，接收端在层与层传输数据时，每经过一层时会把对应的首部消去。这种把数据信息包装起来的做法称为封装（encapsulate）。

20.2　TCP 协议

20.1.2 节介绍了 TCP/IP 协议集和四层网络分层模型，本节详细讲解 TCP/IP 四层中的传输层协议。

在实际网络应用中，不同主机的应用层之间经常需要可靠的、像管道一样的连接，但是 IP 层是"不可靠"的，它不保证网络包的按序交付，也不保证网络包中数据的完整性。

如果需要保障网络数据包的可靠性，就需要由传输层的 TCP 协议来负责。因为 TCP 是一个工作在传输层的可靠数据传输的服务，它能确保接收端接收的网络包是无损坏、无间隔、非冗余和按序的。

TCP 协议即传输控制协议，是一种面向连接的、可靠的、基于字节流的传输层通信协议。

20.2.1　TCP 协议特点

TCP 协议是一种面向广域网的通信协议，在跨越多个网络通信时 TCP 协议有以下特点：

（1）面向连接的运输层协议。应用程序在使用 TCP 协议之前，必须先建立 TCP 连接。在传送完毕数据后，必须释放已经建立的 TCP 连接。

（2）每条 TCP 连接只能有两个端点，每条 TCP 连接只能是点对点的。

（3）TCP 提供可靠交付的服务。通过 TCP 连接传送的数据，无差错、不丢失、不重复，并且按序到达。

（4）TCP 提供全双工通信。TCP 允许通信双方的应用进程在任何时候都能发送数据。TCP 连接的两端都设有发送缓存和接受缓存，用来临时存放双向通信的数据。

（5）面向字节流。TCP 传输的是字节流，而不是数据包，TCP 中的"流"指的是流入进程或从进程流出的字节序列。

为满足 TCP 协议的这些特点，TCP 协议做了以下规定。

（1）数据分片：在发送端对用户数据进行分片，在接收端进行重组，由 TCP 确定分片的大小并控制分片和重组。

（2）到达确认：接收端接收到分片数据时，根据分片数据序号向发送端发送一个确认。

（3）超时重发：发送方在发送分片时启动超时定时器，如果在定时器超时之后没有接收到对应的确认，则重发分片。

（4）滑动窗口：TCP 连接每一方的接收缓冲空间大小都固定，接收端只允许另一端发送接收端缓冲区所能接纳的数据，TCP 在滑动窗口的基础上提供流量控制，防止较快主机致使较慢主机的缓冲区溢出。

（5）失序处理：作为 IP 数据报来传输的 TCP 分片到达时可能会失序，TCP 将对接收的数据进行重新排序，将接收的数据以正确的顺序交给应用层。

（6）重复处理：作为 IP 数据报来传输的 TCP 分片会发生重复，TCP 的接收端必须丢弃重复的数据。

（7）数据校验：TCP 将保持它首部和数据的校验和，这是一个端到端的校验和，目的是检测数据在传输过程中的任何变化。如果收到分片的校验和有差错，TCP 则将丢弃这个分片，并确认接收到此报文段导致对端超时并重发。

20.2.2　TCP 报文段

TCP 传送的数据单元称为报文段，TCP 报文段既可以用来运载数据，又可以用来建立连接、释放连接和应答。一个 TCP 报文段分为首部和数据两部分，如图 20-4 所示，整个 TCP 报文段作为 IP 数据报的数据部分封装在 IP 数据报中。

源端口(16位)									目的端口(16位)
序列号(32位)									
确认号(32位)									
首部长度(4位)	保留(4位)	CWR	ECE	URG	ACK	PSH	RST	SYN	FIN	窗口大小(16位)
检验和(16位)									紧急指针(16位)
选项和填充									

图 20-4　TCP 报文结构

TCP 报文段首部的最大长度为 60 字节，必须有固定长度，也就是图 20-4 中的前 5 层的 20 字节，每层占有 32 位，也就是 32/8=4 字节，5 层，5×4 = 20 字节，那么第 6 层的可选项和填充也就是 TCP Options 字段最大为 60−20=40 字节。填充是为了使 TCP 首部为 4 字节（32 位）的整数倍。

图 20-4 中的 TCP 报文段首部格式的详细解释见表 20-2。

表 20-2　TCP 协议报文说明

报 文 项	说　　明
序列号	每次连接随机生成，用来标识报文的顺序，防止乱序；TCP 服务器端会对收到的 TCP 报文进行重组
确认序列号	用来确认收到的数据，指定下一个期待的字节，而不是收到的最后一字节，它是累计确认，不会超过丢失的数据
首部长度	表示 TCP 头部包含多少个 32 位字节，TCP 头部有 20 个固定字节，还包含可选的头部，这个长度是可变的，所以用这个头部长度来区分

续表

报 文 项	说 明
控制位	FIN：用来释放连接，表示发送方不再发送数据了。 SYN：请求连接报文标识，用序列号字段的值来标识初始的序列号设定。 RST：如果 TCP 连接中有异常，则重置终止。 ACK：标识确认序列号字段有效，除 SYN 包外，绝大多数的报文 ACK 是 1。 ECE 和 CWR：用于拥塞控制时，当接收端收到网络的拥塞控制指示后，通过设置 ECE 来通知另一端要降低发送速率；TCP 一端通过设 CW 来通知另一端告诉对方已经降低速率，不用再进行 ECN-echo 通知
窗口大小	16 字节，流量控制，发送端可以发送的最大字节数而不用确认，16 字节位 64KB，在延迟比较大的网络，效率很低，在可选字段可以在 TCP 双方协商尺度因子，从而扩大窗口，最大可以支持的窗口位数为 30 位
可选项	额外用途，例如指定每台主机可以支持的 MSS（最大段长度），还有窗口尺寸因子；TCP 的时间戳选项，这个主要为防止序列号过大之后，循环利用，从而导致的序号回绕问题。还有一个叫 SACK 选择确认，让对端可以了解接收端的接收报文情况，因为中间可能漏掉一个报文，如果对端将确认号后面的报文都重发，就浪费了

20.2.3　TCP 工作流程

TCP 协议的工作流程分为 3 部分：建立连接过程、传输过程和断开连接过程。

1. TCP 建立连接：三次握手

TCP 建立连接的过程，由于信道是不可靠的，但是要建立可靠的连接并发送可靠的数据，因此 TCP 连接使用三次握手来满足在不可靠的信道上传输可靠的数据的要求，如图 20-5 所示。

TCP 三次握手的过程如下。

第 1 次握手：客户端向服务器端发送报文段 1，其中的 SYN 标志位的值为 1，表示这是一个用于请求发起连接的报文段，其中的序号字段（Sequence Number，图中简写为 seq）被设置为初始序号 x (Initial Sequence Number, ISN)，TCP 连接双方均可随机选择初始序号。发送完报文段 1 之后，客户端进入 SYN-SENT 状态，等待服务器端的确认。

第 2 次握手：服务器端在收到客户端的连接请求后，向客户端发送报文段 2 作为应答，其中 ACK 标志位设置为 1，表示对客户端做出应答，其确认序号字段（Acknowledgement Number，图中简写为小写 ack）生效，该字段值为 x + 1，也就是从客户端收到的报文段的序号加一，代表服务器端期望下次收到客户端的数据的序号。此外，报文段 2 的 SYN 标志位也设置为 1，代表这同时也是一个用于发起连接的报文段，序号 seq 设置为服务器端初始序号 y。发送完报文段 2 后，服务器端进入 SYN-RECEIVED 状态。

第 3 次握手：客户端在收到报文段 2 后，向服务器端发送报文段 3，其 ACK 标志位为 1，代表对服务器端做出应答，确认序号字段 ack 为 y + 1，序号字段 seq 为 x + 1。此报文段发送完毕后，双方都进入 ESTABLISHED 状态，表示连接已建立。

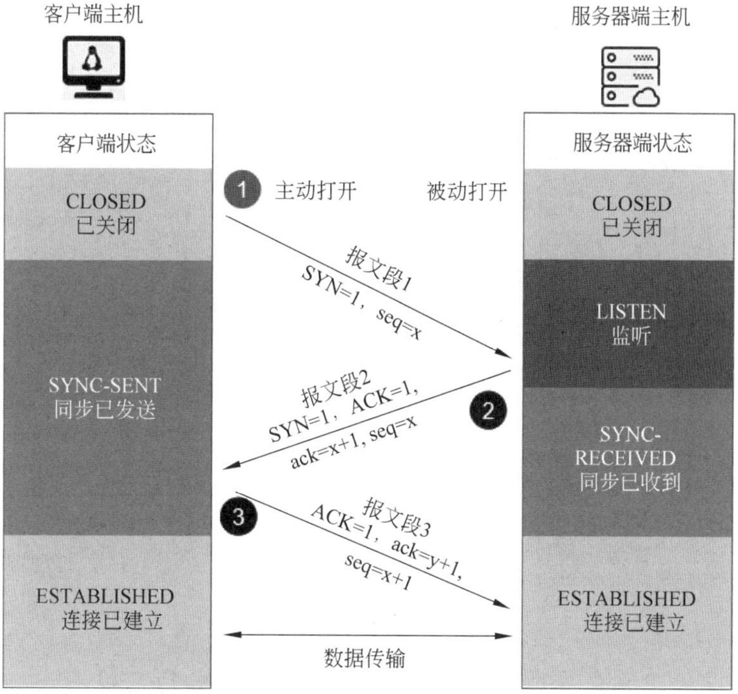

图 20-5 TCP 建立连接：三次握手

2. TCP 断开连接：四次挥手

建立一个连接需要三次握手，而终止一个连接要经过四次挥手，这是由于 TCP 的半关闭（half-close）造成的。

由于 TCP 连接是全双工模式，即数据在两个方向上能同时传递，因此每个方向必须单独地进行关闭。这原则是当一方完成它的数据发送任务后就能发送一个 FIN 来终止这个方向的连接。当一端收到一个 FIN 时，它必须通知应用层另一端已经终止了数据传送。

理论上客户端和服务器端都可以发起主动关闭，但是更多的情况下是客户端主动发起。四次挥手的过程如图 20-6 所示。

客户端发送关闭连接的报文段，FIN 标志位为 1，请求关闭连接，并停止发送数据。序号字段 seq = u，u 等于之前发送的所有数据的最后一字节的序号加一，然后客户端会进入 FIN-WAIT-1 状态，等待来自服务器端的确认报文。

服务器端收到 FIN 报文后，发回确认报文，ACK = 1，ack = u+ 1，并带上自己的序号 seq = y，然后服务器端就进入 CLOSE-WAIT 状态。服务器端还会通知上层的应用程序对方已经释放连接，此时 TCP 处于半关闭状态，也就是说客户端已经没有数据要发送了，但是服务器端还可以发送数据，客户端也还能够接收。

客户端收到服务器端的 ACK 报文段后随即进入 FIN-WAIT-2 状态，此时还能收到来自服务器端的数据，直到收到 FIN 报文段。

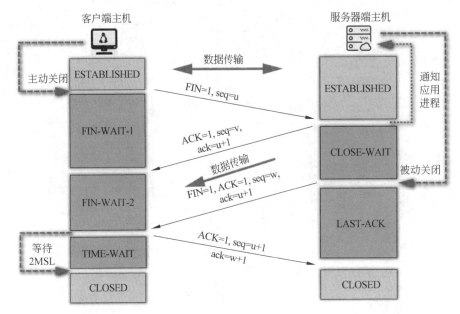

图 20-6　TCP 断开连接：四次挥手

　　服务器端发送完所有数据后，会向客户端发送 FIN 报文段，随后服务器端进入 LAST-ACK 状态，等待来自客户端的确认报文段。

　　客户端收到来自服务器端的 FIN 报文段后，向服务器端发送 ACK 报文，随后进入 TIME-WAIT 状态，等待 2MSL（2 × Maximum Segment Lifetime，两倍的报文段最大存活时间），这是任何报文段在被丢弃前能在网络中存在的最长时间,常用值有 30s、1min 和 2min。如无特殊情况，客户端会进入 CLOSED 状态。

　　服务器端在接收到客户端的 ACK 报文后会随即进入 CLOSED 状态,由于没有等待时间,一般而言，服务器端比客户端更早进入 CLOSED 状态。

20.3　Socket 编程

　　1983 年，加州大学伯克利分校发布 4.2BSD UNIX 操作系统，其中包含了一套网络应用程序编程接口库，简称伯克利套接字（Internet Berkeley Sockets），由于其设计极为优秀和简洁，如今伯克利套接字已经是事实上的网络套接字标准。所有的现代操作系统的 Socket 实现均源于伯克利套接字，包括微软 Windows 的 Winsock。

　　如今，套接字逐渐演化为世界上最为通用化的网络通信方式，无论你使用的是哪种编程语言或者操作系统，在网络通信的实现方式上都是用套接字实现的。

20.3.1　Socket 概念

Socket 是操作系统内核提供的一套 TCP/IP 协议栈的抽象,用于网络中两个端点（endpoint）

的通信。从字面意思上理解，Socket 直译是插座的意思，可类比为物理上的插孔连接器，如果两个端点之间要想通过可视化的电缆通道（网络）通信，则只需将端点上的插头（应用程序）插入插孔连接器（插座）中，如图 20-7 所示，而这其中插入的过程就是网络编程。

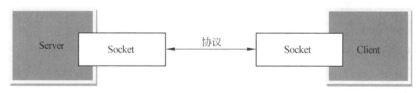

图 20-7　Socket 连接

简单来讲，Socket 是一个应用层编程 API，提供了 TCP/IP 四层模型的第 3 层传输层的 TCP、UDP 协议的数据传输方式。第 2 层网际层有 IP 协议，它本来是不可靠的协议，而 TCP 在它的基础上提供了可靠传输。UDP 仍然提供不可靠传输。

20.3.2　创建 TCP 服务器端

在仓颉语言中提供了 Socket 包，用于进行网络通信，提供启动 Socket 服务器、连接 Socket 服务器、发送数据、接收数据等功能。

使用 Socket 编程，首先需要导入 socket 包，代码如下：

```
from std import socket.*
```

socket 包中提供了创建服务器的类，SocketServer 类用于启动一个 Socket 服务器，用于监听并接受来自 Socket 客户端的连接请求。值得注意的是，当 SocketServer 接受了一个连接请求后，会返回一个用于通信的 Socket，后续通信使用该 Socket 进行，SocketServer 不提供收发数据的功能。

SocketServer 类的结构如下：

```
class SocketServer <: ToString & Resource {
    /* 获取绑定的端口号 */
    public prop let port: UInt16
    /* 获取绑定的地址 */
    public prop let address: SocketAddress
    /*
    * 根据入参指定的协议和端口，初始化 SocketServer 实例，并将其绑定到 localhost
    * 参数 net: 协议类型
    * 参数 port: 端口号
    */
    public init(net: SocketNet, port: UInt16)
    /*
    * 根据入参指定的协议、地址和端口，初始化 SocketServer 实例
    * 参数 net: 协议类型
```

```
    * 参数 address: 地址
    * 参数 port: 端口号
    */
    public init(net: SocketNet, address: String, port: UInt16)
    /*
    * 监听 Socket, 等待获取连接
    * 返回值 Socket: 用于与客户端进行通信的 Socket 实例
    */
    public func accept(): Socket
    /*
    * 关闭 SocketServer
    * 返回值: Unit 类型
    */
    public func close(): Unit
}
```

创建 SocketServer 服务器端的步骤如下。

1. 创建 TCP 连接的 SocketServer

SocketServer 类用于启动一个 Socket 服务器，代码如下：

```
from std import socket.*
from std import io.*

let socketServer = SocketServer(SocketNet.TCP, port)
```

SocketNet 枚举类型表示不同的 Socket 网络协议，当前包含 TCP 和 UDP 两种。

2. 监听 Socket，等待获取连接

创建 SocketServer 实例后，通过 accept 方法监听 Socket，等待获取连接，并返回连接成功的 Socket 示例对象，代码如下：

```
while (true) {
  /*
   * 监听 Socket, 等待获取连接
   * 返回值 Socket:用于与客户端进行通信的 Socket 实例
   */
  let socket = socketServer.accept()
}
```

在上面的代码中，每个连接成功的客户端都返回一个 Socket 连接实例对象，可以把每个连接成功的 Socket 放到一个 Socket 数组列表中，代码如下：

```
//已经连接的 Socket 集合
var sockets = ArrayList<Socket>()
//监听 Socket, 等待获取连接
let socket = socketServer.accept()
```

```
//把连接成功的 Socket 放到 ArrayList 中
sockets.append(socket)
```

3. 读取客户端发送的数据

创建一个线程，用来处理 Socket 发送到服务器端的数据读取，代码如下：

```
spawn {
    while (true) {
        try {
            //从服务器读取数据
            let data = Array < UInt8 > (100, { v => 0 })
            let res = socket.read(data)
            //打印从客户端读取的数据
            print("接收并转发数据: " + String.fromUtf8(data))

        } catch (e: Exception) {

        }
    }
}
```

4. 将数据发送给客户端

在上面的代码中，使用 socket.read 读取客户端 socket 数据，给客户端发送数据使用
socket.write 方法，代码如下：

```
let res = socket.write(data)
```

5. 关闭 SocketServer 和 Socket

最后，需要关闭创建的 socket 服务器和连接的 socket，代码如下：

```
//当程序关闭时，关闭 SocketServer 和当前的 Socket
socket.close()
socketServer.close()
```

20.3.3　创建 TCP 客户端

Socket 类用于进行网络通信，提供连接 Socket 服务器、发送数据、接收数据等功能。

1. 创建 Socket 对象

导入 socket 包后，创建 TCP 连接的客户端，代码如下：

```
from std import socket.*
from std import io.*


//服务器地址
```

```
let ipaddr: String = "127.0.0.1"

//服务器端口号
let port: UInt16 = 3333

//创建 Socket 对象
let socket = Socket(SocketNet.TCP, ipaddr, port)
```

2. 连接服务器

创建 Socket 对象后，使用该对象连接服务器端，代码如下：

```
//开始 Socket 连接
socket.connect()
```

连接服务器成功后，需要创建两个仓颉线程，分别处理数据发送和接收服务器端数据。

3. 接收服务器端发送的数据

通过 spawn 创建一个接收服务器端数据的仓颉线程，在线程中，通过 while 循环获取数据，调用 socket.read 函数读取 socket 中的数据，然后保存到 Array<Uint8> 的数组中。输出数据时调用 String.fromUtf8 函数把 Array<Uint8> 转换成 UTF8 字符串，代码如下：

```
//创建接收数据线程
let receiveSpawn = spawn {
    while (true) {
        try {
            //从服务器读取数据
            let data = Array<UInt8>(100, {v => 0})
            let res = socket.read(data)

            //如果无法读取服务器的数据，则说明服务器或 Socket 连接出现问题
            if (res.getOrThrow() == 0) {
                println("服务器或 Socket 连接出现问题!")
                socket.close()
                break
            }

            //打印从服务器读取的数据
            //客户端输入的数据包含回车，所以不需要 println
            let content = String.fromUtf8(data)
            print(content)
        } catch (e: Exception) {
            println("接收数据线程异常: " + e.toString())
            socket.close()
            break
        }
    }
```

```
    }
}
//获取接收数据线程返回值
receiveSpawn.getResult()
```

4. 将数据发送给服务器端

创建一个发送数据的仓颉线程，该线程用于将客户端数据发送给服务器端，在下面的例子中，从命令行中读取一行数据，调用 socket.write 函数写数据，该函数接收一个 UTF8 数组，所以需要使用 toUtf8Array 函数把字符串转换成 Utf8Array，代码如下：

```
//发送数据线程
let send = spawn {
    while (true) {
    try {
        //向服务器写入数据
        let xStr = Console.readln()
        let str = xStr.getOrThrow()

        //发送数据
        let res = socket.write((str).toUtf8Array())

    } catch (e: Exception) {
        println("发送数据线程异常: " + e.toString())
        socket.close()
        break
    }
  }
}
//获取发送数据线程返回值
send.getResult()
```

5. 关闭 Socket 连接

最后，当程序退出时，需要关闭 Socket 连接，代码如下：

```
//程序退出时，关闭 Socket 连接
socket.close()
```

20.4 Socket 案例：多人聊天室

本节介绍通过 Socket API 提供的 TCP 连接实现多人群聊室功能，本案例由服务器端和客户端组成，见表 20-3。

表 20-3　多人聊天室服务器端/客户端结构

程　序　端	作　　用
服务器端	用于接收客户端的数据，统计客户端的连接数，并转发到其他客户端中
客户端	发送数据，接收并打印服务器端回复的数据

20.4.1　创建群聊服务器端

群聊服务器端需要实现的功能如下：

（1）统计并打印所有连接成功的客户端个数，当某个客户端连接成功时，打印连接成功的信息。

（2）检测到有客户端断开连接时，在命令行中进行提示。

（3）实现信息广播功能，当接收到某个客户端发送的信息时，把信息转发给其他所有在线的客户端。

群聊服务器端的运行效果，如图 20-8 所示。

图 20-8　群聊服务器端

下面介绍实现群聊服务器端的具体步骤。

1. 创建多人群聊服务器端

首先需要导入包，代码如下：

```
from std import io.*
from std import collection.*
from std import socket.*
```

然后通过 Socket 类创建一个支持 TCP 协议的服务器对象，代码如下：

```
//创建 TCP 连接的 SocketServer
let socketServer = SocketServer(SocketNet.TCP, port)
```

创建好 TCP 服务器对象后，调用 accept 函数接受客户端的连接，代码如下：

```
let socket = socketServer.accept()
```

为了支持多用户能够同时连接服务器端，可以使用 while 循环的方式监听并接受客户端的连接，代码如下：

```
//创建 TCP 连接的 SocketServer
let socketServer = SocketServer(SocketNet.TCP, port)

while (true) {
    //通过 accept 函数等待 Socket 连接
    //有新的客户端连接，加入 Socket 集合中
    let socket = socketServer.accept()
}
```

2. 统计并打印所有连接成功的客户端个数

为了统计连接成功的客户端连接的个数，需要创建一个 ArrayList 对象，当有客户端连接成功后，把该客户端 Socket 对象添加到 ArrayList 中，代码如下：

```
//已经连接的 Socket 集合
var sockets: ArrayList<Socket> = ArrayList<Socket>()

//服务器端口号
let port: UInt16 = 8001

main(): Unit {
    //创建 TCP 连接的 SocketServer
    let socketServer = SocketServer(SocketNet.TCP, port)

    while (true) {
        //通过 accept 函数等待 Socket 连接
        //有新的客户端连接，加入 Socket 集合中
        let socket = socketServer.accept()
        sockets.append(socket)
        println("新用户上线!")
        println("当前在线用户数:【${sockets.size()}】个")
    }
}
```

3. 为每个 Socket 连接创建一个新的线程

为每个 Socket 连接创建一个新的仓颉线程，代码如下：

```
//处理单个 Socket 的线程
spawn {
    while (true) {
        try {
```

```
            //从 Socket 中读取数据
            let data = Array<UInt8>(100, {v => 0})
            let res = socket.read(data)
        } catch (e: Exception) {
                //throw Exception()
        }
    }
}
```

4. 读取 Socket 数据，并广播给所有客户端

当接收到客户端发送的数据包后，将数据包直接转发给其他的 Socket 对象。上面定义的数组列表 sockets 中已经保存了所有连接成功的 Socket 对象，只需循环调用 socket.write( ) 函数将数据包发送到 socket 中，代码如下：

```
//处理单个 Socket 的线程
  spawn {
     while (true) {
         //每次收到来自某个 Socket 的数据
         //都将数据转发到其他 Socket
          try {
             //从服务器读取数据
             let data = Array<UInt8>(100, {v => 0})
             let res = socket.read(data)

             //打印从客户端读取的数据
             //数据中包含回车，所以无须使用 println
              print("接收并转发数据: " + String.fromUtf8(data))

             //将 Socket 获取的数据转发到其他 Socket 中
             for (s in sockets) {
                 //不转发到当前 Socket
                 if (s.handle == socket.handle) {
                    continue
                 }
                 let res = s.write(data)
             }
         }
     }
  }
```

5. 关闭所有连接

当程序关闭时，需要关闭 SocketServer 的连接和所有客户端的 Socket 连接，代码如下：

```
//当程序关闭，关闭 SocketServer 和 Socket 集合中的 Socket
```

```
  for (s in sockets) {
      s.close()
  }
  socketServer.close()
```

完成上面的步骤，我们就完成了一个仓颉服务器端的开发，完整的聊天室服务器端代码如下：

```
//chapter20/chatroom/server.cj

from std import io.*
from std import collection.*
from std import socket.*

//已经连接的 Socket 集合
var sockets: ArrayList<Socket> = ArrayList<Socket>()

//服务器端口号
let port: UInt16 = 8001

main(): Unit {
    //创建 TCP 连接的 SocketServer
    let socketServer = SocketServer(SocketNet.TCP, port)

    while (true) {
        //通过 accept 函数等待 Socket 连接
        //有新的客户端连接，加入 Socket 集合中
        let socket = socketServer.accept()
        sockets.append(socket)
        println("新用户上线!")
        println("当前在线用户数:【${sockets.size()}】个")

        //用于处理单个 Socket 的线程
        spawn {
            while (true) {
                //每次收到来自某个 Socket 的数据
                //都将数据转发到其他 Socket
                try {
                    //从服务器读取数据
                    let data = Array<UInt8>(100, {v => 0})
                    let res = socket.read(data)

                    //如果读取不到客户端的数据
                    //说明客户端或 Socket 连接出现问题
```

```
            if (res.getOrThrow() == 0) {
                //在 Socket 集合中删除当前 Socket
                sockets.removeIf({s => socket.handle == s.handle})
                socket.close()
                println("客户端下线！在线用户数：【${sockets.size()}】个")
                    break
            }

            //打印从客户端读取的数据
             print("接收并转发数据: " + String.fromUtf8(data))

            //将 Socket 获取的数据转发到其他 Socket 中
            for (s in sockets) {
                //不转发到当前 Socket
                if (s.handle == socket.handle) {
                    continue
                }
                let res = s.write(data)

                //如果无法将数据发送到客户端
                //说明客户端或 Socket 连接出现问题
                if (res.getOrThrow() == 0) {
                //在 Socket 集合中删除当前 Socket
                sockets.removeIf({s => socket.handle == s.handle})
                    socket.close()
                println("客户端下线！在线用户数：【${sockets.size()}】个")
                        break
                }
            }
        } catch (e: Exception) {
            println("客户端下线！在线用户数：【${sockets.size()}】个")
            sockets.removeIf({s => socket.handle == s.handle})
            socket.close()
            break
        }
        }
    }
}

//当程序关闭时，关闭 SocketServer 和 Socket 集合中的 Socket
for (s in sockets) {
    s.close()
}
```

```
    socketServer.close()
}
```

在上面的代码中，添加了客户端断开情况的处理，客户端断开有下面几种情况：

（1）无法读取 socket 中的数据。

（2）读取 socket 出现异常。

（3）无法将数据发送到客户端。

这 3 种情况发生时，把断开连接的 socket 从 sockets 数组列表中删除，并关闭 socket 和打印提示信息。

20.4.2　创建群聊客户端

打开群聊客户端后，首先需要输入昵称，然后在命令行中输入聊天信息，按 Enter 键后便可将聊天信息发送给服务器端，如图 20-9 所示，客户端既可以发送信息，同时也可以接收其他客户端发送的信息。

图 20-9　群聊客户端

创建群聊客户端，具体的步骤如下。

1. 创建 Socket 对象

导入 socket 包，创建 Socket 对象，设置服务器端的 IP 地址和端口，调用 connect 函数建立客户端和服务器的连接，代码如下：

```
from std import io.*
from std import socket.*

//服务器地址
let ipaddr: String = "127.0.0.1"
```

```
//服务器端口号
let port: UInt16 = 8001

main(): Unit {

    //创建 Socket 对象
    let socket = Socket(SocketNet.TCP, ipaddr, port)

    //开始 Socket 连接
    socket.connect()
}
```

2. 创建接收数据线程

创建一个仓颉线程，该线程用来接收群聊服务器端发送过来的数据包，使用 while 循环等待服务器端发送的数据，如果读取到服务器端广播的数据，则在控制台中打印广播的聊天信息，如果无法读取数据，则关闭当前 Socket 连接，代码如下：

```
let receiveSpawn = spawn {
    while (true) {
        try {
          //从服务器读取数据
          let data = Array<UInt8>(100, {v => 0})
          let res = socket.read(data)

            //如果无法读取服务器的数据，则说明服务器或 Socket 连接出现问题
            if (res.getOrThrow() == 0) {
                println("服务器或 Socket 连接出现问题!")
                socket.close()
                break
            }

            //打印从服务器读取的数据
            let content = String.fromUtf8(data)
            print(content)
        } catch (e: Exception) {
            println("接收数据线程异常: " + e.toString())
            socket.close()
            break
        }
    }
}
```

```
    //阻塞线程并等待返回结果
receiveSpawn.getResult()
```

3. 创建发送数据线程

创建一个新的线程用于发送数据，首先从命令行中读取命令行中输入的聊天信息，并把聊天信息和用户名拼接成一个字符串发送给服务器端，代码如下：

```
let sendSpawn = spawn {
    while (true) {
        try {
            //向服务器写入数据
            //Console.write("请输入信息: ")
            let sstr = Console.readln()
            let str = sstr.getOrThrow()

            //发送数据时带上用户名
            let res = socket.write("[${username}说]: ${str}".toUtf8Array())

            //如果无法向服务器发送数据，则说明服务器或 Socket 连接出现问题
            if (res.getOrThrow() == 0) {
                println("服务器或 Socket 连接出现问题!")
                socket.close()
                break
            }
        } catch (e: Exception) {
            println("发送数据线程异常: " + e.toString())
            socket.close()
            break
        }
    }
}
//阻塞线程并等待返回结果
sendSpawn.getResult()
```

完整群聊客户端代码如下：

```
//chapter20/chatroom/client.cj

from std import io.*
from std import socket.*

//服务器地址
let ipaddr: String = "127.0.0.1"
```

```
//服务器端口号
let port: UInt16 = 8001

//用户名
var username: String = "匿名"

main(): Unit {
    //当用户进入群聊时，输入用户名
    print("请输入聊天昵称:-D:")
    let user = Console.readln()
    match (user) {
        case Some(v) => username = v.trimAscii()
        case None =>
            println("用户名输入错误，程序退出!")
            return
    }
    println("欢迎【${username}】进入群聊  (=^_^=) ")
    println("----------------------------------")



    //创建 Socket 对象
    let socket = Socket(SocketNet.TCP, ipaddr, port)

    //开始 Socket 连接
    socket.connect()

    //接收数据线程
    let receiveSpawn = spawn {
        while (true) {
            try {
                //从服务器读取数据
                let data = Array<UInt8>(100, {v => 0})
                let res = socket.read(data)

                //如果无法读取服务器的数据，则说明服务器或 Socket 连接出现问题
                if (res.getOrThrow() == 0) {
                    println("服务器或 Socket 连接出现问题!")
                    socket.close()
                    break
                }

                //打印从服务器读取的数据
                //客户端输入的数据包含回车，所以不需要 println
```

```
                        let content = String.fromUtf8(data)
                        print(content)
                    } catch (e: Exception) {
                        println("接收数据线程异常: " + e.toString())
                        socket.close()
                        break
                    }
                }
            }
        }

    //发送数据线程
    let sendSpawn = spawn {
        while (true) {
            try {
                //向服务器写入数据
                //Console.write("请输入信息: ")
                let sstr = Console.readln()
                let str = sstr.getOrThrow()

                        //发送数据时带上用户名
                let res = socket.write("[${username}说]: ${str}".toUtf8Array())

                //如果无法向服务器发送数据, 则说明服务器或 Socket 连接出现问题
                if (res.getOrThrow() == 0) {
                    println("服务器或 Socket 连接出现问题!")
                    socket.close()
                    break
                }
            } catch (e: Exception) {
                println("发送数据线程异常: " + e.toString())
                socket.close()
                break
            }
        }
    }

    //接收数据线程和发送数据线程
    sendSpawn.getResult()
    receiveSpawn.getResult()

    //程序退出时, 关闭 Socket 连接
    socket.close()
}
```

20.5 HTTP 协议

本节介绍 HTTP 协议的基础知识，在了解 HTTP 协议的基础知识后，使用仓颉语言中的 http 包来创建 HTTP 服务器和客户端。

20.5.1 HTTP 协议介绍

HTTP 协议即超文本传送协议（HyperText Transfer Protocol），它规定了客户端与服务器端之间进行网页内容传输时所必须遵守的传输格式。

HTTP 协议于 1990 年提出，是一种有着良好扩展性的应用层协议，它通过 TCP，或者 TLS（加密的 TCP）连接并发送数据，其实除了 TCP 外，理论上任何可靠的传输协议都可以使用。

HTTP 协议采用客户端与服务器端架构模型，通常是由像浏览器这样的接受方发起请求，HTTP 服务器根据接收到的客户端请求，向客户端发送响应信息，如图 20-10 所示。

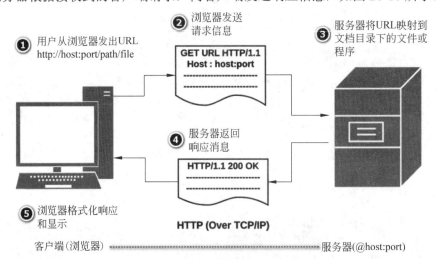

图 20-10 客户端/服务器端架构模型

1. HTTP 消息结构

HTTP 使用统一资源标识符（Uniform Resource Identifiers，URI）来传输数据和建立连接。

客户端和服务器端建立连接后，数据消息就通过类似 Internet 邮件所使用的格式和多用途 Internet 邮件扩展来传送。

1）客户端请求消息

客户端可向服务器端发送一个 HTTP 请求，请求消息是由请求行（Request Line）、请求头部（header）、空行和请求数据 4 部分组成的，如图 20-11 所示。

2）服务器响应消息

HTTP 响应也由 4 部分组成：状态行、消息报头、空行和响应正文，如图 20-12 所示。

图 20-11 HTTP 请求报文格式

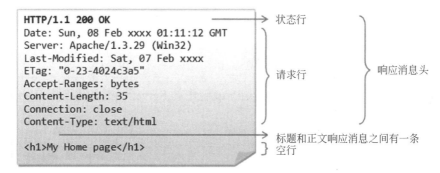

图 20-12 HTTP 响应报文格式

2. HTTP 请求方法

根据 HTTP 协议，HTTP 请求可以使用多种请求方法。

HTTP 1.0 定义了 3 种请求方法：GET、POST 和 HEAD 方法。HTTP 1.1 新增了 6 种请求方法 OPTIONS、PUT、PATCH、DELETE、TRACE 和 CONNECT 方法。HTTP 请求方法介绍见表 20-4。

表 20-4　HTTP 请求方法

方　　法	描　　述
GET	请求指定的页面信息，并返回实体主体
HEAD	类似于 GET 请求，只不过返回的响应中没有具体的内容，用于获取报头
POST	向指定资源提交数据进行处理请求（例如提交表单或者上传文件）。数据被包含在请求体中。POST 请求可能会导致新的资源的建立和/或已有资源的修改
PUT	从客户端向服务器传送的数据取代指定的文档的内容
DELETE	请求服务器删除指定的页面
CONNECT	HTTP 1.1 协议中预留给能够将连接改为管道方式的代理服务器
OPTIONS	允许客户端查看服务器的性能
TRACE	回显服务器收到的请求，主要用于测试或诊断

3. HTTP 状态码

HTTP 响应状态码指示特定 HTTP 请求是否已成功完成。

响应分为五类：信息响应（100~199）、成功响应（200~299）、重定向（300~399）、客户端错误（400~499）和服务器错误（500~599），见表 20-5。

表 20-5　HTTP 状态码

状态码类型	状态码区间	说　明
信息响应	100~199	信息，服务器收到请求，需要请求者继续执行操作
成功响应	200~299	成功，操作被成功接收并处理
重定向	300~399	重定向，需要进一步操作以完成请求
客户端错误	400~499	客户端错误，请求包含语法错误或无法完成请求
服务器错误	500~599	服务器错误，服务器在处理请求的过程中发生了错误

20.5.2　创建 HTTP 服务器端

在仓颉语言中提供了 http 包，通过引用 http 包中的 Server 类来创建一个 Web 服务器，下面介绍创建一个 Web 服务器的步骤。

1. 引用 http 包

```
from net import http.*
```

因为需要对网络数据进行处理和设置超时时间，所以还需要导入其他两个包，代码如下：

```
from std import io.*
from std import time.*
```

2. 创建 Web 服务器实例

创建 Web 服务器，首先创建一个路由表对象 Route，然后根据路由表来创建 Web 服务器对象，设置监听端口和读写响应超时时间等，最后通过 listenAndServe 函数监听客户端连接并接收客户端数据，代码如下：

```
from net import http.*
from std import io.*
from std import time.*

main(): Int64 {

    //创建服务器，Route 为服务器的路由注册对象
    var srv = Server(Route)
    //设置端口
    srv.port = 8080
    //设置响应超时时间
    srv.readTimeout = Duration.second(10)    /* Secend */
    srv.writeTimeout = Duration.second(10)   /* Secend */
    //listenAndServe 侦听 HTTP 网络地址，然后调用 serve 来处理传入连接的请求
```

```
    srv.listenAndServe()
    return 0
}
```

3. 创建路由对象实例

上一步创建 Server 对象时，该构造函数需要传入一个 Route 的实例对象，Route 类是一个路由表，在 Route 类中通过数组保存了一组路由对象，一个路由对象是由路由地址和响应函数组成的 Map 对象。

在下面的例子中，注册一个/foo 的路由对象，响应函数返回"你好，仓颉!"，代码如下：

```
main(): Int64 {

    //通过路径列表包装不同的处理
    let hd = Route()

    /*
    *注册一个路由:/foo, 普通响应函数
    *将 pattern 对应的 handler 注册到路由 route 里
    */
    hd.handle("/foo", {
            w:ResponseWriteStream, r:Request =>
            //向客户端返回数据 str
            w.write(你好：仓颉! ".toUtf8Array())
             //打印 str
            println(str)
    })

    //创建仓颉 HTTP
    var srv = Server(hd)
}
```

在上面的代码中，通过 Route 对象的 handle 函数注册一组路由 Map，其中/foo 是自定义的 URL 网址，{w,r=> w.write( )}是/foo 请求的响应函数，该 lambda 函数提供了两个函数参数：w 和 r，用于获取客户端信息和从服务器端将数据写给客户端。

4. 服务器端响应信息

上一步，在路由响应 lambda 函数中，第 1 个参数 w 是 ResponseWriteStream 类型接口，用于处理服务器端响应信息，可以通过该接口将数据返给客户端，ResponseWriteStream 接口的结构如下：

```
public interface ResponseWriteStream {
    /*
    * 返回响应头 Header
    * 返回值：Header
```

```
*/
func header(): Header
/*
* 向响应数据中写入响应体数据
* 参数 buf: 需要写入的数据
* 返回值 Int64: 写入数据数量
*/
func write(buf: Array<UInt8>): Int64
/*
* 向响应数据中写入状态码
* 参数 statusCode: 写入的状态码
* 返回值: Unit 类型
*/
func writeStatusCode(statusCode: Int64): Unit
}
```

5. 静态资源处理

在 HTTP 服务器中，通常需要处理各种静态资源（如图片、CSS 文件、JS 文件等）的请求，在下面的例子中，当访问的路由地址中包含/assets/路径名时，将根据请求文件扩展名返回不同 HTTP 头信息的二进制数据，代码如下：

```
let route = Route()
//获取各种资源（图片、CSS 文件、JS 文件等）
route.handle(
    "/assets/",
    {
        w:ResponseWriteStream, r:Request =>
            let pathArr = r.url.path.split('.')
            let exname = pathArr[pathArr.size() - 1]
            if (exname == "png" || exname == "ico") {
                w.header().set("content-type",
                                "application/octet-stream")
            }
            if (exname == "css") {
                w.header().set("content-type",
                                "text/css;charset:utf-8;")
            }
            if (exname == "js") {
                w.header().set("content-type",
                                "text/javascript;charset:utf-8;")
            }
            //删除assets 路径，重新拼装文件路径
            let subPath = r.url.path.replace("/assets/", "")
```

```
                //读取指定路径的文件数据
                w.write(readFile("./static/" + subPath).toUtf8Array())
        }
)
```

在上面的代码中，在请求的 URL 的地址中获取文件扩展名，再根据文件扩展名在 HTTP 响应头中设置不同 MIME 类型，因为请求地址是文件，所以需要读取该文件的二进制数据并返回，代码如下：

```
from std import io.*

//读取文本文件
func readFile(filename: String): String {
var res = ""
//创建 FileStream 对象
    let fs = FileStream(filename)
try {
    //打开文件
    if (fs.openFile()) {
        res = fs.readAllText()
    }
} catch(e : Exception) {
    println(e)
} finally {
    //关闭文件
    fs.close()
  }
  return res
}
```

说明：MIME（Multipurpose Internet Mail Extensions）是描述消息内容类型的标准，用来表示文档、文件或字节流的性质和格式。

6. 获取客户端上传的数据

通过 Request 类获取客户端上传的数据，服务器端可以根据不同的请求函数，从 Request 对象中获取不同类型的数据，请求函数封装的动作类型如下：

```
/**
* 请求函数
* GET 获取 Request-URI 标识的资源。
* PUT 请求服务器存储资源，并使用 Request-URI 作为标识的资源。
* POST 将新数据添加到 Request-URI 标识的资源。
* HEAD 通过 Request-URI 标识的资源请求获取服务器的响应头信息。
* PATCH 是对 PUT 函数的补充，用来对已知资源进行局部更新。
* TRACE 请求服务器回显其收到的请求信息，该函数主要用于 HTTP 请求的测试或诊断。
```

```
 * DELETE 请求服务器删除 Request-URI 标识的资源。
 * CONNECT 能够将连接改为管道方式的代理服务器。
 * OPTIONS 请求查询服务器的性能，或查询资源相关的选项和要求。
 */
enum RequestMethod{
    | GET
    | PUT
    | POST
    | HEAD
    | PATCH
    | TRACE
    | DELETE
    | CONNECT
    | OPTIONS
}
```

1）获取 Get URL 参数

当客户端通过 GET 方式访问服务器时，服务器端需要获取 URL 中的参数信息，如 URL 的地址为/foo?uid=1000&name=zs&age=19，通过 r.url.query( )获取参数值，代码如下：

```
route.handle(
    "/foo",
    {
        w: ResponseWriteStream, r: Request =>

        //处理 URL 参数和 GET 参数
        let uid = r.url.query().get("uid") ?? ""
        println("uid=${uid}")

        let name= r.url.query().get("name") ?? ""
        println("name=${name}")

        let age= r.url.query().get("age") ?? ""
        println("age=${age}")

    }
)
```

2）获取 Post 表单数据

获取表单数据，需要导入 url 模块，代码如下：

```
from encoding import url.*
```

表单数据的格式编码默认为 application/x-www-form-urlencoded，如客户端 Post 的数据

格式是：x = 1&y=2，通过 Form 进行处理，代码如下：

```
route.handle(
    "/foo",
    {
        w: ResponseWriteStream, r: Request =>
            //处理 Post 数据
            r.parseForm()
            //处理 Post 数据
            let form = Form(r.postForm.encode())
            let x = form.get("x").getOrThrow()
            println("x=${x}")
            //处理 PUT 请求
            let a = form.get("a").getOrThrow()
            println("a=${a}")
    }
)
```

7. 访问 8080 端口

完成上面的步骤后，使用 cpm build 命令编译项目，在命令行中启动 HTTP 服务器后，便可以通过浏览器访问 8080 端口，运行效果如图 20-13 所示。

图 20-13 HTTP 服务器浏览效果

20.5.3 创建 HTTP 客户端

http 包中还提供了 Client 类，该类可以在模拟客户端发送多种不同的 HTTP 请求，如 Client 类中提供 get、head、post、postForm、delete、deleteForm、put、putForm 等方法来发出 HTTP 请求。

下面介绍 Client 类的函数的具体用法。

1. get 函数

通过 client.get 函数获取远程数据，代码如下：

```
main(): Int64 {
    let client = Client()
    match (client.get("http://127.0.0.1:8080/foo")) {
```

```
            case Ok(v) => showInfo(v)
            case Err(e) => println(e)
        }
    return 0
}
```

在上面的代码中，通过 match 判断获取 URL 网址是否成功，如果获取数据成功，则通过 showInfo 方法打印出来，代码如下：

```
from net import http.*
from std import io.*
from encoding import url.*

func showInfo(resp: Response) {
    println("-------------response status--------------")
    println("status: ${resp.status}")
    println("statusCode: ${resp.statusCode}")
    println("proto: ${resp.proto}")
    println("protoMajor: ${resp.protoMajor}")
    println("protoMinor: ${resp.protoMinor}")
    println("transferEncoding: ${resp.transferEncoding}")
    println("contentLength: ${resp.contentLength}")
    println("---------------respbody-----------------------")
    var ss = resp.body as StringStream
    var s: String = String(ss.getOrThrow().getChars())
    println("body ==> ${s}")

    var buf = Array<UInt8>(100, {i => 0})
    var num = resp.body.read(buf)
    println("body 字节长度 ==> ${num}")
}
```

打印结果如下：

```
-------------response status--------------
status: 200 OK
statusCode: 200
proto: HTTP/1.1
protoMajor: 1
protoMinor: 1
transferEncoding: []
contentLength: 18
---------------respbody-----------------------
body ==> 你好：仓颉！
```

```
body 字节长度 ==> 18
```

2. post 函数

Client 类提供了 post 函数，该函数用来模拟客户端表单提交数据，代码如下：

```
func postDemo() {
    var form = Form()
    let client = Client()
    match (client.post(
        "http://192.168.140.142:8081/foo",
        "application/x-www-form-urlencoded",
        StringStream("x=1&y=2"))) {
        case Ok(v) => showInfo(v)
        case Err(e) => println(e)
    }
}
```

3. put 函数

put 函数和 post 函数类似，都用于向服务器提交数据，put 表示的是从客户端向服务器
传送的数据取代指定的文档的内容，post 则表示向指定资源提交数据进行处理请求（例如提
交表单或者上传文件），数据被包含在请求体中。POST 请求可能会导致新的资源的建立和/
或已有资源的修改，代码如下：

```
func putDemo() {
    var form = Form()
    let client = Client()
    match (client.put(
        "http://192.168.140.142:8081/foo",
        "application/x-www-form-urlencoded",
        StringStream("a=1&b=2"))) {
        case Ok(v) => showInfo(v)
        case Err(e) => println(e)
    }
}
```

20.6　HTTP 案例：MVC 博客

本节介绍如何通过 http 包开发一个博客网站项目，该博客项目需要实现博客列表展示、
博客浏览、写博客和登录博客等功能。

20.6.1　博客效果介绍

博客网站的整体效果布局非常简单，下面分别进行介绍博客首页列表、博客详请、登录

和发表博客 4 个页面的展示效果。

1. 博客首页列表

博客首页采用左右结构布局，右边部分按博客发表时间显示所有发表的博客，每个博客只显示标题、发表时间和博客简介，如图 20-14 所示。

图 20-14　仓颉语言定位

2. 博客详请页面

单击首页博客会跳转到详请页面，博客详请显示该博客的标题、发表时间和博客内容，如图 20-15 所示。

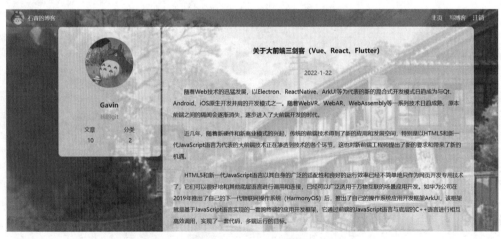

图 20-15　博客详请页面

3. 博客登录

登录验证后才可以发表博客，输入用户名和密码，单击"提交"按钮，验证通过后，即可跳转到博客发表页面，如图 20-16 所示。

图 20-16　博客登录页面

4. 发表博客

用户登录后，填写博客标题和博客详细内容，单击"发布文章"按钮，即可发表博客，系统会自动生成博客发表时间，如图 20-17 所示。

图 20-17　发表博客页面

接下来创建博客网站项目，并完成每个页面的功能。

20.6.2　创建项目工程

博客采用 MVC（Model-View-Controller）的开发模式，Model 负责模型映射，以及序列化与反序列化等；View 负责编写页面视图；Controller 负责 View 层页面的数据渲染和逻辑处理。

创建项目采用 CPM 工具，可以创建一个仓颉工程模块，方便第三方模块的导入，命令如下：

```
cpm new xlw cj_blog
```

创建的项目分层代码结构如图 20-18 所示。

图 20-18　发表博客页面

models 目录用于存放所有的数据对象，routes 目录的作用和职责等同于 controller，services 目录用于存放所有与 models 相关的业务操作，views 目录用于存放项目中所有的页面模板，public 和 static 目录用于存放公共的静态资源，utils 和 config 目录用于存放项目的基础配置和常用工具类。

20.6.3　创建博客服务器

创建博客服务器，设置首页路由，路由/index 地址对应响应的函数定义在 routes 模块中，使用 FuncHandler 函数调用 routes 包中的 IndexHandler 函数，代码如下：

```
//chapter20/cj_blog/src/routes/index.cj

from net import http.*
from std import io.*
from std import time.*
import routes.*

main(): Int64 {
    let routes = Route()
    routes.handle("/index", FuncHandler(IndexHandler))
```

```
//创建服务器，Route 为服务器的路由注册对象
var srv = Server (routes)

//设置端口
srv.port = 8081

//设置响应超时时间
srv.readTimeout = Duration.second(10) /* Secend */
srv.writeTimeout = Duration.second(10) /* Secend */

//listenAndServe 侦听 HTTP 网络地址，然后调用 serve 来处理传入连接的请求
srv.listenAndServe()
return 0
}
```

在路由表中，还需要添加 5 个页面路由和一个静态资源访问路由，代码如下：

```
routes.handle("/assets/", FuncHandler(AssetsHandler))
routes.handle("/index", FuncHandler(IndexHandler))
routes.handle("/detail", FuncHandler(DetailHandler))
routes.handle("/editer", FuncHandler(EditerHandler))
routes.handle("/login", FuncHandler(LoginHandler))
```

20.6.4 创建页面控制器

在 routes 目录中，创建 5 个路由控制器，每个页面对应一个页面控制器，这里的页面控制器实际上就是路由的响应函数，如图 20-19 所示。

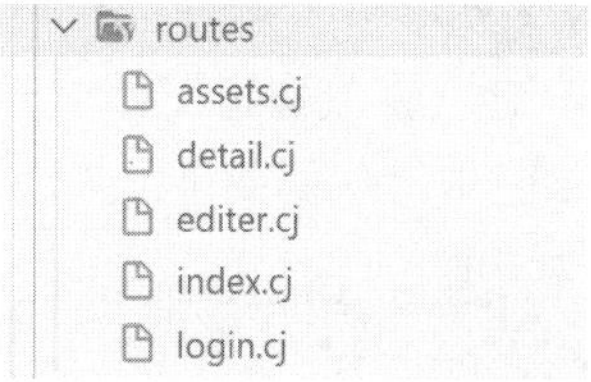

下面介绍首页路由响应函数和静态资源响应函数。

1. 创建静态资源控制器

因为首页中包含图片、视频、CSS、JS 等静态资源，所以需要对这些静态资源进行文件流的读取，并返回客户端。

在 routes 文件夹中创建一个 assets.cj 文件，定义

图 20-19 创建 5 个路由控制器

AssetsHandler 函数，该函数用于响应不同的静态资源文件请求。处理静态资源的规则是：当访问的静态资源路径中包含/assets/路径时，映射到真实资源路径的地址 public 目录中进行文件的读取，代码如下：

```
//chapter20/cj_blog/src/routes/assets.cj
package routes

from net import http.*
```

```
/**
 * 处理静态资源访问
 */
public func AssetsHandler(w: ResponseWriteStream, r: Request): Unit {
    //获取文件路径，分割 url
    let pathArr = r.url.path.split('.')
    //获取文件的扩展名
    let exname = pathArr[pathArr.size() - 1]
    //根据不同的扩展名设置不同的 content-type
    match (exname) {
        case "jpg"|"png"|"gif"|"ico"|"jpeg" =>
            w.header().set("content-type", "image/${exname}")
        case "mp4" =>
            w.header().set("content-type", "video/mp4;")
        case "css" =>
            w.header().set("content-type", "text/css;charset:utf-8;")
        case "js" =>
            w.header().set("content-type",
                            "text/javascript;charset:utf-8;")
        case _ => w.header().set("content-type", "text/html;")
    }
    //把 assets 的路径改为 ./public 的路径
    let subPath = r.url.path.replace("/assets/", "")
    println("./public/" + subPath)
    //读取指定路径的文件并返回客户端
    w.write(readFile("./public/" + subPath).toUtf8Array())
}
```

对于静态资源文件需要通过文件路径读取并返回，与文件读取相关的代码单独封装在 utils 包中，代码如下：

```
//chapter20/cj_blog/src/utils/fileUtil.cj

package utils

from std import io.*
from std import collection.*
from std import os.posix.*

//读取文本文件
public func readFile(filename: String): String {
    var res = ""
    //创建 FileStream 对象
    let fs = FileStream(filename)
```

```
    try {
        //打开文件
        if (fs.openFile()) {
            res = fs.readAllText()
        }
    } catch (e: Exception) {
        println(e)
    } finally {
        //关闭文件
        fs.close()
    }
    return res
}
```

2. 创建首页的控制器

在 routes 目录中，创建 index.cj 文件。在 index.cj 文件中定义 IndexHandler 方法，该方法调用 readFile 函数读取 views 目录中的 index.html 文件内容，同时将 HTTP 响应头的属性 content-type 设置为 text/html，代码如下：

```
//chapter20/cj_blog/src/routes/index.cj

package routes
from net import http.*
import utils.*

public func IndexHandler(w: ResponseWriteStream, r: Request): Unit {
    w.header().set("content-type", "text/html")
    let content = readFile("./views/index.html")
    w.write(content.toUtf8Array())
}
```

在项目目录下，执行 cpm build 命令，编译后的可执行文件在 bin 目录中。将 views 目录复制到 bin 目录下，然后进入 bin 目录中，在命令行中输入./main，即可启动博客服务器。

在浏览器中输入访问地址：localhost:8081，首页面的静态效果如图 20-20 所示。

创建其他页面的控制器的方式和创建首页的方式完全一样，所以在这里就不一一介绍了。

20.6.5　创建数据层

数据层的作用是把页面中的业务对象抽象成仓颉类，这些类是页面信息的映射和抽象，类通过服务层的绑定后，会变成有数据的对象。

1. 创建博客类

博客类用于博客数据的转换。首先，在 models 目录中创建 blog.cj 文件，所有类都放在该目录下，该目录下的所有类都使用 models 包名。

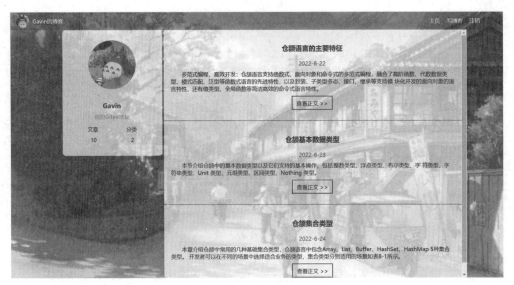

图 20-20 仓颉语言定位

博客类要能够转换成 JSON 格式数据，同时可以把一个博客 JSON 对象转换成博客类，所以，Blog 类需要继承 Serializable<Blog>接口。

使用序列化接口时需要导入 serialization 和 json 包，json 包用于 JSON 格式转换，Blog 类的定义如下：

```
//chapter20/cj_blog/src/models/blog.cj

package models

from serialization import serialization.*
from encoding import json.*

public class Blog <: Serializable<Blog> {

}
```

创建好 Blog 类后，接着定义类中的属性，属性的定义代码如下：

```
package models

from serialization import serialization.*
from encoding import json.*
from std import time.*
import utils.*

public class Blog <: Serializable<Blog> {
```

```
    public var uid: String                //UID 唯一标识符
    public var name: String               //博客名称
    public var category: String           //博客分类
    public var time: String               //博客时间
    public var content: String            //博客内容
}
```

给 Blog 类添加构造函数，代码如下：

```
//chapter20/cj_blog/src/models/blog.cj

package models

from serialization import serialization.*
from encoding import json.*
from std import time.*


public class Blog <: Serializable<Blog> {
    public var uid: String                //UID 唯一标识符
    public var name: String               //博客名称
    public var category: String           //博客分类
    public var time: String               //博客时间
    public var content: String            //博客内容

    //构造函数，用于创建新的博客类
    public init(name: String, category: String,
                time: String, content: String) {
        this.uid = Time.now().toString("yyMMddHHmmss")
        this.name = name
        this.category = category
        this.content = content
        this.time = time
    }

    //构造函数，用于反序列化
    private init(name: String, category: String,
                time: String, content: String, uid: String) {
        this.uid = uid
        this.name = name
        this.category = category
        this.content = content
        this.time = time
    }
```

```
    }
```

在上面的代码中，定义了两个构造函数，private 构造函数用于反序列化时调用。

接下来，需要实现 Serializable 的接口的函数，这里需要实现 serialize 和 deserialize 这两个接口函数，代码如下：

```
//序列化
public func serialize(): DataModel {
    return DataModelStruct()
        .add(field<String>("uid", uid))
        .add(field<String>("name", name))
        .add(field<String>("category",category))
        .add(field<String>("time", time))
        .add(field<String>("content", content))
}

//反序列化
static public func deserialize(dm: DataModel): Blog {
    let dms: DataModelStruct = (dm as DataModelStruct).getOrThrow()
    let uid = String.deserialize(dms.get("uid"))
    let name = String.deserialize(dms.get("name"))
    let category = String.deserialize(dms.get("category"))
    let time = String.deserialize(dms.get("time"))
    let content = String.deserialize(dms.get("content"))
    return Blog(name, category, time, content, uid)
}
```

2. 创建管理员类

管理员类用于博客的用户验证和登录，类的定义如下：

```
//chapter20/cj_blog/src/models/admin.cj

package models

public class Admin <: Serializable<Admin>{
    public var uid: String            //UID 唯一标识符
    public var userName: String       //用户名
    public var passWord: String       //密码

    public init(userName: String, passWord: String) {
        this.uid = Time.now().toString("yyMMddHHmmss")
        this.userName = userName
        this.passWord = passWord
```

```
    }

    //用于反序列化
    private init(uid:String,userName: String, passWord: String) {
        this.uid = uid
        this.userName = userName
        this.passWord = passWord
    }

    //序列化
    public func serialize(): DataModel {
        return DataModelStruct()
        .add(field<String>("uid", uid))
        .add(field<String>("userName", userName))
        .add(field<String>("passWord", passWord))
    }

    //反序列化
    static public func deserialize(dm: DataModel): Admin {
        let dms: DataModelStruct = (dm as DataModelStruct).getOrThrow()
        let uid = String.deserialize(dms.get("uid"))
        let userName = String.deserialize(dms.get("userName"))
        let passWord = String.deserialize(dms.get("passWord"))
        return Admin(uid,userName,passWord)
    }
}
```

20.6.6　创建数据服务层

数据服务层用来处理与页面逻辑相关的数据，如通过数据服务操作数据库，并把数据绑定到数据层定义的类上。

1. 创建博客数据服务

在 20.6.5 节中创建了博客类。接下来，需要从文件或者数据库中读取博客数据并绑定到博客类上。这里每个博客数据以 JSON 格式保存在 static 的目录下，博客格式如下：

```
{
    "name": "这是仓颉博客的第一篇文章",
    "category": "基础",
    "time": "2022-06-12 13:32:34",
    "content": "你好，仓颉！",
    "uid": "221229155254"
}
```

当发表一篇博客时，博客的数据会以 JSON 格式保存在 static 目录下，获取所有博客列表数据，只需读取 static 目录下的所有 JSON 文件，如图 20-21 所示。

图 20-21　博客 JSON 数据

为了获取 static 目录下的所有博客 JSON 文件，需要定义 getFiles 函数，该函数用于获取指定目录下的所有文件。为了调用方便，getFiles 函数定义在 utils 包中，代码如下：

```
//chapter20/cj_blog/src/utils/fileUtil.cj

//获取指定目录下的所有文件
public func getFiles(dir: String): ArrayList<FileInfo> {
    let dirInfo = DirectoryInfo(dir)
    var list = ArrayList<FileInfo>(dirInfo.getFiles())
    let dirs = dirInfo.getDirectories()
    for (item in dirs) {
        let files = getFiles(item.getPath())
        list.appendAll(files)
    }
    return list
}
```

在 services 目录中创建 blogs.cj 文件，该目录用于获取数据，并绑定数据模型，页面控制器最终依赖 services 提供的数据服务。

在 blogs.cj 文件中，定义获取所有博客列表的函数：getAllBlogs，该函数用于获取 static 目录下的所有 JSON 格式的博客数据，并把这些 JSON 数据转换成博客数组，代码如下：

```
//chapter20/cj_blog/src/services/blog.cj

public func getAllBlogs(): ArrayList<Blog> {
    //getcwd() 获取当前执行文件的绝对路径
    let blogAddr = getcwd() + "/static/"
    println(blogAddr)
    //获取 static 目录下的所有博客
    let arrs = getFiles(blogAddr)
    println("size:${arrs.size()}")
    let blogs: ArrayList<Blog> = ArrayList<Blog>(arrs.size())
    for (i in arrs) {
        //获取每个文件的绝对路径
        let absPath = i.getCanonicalPath()
        println("file:${absPath}")
        if (absPath != "") {
            //读取 JSON 文件的数据
```

```
            let str = readFile(absPath)
            //根据 JSON 反序列化为博客对象
            let blog = Blog.deserialize(
                DataModel.fromJson(JsonValue.fromStr(str.trimAscii())))
            blogs.append(blog)
        }
    }
    return blogs
}
```

2. 创建管理员数据服务

管理员服务模块的主要逻辑是判断管理员的登录。

在 services 目录下创建 admin.cj 文件，定义 checkLogin 函数，该函数用于模拟管理员登录逻辑。该函数的实现步骤如下：

（1）从 config/admin.json 文件中读取设置好的管理员名和密码。

（2）把读取的 JSON 字符串转换成 Admin 对象。

（3）判断客户端发送过来的管理员和密码和 Admin 对象中配置的用户名和密码是否匹配，如果匹配，则返回值为 true。

管理员数据服务，代码如下：

```
//chapter20/cj_blog/src/services/admin.cj

package services

from serialization import serialization.*
from encoding import json.*
from std import time.*
from std import collection.*
from std import os.posix.*
from std import io.*
import models.*
import utils.*

public func checkLogin(admin:Admin){
    let filepath = "./config/admin.json"
    let content = readFile(filepath)
    let info = Admin.deserialize(
        DataModel.fromJson(JsonValue.fromStr(content.trimAscii())))
    var isOk= false
    if(admin.userName == info.userName && admin.passWord == info.passWord){
        isOk = true
    }
```

```
        return isOk
}
```

20.6.7　实现数据加载与页面绑定

在 20.6.6 节中，我们创建了数据服务，这些数据服务已经能够从文件中获取数据，并绑定到数据层定义的类中，接下来，只需把数据绑定到页面。

1. 首页控制器绑定页面数据

在 20.6.6 节中，已经创建好了博客数据服务，接下来在首页控制器中导入 services 目录中的 blogs.cj 文件，代码如下：

```
import services.*
```

调用博客数据服务中的函数：getAllBlogs，该函数返回的是 static 目录下的所有博客列表信息。接下来，循环博客列表生成首页博客列表的 HTML 代码，在 index.html 页面中使用 #{list} 标记，该标记表示需要替换成博客列表的位置，代码如下：

```
//chapter20/cj_blog/src/routes/index.cj

package routes

from serialization import serialization.*
from encoding import json.*
from net import http.*
import services.*

public func IndexHandler(w: ResponseWriteStream, r: Request): Unit {
    w.header().set("content-type", "text/html")
    let blogList = getAllBlogs()
    println(blogList.size())
    var outputStr = ""
    for (blog in blogList) {
        var template =
            """
            <div class="blog">
                <div class="title">${blog.name}</div>
                <div class="date">${blog.time}</div>
                <div class="desc">
                    ${blog.content}
                </div>
                <a class="detail" href="/detail?uid=${blog.uid}">
            查看正文 &gt;&gt
                </a>
```

```
        </div>
        """
        outputStr = outputStr + template
    }
    var content = readFile("./views/index.html")
    #替换 index.html 页面并 #{list} 标记
    content = content.replace("#{list}", outputStr)
    w.write(content.toUtf8Array())
}
```

在 views 目录下的 index.html 文件中使用#{list}标记，该标记在执行上面的 IndexHandler 函数后会被替换成 HTML 博客列表数据，代码如下：

```
<div class="container-right">
    <!-- 文章列表 -->
    #{list}
</div>
```

2. 详请页控制器加载数据并绑定页面

修改 services/blogs.cj 文件，添加 getBlog 函数，该函数是根据博客的 UID 获取 static 目录下的 $(uid).json 文件，读取指定的博客 JSON 文件后，再把该 JSON 字符串反序列化成 Blog 类的对象，代码如下：

```
public func getBlog(uid:String){
    let filepath = "./static/${uid}.json"
    let content = readFile(filepath)
    let blog = Blog.deserialize(
    DataModel.fromJson(JsonValue.fromStr(content.trimAscii())))
    return blog
}
```

接下来，修改 routes/detail.cj 文件中的代码，在 DetailHandler 函数中通过 url 参数获取 UID 的值，首页跳转到 detail 页面的 URL 格式形如/detail?uid=xxxx，代码如下：

```
//chapter20/cj_blog/src/routes/detail.cj

package routes

from std import io.*
from net import http.*
import utils.*
import services.*

public func DetailHandler(w: ResponseWriteStream, r: Request): Unit {
    //获取博客的 UID
```

```
    let uid = r.url.query().get("uid") ?? ""
    //根据博客 UID 获取博客信息
    let blog = getBlog(uid)
    var blogStr = ""
    if (blog.uid != "") {
        var template =
            """
            <div class="blog-content">
                <h3>${blog.name}</h3>
                <div class="date">${blog.time}</div>
                ${blog.content}
            </div>
            """
        blogStr = blogStr + template
    }
    w.header().set("content-type", "text/html")
    var content = readFile("./views/detail.html")
    //替换 views/detail.html 代码中的#{detail}
    content = content.replace("#{detail}", blogStr)
    w.write(content.toUtf8Array())
}
```

在上面的代码中，首先通过 r.url.query( ).get("uid")获取博客的 UID，然后根据 UID 调用 serivces/blogs 中定义的 getBlog(uid)方法，该方法根据博客 UID 查询博客 JSON 文件，并把 JSON 字符串转换成 Blog 对象。

获取博客对象后，根据 Blog 对象生成博客 DOM 结构，并替换 detail.html 模板中的#{detail} 占位符。

3. 管理员登录页面逻辑实现

在管理员登录页面需设置表单的 action 并发送到./checkLogin 路由，这里需将表单的 enctype 设置为 application/x-www-form-urlencoded，然后单击 submit 按钮提交，页面代码 如下：

```html
<div class="login-dialog">
    <form  method="post" action="./checkLogin"
            enctype="application/x-www-form-urlencoded">

        <h3>登录</h3>
        <div class="row">
            <span>用户名</span>
            <input type="text" id="username" name="username">
        </div>
        <div class="row">
```

```
            <span>密    码</span>
            <input type="text" id="password" name="password">
        </div>
        <div class="row" style="margin-top:20px">
            <input type="submit" id="submit" value="提交" />
        </div>
    </form>
</div>
```

在 main.cj 文件中添加 checkLogin 路由对象，同时在 routes/admin.cj 文件中添加路由响应函数，代码如下：

```
public func CheckLoginHandler(w: ResponseWriteStream, r: Request): Unit {
    w.header().set("content-type", "text/html")

    //获取表单提交的数据
    //解析 POST 表单
    r.parseForm()
    let form = Form(r.postForm.encode())
    let userName = form.get("username").getOrThrow()
    let passWord = form.get("password").getOrThrow()
    println("name=${userName}--pass=${passWord}")
    var admin = Admin(userName, passWord)
    var isOk = checkLogin(admin)
    if (isOk) {
        //如果登录成功，则跳转到发表博客页面
        w.write("<script>window.location.href='./editer'</script>"
        .toUtf8Array())
    } else {
        w.write("<script>window.location.href='./login'</script>"
        .toUtf8Array())
    }
}
```

在上面的代码中，如果用户名和密码验证正确，则跳转到博客发表页面，Form 类需要导入 url 包，代码如下：

```
from encoding import url.*
```

4. 博客发表页面逻辑实现

博客发表页面使用第三方 MarkDown 编辑器 editor.md，该编辑器依赖 jQuery 插件，所以需要另外下载和引用 jQuery 插件，具体的代码如下：

```
<!doctype html>
<html lang="zh-hans">
```

```html
<head>
    <meta charset="UTF-8">
    <meta name="viewport"
        content="width=device-width, user-scalable=no,
        initial-scale=1.0, maximum-scale=1.0, minimum-scale=1.0">
    <meta http-equiv="X-UA-Compatible" content="ie=edge">
    <title>写博客</title>
    <link rel="stylesheet" href="assets/css/common.css">
    <link rel="stylesheet" href="assets/css/edit.css">
    <link rel="stylesheet" href="assets/editor.md/css/editormd.min.css">
</head>

<body>
    <div class="nav">
        <img src="assets/img/avtar.jpg" alt="logo 图">
        <span class="title">Gavin 的博客</span>
        <span class="spacer"></span>
        <a href="/index">主页</a>
        <a href="/editer">写博客</a>
        <a href="/logout">注销</a>
    </div>

    <div class="blog-edit-container">
        <form method="post"
            action="./addblog"
            enctype="application/x-www-form-urlencoded">
            <div class="title">
                <input type="text" placeholder="请填写文章标题"
                    name="title" id="title">
                <input type="submit" id="submit" value="发布文章"/>
            </div>
            <div id="editor"></div>
        </form>
    </div>

    <script src="https://code.jquery.com/jquery-3.6.0.min.js"></script>
    <script src="assets/editor.md/lib/marked.min.js"></script>
    <script src="assets/editor.md/lib/prettify.min.js"></script>
    <script src="assets/editor.md/editormd.js"></script>
    <script>
        editormd('editor', {
            width: '100%',
```

```
          height: 'calc(100% - 50px)',
          markdown: '#请使用 markdown 格式写文章正文',
          path: 'editor.md/lib/'
      });
    </script>

</body>          .
</html>
```

接下来，在 services/blogs.cj 文件中添加发表博客的方法，代码如下：

```
public func addBlog(blog:Blog): Bool {
    let filename = Time.now().toString("yyMMddHHmmss")
    let filepath = "./static/${filename}.json"
    let jsonStr = blog.serialize().toJson().toJsonString()
    println(jsonStr)
    return writeFile(filepath, jsonStr)
}
```

上面的代码，把填写的博客信息转换成 JSON 格式后保存在 static 目录下。

接下来，在 main.cj 文件中添加发表博客的路由，代码如下：

```
routes.handle("/addblog", FuncHandler(AddBlogHandler))
```

发表博客的路由响应函数，代码如下：

```
public func AddBlogHandler(w: ResponseWriteStream, r: Request): Unit {
    w.header().set("content-type", "text/html")

    //解析 POST 表单
    r.parseForm()
    let form = Form(r.postForm.encode())
    let title = form.get("title").getOrThrow()
    let content = form.get("editor-markdown-doc").getOrThrow()
    let category = "其他"
    let time = Time.now().toString("yyyy-MM-dd HH:mm:ss")
    let blog = Blog(title, category, time, content)
    addBlog(blog)
    w.write("<script>window.location.href='./index'</script>"
            .toUtf8Array())
}
```

20.7　本章小结

本章介绍了网络编程的基础知识和仓颉基础网络包的使用，仓颉语言提供了 Socket 和 HTTP 两个基础网络开发包，Socket 包用于支持 TCP 和 UDP 协议的程序开发；HTTP 包支持 Web 应用的开发。本章介绍了使用 Socket 和 HTTP 包开发实践项目的案例，读者可以结合案例掌握仓颉的网络开发。

附录 A

操　作　符

仓颉语言支持的所有操作符的优先级及结合性, 越靠近表格顶部, 操作符的优先级越高, 见表 A-1。

表 A-1　操作符

操作符	含　义	示　例	结合方向
@	宏调用	@id , @id(…) , @id[…] , @id[…](…)	—
.	成员访问	expr.id	左结合
[ ]	索引	expr[expr]	—
( )	函数调用	expr(expr)	—
++	自增	var++	—
--	自减	var--	—
?	问号	expr?.id , expr?[expr] , expr?(expr) , expr? {expr}	右结合
!	感叹号	expr!	—
!	逻辑非	!expr	—
−	一元负号	−expr	—
**	幂运算	expr ** expr	左结合
*, /	乘法, 除法	expr * expr , expr / expr	左结合
%	取模	expr % expr	左结合
+, −	加法, 减法	expr + expr , expr − expr	左结合
<<	按位左移	expr << expr	左结合
>>	按位右移	expr >> expr	左结合
<	小于	expr < expr	左结合
<=	小于或等于	expr <= expr	左结合
>	大于	expr > expr	左结合
>=	大于或等于	expr >= expr	左结合
is	类型检查	expr is Type	左结合
as	类型转换	expr as Type	左结合

续表

操作符	含　义	示　　例	结合方向
==	判等	expr == expr	左结合
!=	判不等	expr != expr	左结合
&	按位与	expr & expr	左结合
^	按位异或	expr ^ expr	左结合
|	按位或	expr | expr	左结合
..	区间操作符	expr..expr	左结合
..=		expr..=expr	左结合
&&	逻辑与	expr && expr	左结合
||	逻辑或	expr || expr	左结合
??	coalescing 操作符	expr ?? expr	左结合
|>	pipeline 操作符	expr |> expr	左结合
~>	composition 操作符	expr ~> expr	左结合
=	赋值	id = expr	—
**=	复合赋值	id **= expr	—
*=		id *= expr	—
/=		id /= expr	—
%=		id %= expr	—
+=		id += expr	—
−=		id −= expr	—
<<=		id <<= expr	—
>>=		id >>= expr	—
&=		id &= expr	—
^=		id ^= expr	—
|=		id |= expr	—
&&=		id &&= expr	—
||=		id ||= expr	—

图 书 推 荐

书　　名	作　者
仓颉语言实战（微课视频版）	张磊
仓颉语言元编程	张磊
仓颉语言程序设计	董昱
仓颉程序设计语言	刘安战
仓颉语言极速入门——UI 全场景实战	张云波
HarmonyOS 移动应用开发（ArkTS 版）	刘安战、余雨萍、陈争艳 等
深度探索 Vue.js——原理剖析与实战应用	张云鹏
前端三剑客——HTML5+CSS3+JavaScript 从入门到实战	贾志杰
剑指大前端全栈工程师	贾志杰、史广、赵东彦
Flink 原理深入与编程实战——Scala+Java（微课视频版）	辛立伟
Spark 原理深入与编程实战（微课视频版）	辛立伟、张帆、张会娟
PySpark 原理深入与编程实战（微课视频版）	辛立伟、辛雨桐
HarmonyOS 应用开发实战（JavaScript 版）	徐礼文
HarmonyOS 原子化服务卡片原理与实战	李洋
鸿蒙操作系统开发入门经典	徐礼文
鸿蒙应用程序开发	董昱
鸿蒙操作系统应用开发实践	陈美汝、郑森文、武延军、吴敬征
HarmonyOS 移动应用开发	刘安战、余雨萍、李勇军 等
HarmonyOS App 开发从 0 到 1	张诏添、李凯杰
JavaScript 修炼之路	张云鹏、戚爱斌
JavaScript 基础语法详解	张旭乾
华为方舟编译器之美——基于开源代码的架构分析与实现	史宁宁
Android Runtime 源码解析	史宁宁
恶意代码逆向分析基础详解	刘晓阳
网络攻防中的匿名链路设计与实现	杨昌家
深度探索 Go 语言——对象模型与 runtime 的原理、特性及应用	封幼林
深入理解 Go 语言	刘丹冰
Vue+Spring Boot 前后端分离开发实战	贾志杰
Spring Boot 3.0 开发实战	李西明、陈立为
Vue.js 光速入门到企业开发实战	庄庆乐、任小龙、陈世云
Flutter 组件精讲与实战	赵龙
Flutter 组件详解与实战	[加]王浩然（Bradley Wang）
Dart 语言实战——基于 Flutter 框架的程序开发（第 2 版）	亢少军
Dart 语言实战——基于 Angular 框架的 Web 开发	刘仕文
IntelliJ IDEA 软件开发与应用	乔国辉
Python 量化交易实战——使用 vn.py 构建交易系统	欧阳鹏程
Python 从入门到全栈开发	钱超
Python 全栈开发——基础入门	夏正东
Python 全栈开发——高阶编程	夏正东
Python 全栈开发——数据分析	夏正东
Python 编程与科学计算（微课视频版）	李志远、黄化人、姚明菊 等

书　名	作　者
HuggingFace 自然语言处理详解——基于 BERT 中文模型的任务实战	李福林
Diffusion AI 绘图模型构造与训练实战	李福林
图像识别——深度学习模型理论与实战	于浩文
数字 IC 设计入门（微课视频版）	白栎旸
动手学推荐系统——基于 PyTorch 的算法实现（微课视频版）	於方仁
人工智能算法——原理、技巧及应用	韩龙、张娜、汝洪芳
Python 数据分析实战——从 Excel 轻松入门 Pandas	曾贤志
Python 概率统计	李爽
Python 数据分析从 0 到 1	邓立文、俞心宇、牛瑶
从数据科学看懂数字化转型——数据如何改变世界	刘通
鲲鹏架构入门与实战	张磊
鲲鹏开发套件应用快速入门	张磊
华为 HCIA 路由与交换技术实战	江礼教
华为 HCIP 路由与交换技术实战	江礼教
openEuler 操作系统管理入门	陈争艳、刘安战、贾玉祥 等
5G 核心网原理与实践	易飞、何宇、刘子琦
Python 游戏编程项目开发实战	李志远
编程改变生活——用 Python 提升你的能力（基础篇·微课视频版）	邢世通
编程改变生活——用 Python 提升你的能力（进阶篇·微课视频版）	邢世通
编程改变生活——用 PySide6/PyQt6 创建 GUI 程序（基础篇·微课视频版）	邢世通
编程改变生活——用 PySide6/PyQt6 创建 GUI 程序（进阶篇·微课视频版）	邢世通
FFmpeg 入门详解——音视频原理及应用	梅会东
FFmpeg 入门详解——SDK 二次开发与直播美颜原理及应用	梅会东
FFmpeg 入门详解——流媒体直播原理及应用	梅会东
FFmpeg 入门详解——命令行与音视频特效原理及应用	梅会东
FFmpeg 入门详解——音视频流媒体播放器原理及应用	梅会东
精讲 MySQL 复杂查询	张方兴
Python Web 数据分析可视化——基于 Django 框架的开发实战	韩伟、赵盼
Python 玩转数学问题——轻松学习 NumPy、SciPy 和 Matplotlib	张骞
Pandas 通关实战	黄福星
深入浅出 Power Query M 语言	黄福星
深入浅出 DAX——Excel Power Pivot 和 Power BI 高效数据分析	黄福星
从 Excel 到 Python 数据分析：Pandas、xlwings、openpyxl、Matplotlib 的交互与应用	黄福星
云原生开发实践	高尚衡
云计算管理配置与实战	杨昌家
虚拟化 KVM 极速入门	陈涛
虚拟化 KVM 进阶实践	陈涛
HarmonyOS 从入门到精通 40 例	戈帅
OpenHarmony 轻量系统从入门到精通 50 例	戈帅
AR Foundation 增强现实开发实战（ARKit 版）	汪祥春
AR Foundation 增强现实开发实战（ARCore 版）	汪祥春